U0274500

AI短视频策划、制作与商业运营 入门与实践

张笑 / 编著

清華大学出版社
北 京

内 容 简 介

本书是一本全面而深入的指南，旨在为短视频创作者、营销人员和商业运营者提供从策划到制作再到商业运营的全方位指导。内容涵盖从选题策划到视频制作的全过程，包括利用 AI 工具一键生成短视频、配音、图文内容与高级编辑技巧。书中还详细介绍了抖音图文计划、DOU+ 推广策略，以及如何避免投放雷区，助力账号快速增粉与变现。本书通过丰富的实战案例与步骤说明，让读者掌握利用 AI 技术高效策划并运营短视频，实现商业价值最大化。

本书附赠 5 门与 AI 制作短视频相关的在线课程，以帮助各位读者快速掌握书中的知识点。本书不仅适合于希望借助 AI 技术提高视频制作效率与质量的专业人士，也适合作为开设了视频制作相关课程的学院或培训机构的教材。

图书在版编目 (CIP) 数据

AI 短视频策划、制作与商业运营入门与实践 / 张笑编著 .

北京 : 清华大学出版社 , 2025. 2. -- ISBN 978-7-302-68441-1

Ⅰ . TN948.4-39

中国国家版本馆 CIP 数据核字第 2025KZ2507 号

责任编辑：陈绿春
封面设计：潘国文
版式设计：方加青
责任校对：徐俊伟
责任印制：杨　艳

出版发行：清华大学出版社

网　　址：https://www.tup.com.cn，https://www.wqxuetang.com
地　　址：北京清华大学学研大厦 A 座　　**邮　　编：**100084
社 总 机：010-83470000　　**邮　　购：**010-62786544
投稿与读者服务：010-62776969，c-service@tup.tsinghua.edu.cn
质 量 反 馈：010-62772015，zhiliang@tup.tsinghua.edu.cn

印 装 者：涿州汇美亿浓印刷有限公司
经　　销：全国新华书店
开　　本：188mm×260mm　　**印　　张：**17　　**字　　数：**426 千字
版　　次：2025 年 4 月第 1 版　　**印　　次：**2025 年 4 月第 1 次印刷
定　　价：99.00 元

产品编号：102842-01

Preface

前言

在短视频行业飞速发展的今天，AI 技术的革新犹如一股洪流，重塑了内容创作与商业运营的版图。本书正是在这股浪潮中应运而生，旨在为那些渴望掌握 AI 短视频策划、制作与商业运营技能的读者提供一份全面的入门指南和实战手册。

通过本书，读者将了解如何利用 AI 技术策划引人入胜的内容、制作高质量的短视频，以及如何通过商业运营实现变现。

第 1 章介绍短视频创业的 18 种常见方式，从流量变现到电商带货，再到知识付费和线下引流，解析各种变现途径及其背后的逻辑。

第 2 章和第 3 章细致解析构成优质短视频的关键元素，涵盖选题创意、内容结构、吸引眼球的标题设定与音乐搭配等，通过实战技巧传授与案例剖析，不仅助力提升内容创作的质量与效率，还融入了 AI 工具辅助下的短视频脚本编写技巧，使内容创作更加智能化。

第 4 章和第 5 章深入短视频拍摄技巧的核心，对于使用手机和专业相机，都提供了系统的指导，包括拍摄构图美学、光线运用、画面捕捉技巧，以及音频录制的专业知识，使得视频的视听效果达到最佳状态。

第 6 ～ 8 章聚焦短视频的商业运营策略，阐述如何运用 AI 技术进行精准的数据分析、内容策略的智能优化以及用户互动的有效提升。此外，这几章还深入探讨诸如抖音平台的图文发布、直播互动、小店经营等多种盈利模式的实践策略，助力读者深入理解短视频平台推荐算法机制，从而提升视频的曝光度与用户参与度，最大化商业潜力。

第 9 章转向实战技巧的应用，详细介绍 AI 技术在短视频策划与制作中的前沿应用，例如一键式视频生成、AI 语音合成技术、数字人角色创造等，并提供了具体的操作指南。

第 10 章通过分析若干个典型且成功的短视频变现案例，为读者提供可操作的实践指南，旨在帮助读者更好地驾驭短视频这一工具，实现商业目标。

本书力求以严谨而全面的视角，覆盖从基础理论到进阶策略的广泛领域，为每一位致力于在短视频领域深耕的读者提供一座通往成功的知识桥梁。通过本书的系统学习，我们期望每位读者不仅能够掌握技术层面的要领，更能启迪思维，深刻理解 AI 技术如何在根本上改变我们的创作理念与商业战略。

特别提示：本书在编写过程中，参考并使用了当时最新的 AI 工具界面截图及功能作为实例。由于从书籍的编撰、审阅到最终出版存在一定的周期，AI 工具可能会进行版本更新或功能迭代，因此实际用户界面及部分功能可能与书中所示有所不同。提醒各位读者在阅读和学习过程中，要根据书中的基本思路和原理，结合当前所使用的 AI 工具的实际界面和功能进行灵活变通和应用。

为帮助各位读者更快地掌握书中知识点，同时也为了拓展本书的内容，购买本书后可添加本书微信客服为好友（客服微信以及获取资源的方式请扫描下面二维码获取），获赠以下在线课程。

1.《每个人都应该懂的人工智能通识课》

2.《全新 AI 版剪映从入门到精通》

3.《DeepSeek 从入门到精通》

4.《3300 个短视频文案》

5.《DOU+ 投放方法及提高 ROI 技巧》

配套资源

编 者

2025 年 3 月

CONTENTS

目录

第 2 章　短视频作品七大构成要素　022

第 3 章　拍好视频必学的脚本撰写方法　061

第 4 章　使用手机与相机录制视频的基本概念及操作方法　073

第 5 章　让视频更好看的美学基础　101

第 6 章　实用运营技巧快速涨粉　112

第 7 章　玩转抖音图文计划获得更大流量　138

第 8 章　利用 DOU+ 助力短视频创作　147

第10章 用AI制作各类短视频实战 218

第1章 短视频创业途径、推荐算法与账号标签

短视频创业的 18 种常见方式

短视频创作几乎是没有背景的普通人创业的最好途径之一，只要方法得当，就能用极低的成本获得很好的收益。在这之前，每个短视频创业者都有必要了解短视频平台当前较主流的变现方式。

流量变现

流量变现是最基本的变现方式——把视频发布到平台，平台根据视频播放量给予相应的收益。

例如，现在火山与抖音推出的“中视频伙伴计划”，如果播放量较高，视频流量收益还是很可观的。目前，大多数搞笑类及影视解说类账号均以此为主要收入。

图 1-1 所示为笔者参加“中视频伙伴计划”后发布的几条视频的收益情况。由于视频定位于专业的摄影讲解，受众有限，因此播放量非常低，但第一条视频也在短短几天内获得了将近 40 元的收益。

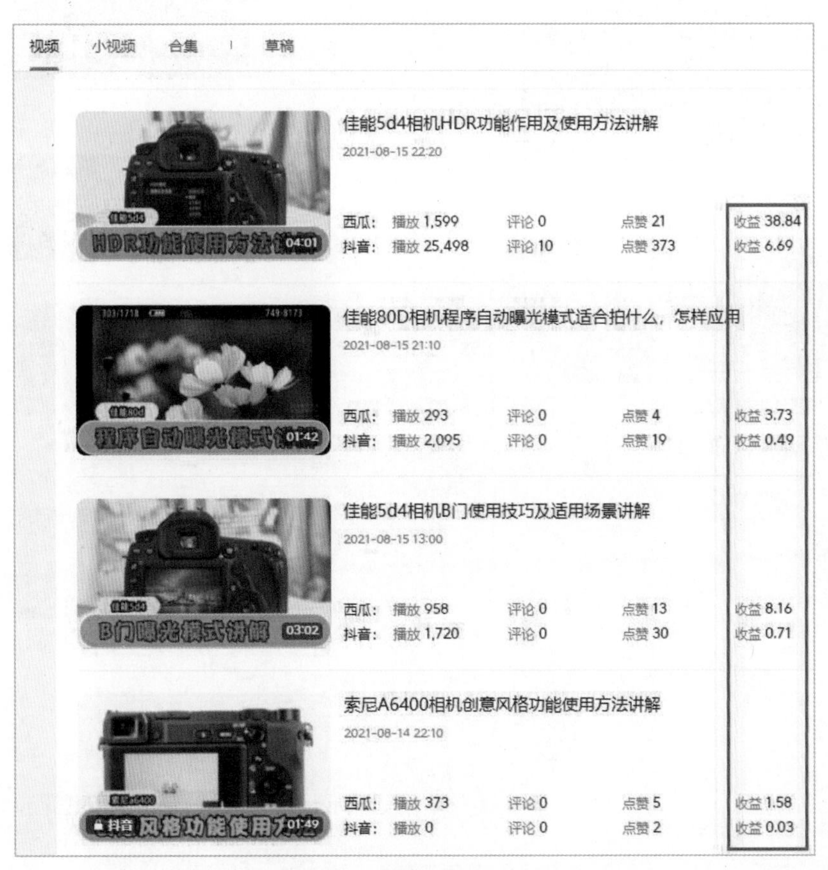

图 1-1

电商带货变现

视频带货是普通人在抖音平台较容易实现变现的途径之一。只要持续拍摄带货视频，就有可能在抖音平台通过赚取佣金的方式收获第一桶金。图 1-2 所示为一条毛巾带货视频，打开后会发现销售量达到了 25.6 万，如图 1-3 所示。

图 1-2

图 1-3

知识付费变现

知识付费变现是指通过视频为自己或别人的课程引流，最终达成交易。例如，图 1-4 所示为“北极光摄影雷波 [视频、运营]”抖音号的引流视频，视频左下角的小黄车为付费课程。图 1-5 所示为点击进入抖音号主页后橱窗内展示的更多课程。

图 1-4

图 1-5

目前，在抖音上已经有数万名知识博主通过自己录制的视频课程成功变现，并涌现出一批像“雪莉老师”这种收入过千万的头部知识付费达人。

线下引流变现

引流到店变现分为两种情况，第一种是一些实体店商家会寻找抖音达人进行宣传，并依据宣传效果为达人支付报酬。

第二种是抖音达人本身就是实体店老板，通过在抖音发布视频起到引流到店的作用。抖音观众前往店内并消费后，即完成变现。

图 1-6 所示为一条添加了线下店铺地址进行引流的美食类视频。

图 1-6

图 1-7 所示为一条引流到线下温泉酒店的视频。

图 1-7

扩展业务源变现

扩展业务源变现方法适用于有一定技术或手艺的创作者，如精修手机、编制竹制品、泥塑等。

只需将自己的工作过程拍成短视频，并发布到短视频平台，即可吸引大量客户。

抖音小店变现

抖音小店变现相当于橱窗变现的升级版。橱窗变现这种方式主要针对个人账号，而抖音小店变现针对的是商家、企业账号。

通过开通小店并上架商品后，将商品加入到精选联盟，即可邀请达人带货，从而快速打开商品销路。

图 1-8 所示为小店的管理后台。

图 1-8

全民任务变现

全民任务是一种门槛非常低的变现方式，哪怕粉丝较少，也可以通过指定入口参与任务。选择任务，并发布满足任务要求的视频后，即可根据流量结算任务奖励。

进入“创作者服务中心”即可找到“全民任务”入口，如图 1-9 所示。点击“全民任务”图标，即可看到所有任务，如图 1-10 所示。

图 1-9

图 1-10

直播变现

直播带货是比短视频带货更有效的一种变现方式，但其门槛要比短视频带货高一些，建议新手从短视频带货做起。短视频带货有所起色，积累一定数量的粉丝后，再着手进行直播带货。

此外，还可以依靠直播打赏进行变现。采用此种变现方式的主要是才艺类或户外类主播。

星图任务变现

星图是抖音官方为便于商家寻找合适的达人进行商务合作的平台。所谓“商务合作”，其实就是商家找到内容创作者，并为其指派广告任务。宣传内容和效果达到商家要求后，即支付创作者报酬。

“游戏发行人计划”变现

“游戏发行人计划”是抖音官方开发的游戏内容营销聚合平台。游戏厂商通过该平台发布游戏推广任务，创作者按要求接单创作短视频。根据点击视频左下角进入游戏或进行游戏下载的观众数量，为短视频创作者结算奖励，从而完成变现。

小程序推广变现

小程序推广变现与“游戏发行人计划”变现非常相似，区别仅在于前者推广的是小程序，而后者推广的是游戏。也正因推广的目标不同，所以在拍摄视频以实现变现时，需要考虑的要素也有一定区别。

创作者可以在抖音中搜索“小程序推广”，找到对应的计划专题，如图 1-11 所示。

图 1-11

线下代运营变现

一些运营达人会发布一些视频传授抖音运营经验，并宣传自己“代运营账号”的业务，以此寻求变现。

这种变现方式往往与“知识付费变现”同时存在，即在提供代运营服务的同时，售卖与运营相关的课程。

“拍车赚钱计划”变现

“拍车赚钱计划”是懂车帝联合抖音官方发起的汽车达人现金奖励平台。拍摄指定车辆的视频，并通过任务入口发布后，根据播放量、互动率、内容质量等多项指标综合计算收益。此种变现方式非常适合卖一手车或二手车的内容创作者。

创作者可以在抖音中搜索“拍车赚钱”，找到对应的计划专题，如图 1-12 所示。

图 1-12

同城号变现

同城号变现是一种非常适合探店类账号的变现方式。通过深挖某一城市街头巷尾的小店，寻找好吃、好玩的地方，以此吸引同城的客户。

剪映模板变现

经常使用剪映剪辑视频，并参加剪映官方组织的活动，即有机会获得剪映模板创作权限。

获得该权限后，创建并上传剪映模板，除了可以获得剪映的模板创作激励金，当有用户购买模板草稿时，还可以获得一部分收益。

“抖音特效师计划”变现

“抖音特效师计划”是抖音为扶持原创特效道具创作者举办的一项长期活动。创作者在抖音平台被认证为“特效师”，并发布原创特效道具后，可以根据该道具被使用的次数获得收益，如图 1-13 所示。

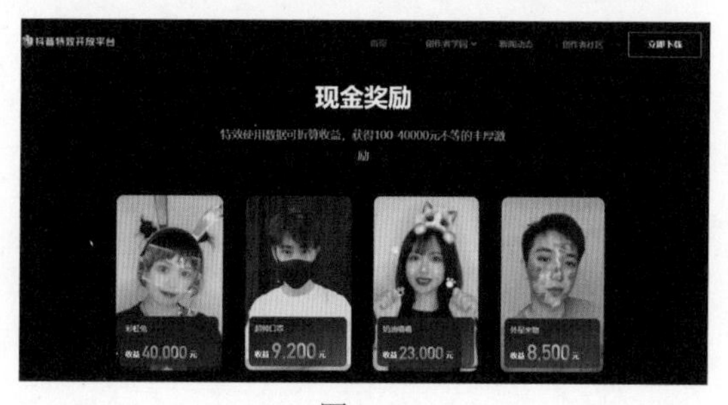

图 1-13

另类服务变现

另类服务变现也可以被称为“创意服务变现”。

一些很少见的服务项目，如每天叫起床、每天按时说晚安或去夸一夸某个人等，都可以在抖音上通过短视频进行宣传，引起观众的兴趣，并吸引其购买该服务，进而成功变现。

此外，抖音中还有大量以起名、设计签名为主要服务内容的账号，如图 1-14 和图 1-15 所示。

每一位创作者都应该想一想自己能否提供有特色的服务或产品，在抖音创作领域内流行这样一句话：“万物皆可抖音卖”，值得每一位创作者深入思考。

图 1-14

图 1-15

视频赞赏变现

开通了视频赞赏功能的账号，可以在消息面板看到“赞赏”按钮，如图 1-16 所示，粉丝在观看视频时，可以长按视频页面，点击“赞赏”按钮，以抖币的形式进行打赏，如图 1-17 所示。

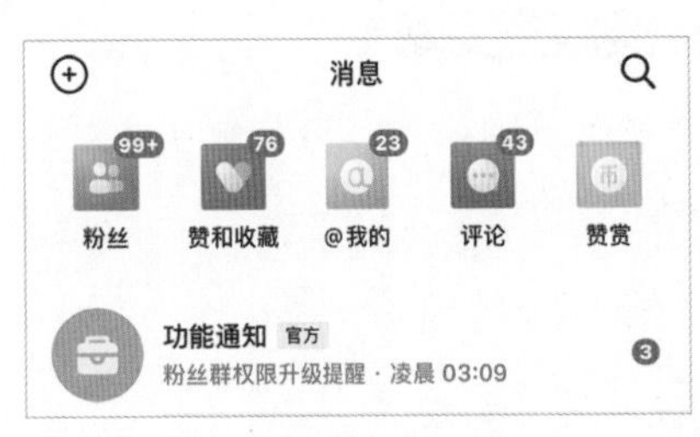

图 1-16

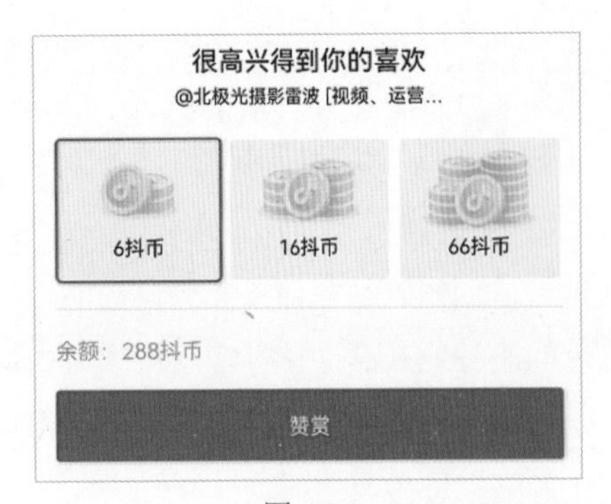

图 1-17

理解短视频变现途径的变化

“选择大于努力”这句话，相信大多数人都不陌生，在短视频变现领域，这句话也同样适用。短视频领域的创作者必须明白，每一位创作者都寄生于大的短视频平台，平台政策的变化，对创作者影响巨大，因此需要认真考虑、谨慎选择自己的变现途径。

虽然上一节列出了 18 种变现途径，但这绝不是一成不变的，随着平台的发展、业务的转型，肯定会出现新的变现途径，而现有的变现途径也可能消失。

例如，之所以有“游戏发行人计划”变现途径，是由于短视频平台希望发展自己的游戏业务，如果某一天，由于政策等原因，短视频平台的游戏业务要裁员、缩减，则此计划随时会被终止。

同理，“抖音特效师计划”“剪映模板计划”“拍车赚钱计划”都存在不确定性，因为这些计划都是为了推广平台的一项短线业务。

如果恰好有能力执行这些计划，不妨先赚

一波平台红利，但也要有计划终止，而自己的账号慢慢消亡的心理准备。

同时，不妨时刻关注短视频平台新业务的发展方向，所有的新业务在发展之初，都有不错的政策倾斜。例如，抖音的“中视频伙伴计划”“图文计划”“学浪计划”刚刚上线时，第一批加入计划的创作者都获得了不错的回报，所以保持对短视频平台发展动向的敏感度非常重要。

不同短视频变现方向对能力的要求

不同的短视频变现方向对创作者的能力要求不尽相同，下面简单地进行分析，以便读者根据自己能力选择合适的创作方向。需要特别指出的是，下面所有强弱的定义都是相对而言的。另外，所有账号都需要较强的运营能力，所以对运营不进行讲解分析。

强内容、弱拍摄、强运营

以知识付费为主的口播类视频、以流量变现为主（如参加“中视频伙伴计划”）的视频，更强调内容价值，对拍摄与剪辑技术要求不太高。例如，对影视解说类账号就没有拍摄方面的要求。

弱拍摄、强技术、弱运营

“游戏发行人计划”“抖音特效师计划”、剪映模板变现、运营托管等创业方向，对拍摄要求不高，但对软件运用等要求较高，此处的弱运营是指运营难度对比其他方向低一些。

强拍摄、弱技术、强运营

颜值类、剧情类、视频带货类创作方向，前期拍摄很重要，需要通过主播的高颜值或较好的文案、脚本来吸引观众。尤其是视频带货竞争已经比较激烈，不再处于简单地展示产品特性的阶段，既要体现产品特性，又必须让视频好看、有趣，产品植入不留痕迹，因此难度上升不小。

强资源、弱拍摄、强运营

业务线上引流、抖音小店变现等方向，通常适合引向实体或产品资源的企业级账号，对拍摄要求不高，甚至可以用一个模板反复拍摄、反复发布同样的视频。

短视频平台的推荐算法

理解短视频平台的推荐算法

理解短视频平台的推荐算法，有助于创作者从各环节调整自己的创作思路，创作出“适销对路”的作品。

创作者发布一条视频后，各平台首先会按照这条视频的分类，将其推送给可能对这条视频感兴趣的一部分人。

例如，某创作者发布了一条搞笑视频，此时平台做的第一步是找到这条视频的观看用户。

平台选择用户的方法为，先从创作者的粉丝里随机找到 300 个左右对搞笑视频感兴趣的人，再随机找到 100 个左右同城观众与 100 个左右由于点赞过搞笑视频，或者长时间看过搞笑视频而被系统判定为对搞笑视频感兴趣的用户。

第二步是将这条视频推送给这些用户，即这些用户刷抖音时下一条刷到的就是这条搞笑视频，如图 1-18 所示。

第三步是系统通过分析这 500 个用户观看视频后的互动数据来判断视频是否优质。

互动数据包括有多少用户看完了视频、是否在讨论区进行评论、是否点赞和转发，如图 1-19 所示。

图 1-18

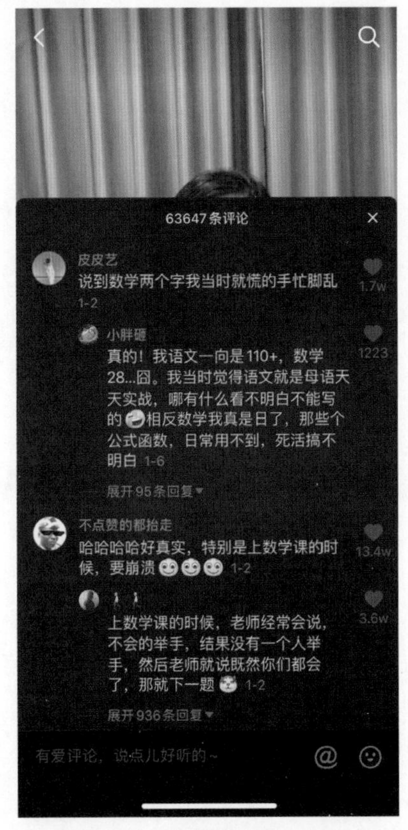

图 1-19

如果互动数据比同类视频优秀，平台就会认为这是一条优质的视频，从而把视频推送到下一个流量池，这个流量池可能就是 3000 个对搞笑视频感兴趣的人。

反之，如果互动数据较差，则此视频将不会被再次推送，最终的播放数据基本就是 500 左右。

如果被推送给 3000 人的视频仍然保持非常好的互动数据，则此视频将会被推送到下一个更大的流量池。例如可能是 50 000 这样一个级别，并按照同样的逻辑进行下一次的推送分发，最终可能出现一条播放量达到数千万级别的爆款视频。

反之，如果在 3000 人的流量池中，互动数据与同类视频相比较差，则其播放量也就止步于 3000 左右。

这里只是简单模拟了各视频平台的推荐流程。实际上，在这个推荐流程中，还涉及很多技术性参数。

通过这个流程人们基本上能够明白，在一条视频发布的初期，每一批被推送的用户直接决定了视频能否成为爆款，所以，视频成为爆款也存在一定的偶然性。

视频偶然性爆火的实战案例

基于视频火爆的偶然性，笔者在发布视频时，通常会将一条视频剪辑成为 16∶9 与 9∶16 两种画幅，分别在不同的时间发布在两个类型相同的账号上。

实践证明，这个举措的确挽救了多条爆款视频。

图 1-20 所示为笔者于 2021 年 9 月 27 日发布的一条讲解慢门的视频，数据非常一般，播放量不到 2200。

图 1-20

但此视频内容质量过硬，所以笔者调整画幅后，重新于2021年9月30日发布在另一个账号上，获得了19万次的播放量、6729个赞，如图1-21所示。

图 1-21

图1-22所示为另一个案例，第一次发布后只获得23个赞，所以直接将其隐藏。在修改画幅后发布于另一个账号，但数据仍较低，只获得25个赞，如图1-23所示。

图 1-22

图 1-23

由于笔者坚信视频质量，因此再次对视频做了微调，并第三次发布于第一个账号上，终于获得 1569 个赞，如图 1-24 所示。

图 1-24

类似的案例还有很多，这充分证明了发布视频时的偶然性因素，值得各位读者思考。

抖音官方定义优质带货视频的 7 个标准

抖音的推荐算法对优质视频有不小的加权，因此对新手创作者来说，如果在视频内容方面暂时还没有找到感觉，那么一定要先争取创作出符合抖音标准的优质视频，毕竟这些标准是稍加努力就可以做到的。

没有不良导向或低俗画面

平台对每条视频的审核包括画面内容、标题关键词、视频配音与背景音乐、人声。硬性标准是上述内容没有明显违法内容，没有明显违反著作权法，没有明显搬运抄袭他人作品的情况。

画质清晰，曝光正常

视频画质要清晰；背景曝光正常，明亮度合适，不用过度美颜磨皮。

要满足这两点，首先要使用可以拍出较好画质的手机与相机；其次，当拍摄场景是逆光、侧逆光时，一定要给主体对象补光；最后，在后期剪辑视频时一定要确保输出高清品质的视频。

不要遮挡关键信息

画面字幕尽量不遮挡关键内容，例如人脸、品牌信息、产品细节等。

字幕遮挡面部的错误较为低级，多数新手也可以避免。但字幕遮挡品牌及产品细节的小错误，却非常常见。

音质良好，人声稳定

确保视频中的人物配音吐字清晰、音质稳定，背景音乐不要过大，不能有嘈杂的背景环境音。

要做到这一点其实比较简单，只需创作者在录制视频时使用无线领夹麦即可。

背景布置干净整洁

视频背景要干净整洁，尤其是画面出现档口、柜台、生产线时，尽量减少杂乱画面的出现。

画面稳定，播放流畅

确保视频流畅不卡顿，在拍摄过程中避免画面晃动，尽量拍出稳定完美的效果。

视频卡顿现象经常出现在直播转录播时，

如果在直播时网络卡顿，那么视频画面会同步停滞，所以在剪辑时要注意删除这类视频。对于画面晃动问题，如果用手机录制视频，尽量选择有防抖功能的款式，并使用三脚架，如果用单反相机录制视频，则可以考虑使用稳定器。

真人出镜，内容真实

抖音鼓励真人出镜讲解，不建议全程采用AI配音，要保证商品讲解内容真实。

真人出镜是许多创作者的忌讳，有的是由于创作者对自己的相貌没有信心，有的是由于创作者的镜头表现力较弱，虽然本书也讲解了多种无须真人出镜的录制方法，但如果要树立真实的人设，还是建议各位读者尝试真人出镜，只要多加练习，总能找到自然的状态。

对账号进行定位

俗话说“先谋而后动”，抖音是一个需要持续投入时间与精力的创作领域，为了避免长期投入成为沉没成本，每一个抖音创作者都必须在前期着手做好详细的账号定位规划。

商业定位

与线下商业的创业原则一样，每一个生意的开端都起始于对消费者的洞察，更通俗一点的说法就是要明白“自己的生意，是赚哪类消费者的钱”。在考虑商业定位时，可以从三个角度分析。

第一个角度是自己擅长的技能。

例如，健身教练擅长讲解与健身、减肥、调节身体亚健康为主的内容，那么主要目标群体就是久坐办公室的男性与女性。账号的商业定位就可以是销售与上述内容相关的课程及代餐、营养类商品，账号的主要内容就可以是讲解自己的健身理念、心得、经验、误区，解读相关食品的配方，晒自己学员的变化，展示自己的健身器械等。

如果创作者技能不突出，但自身颜值出众、才艺有特色，也可以从这方面出发，定位于才艺主播，以直播打赏作为主要的收入来源。

如果创作者技能与才艺都不突出，则需要找到自己热爱的领域，以边干边学的态度做账号。例如，许多宝妈以“小白”身份进入分享家居好物、书单带货等领域，也取得了相当不错的成绩。前提仍然是找准要持续发力的商业定位，即家居好物分享视频带货、书单视频推广图书。

这种定位方法适合打造个人IP账号的个人创作者。

第二个角度是市场空白。

例如，创作者通过分析发现当前儿童感觉统合练习是一个竞争并不充分的领域，也就是通常所说的“蓝海”。此时，可以通过招人、自播等多种形式，边干边学边做账号。

这种方式比较适合有一定资金，需要通过团队合作运营账号的创作者。

第三个角度是自身产品。

对许多已经有线下实体店、实体工厂的创作者来说，抖音是一个线上营销渠道。由于变现的主体与商业模式非常清晰，因此账号的定位就是为线下引流，或者为线下工厂产品打开知名度，或者通过抖音小店找到更多的分销达人，扩大自己产品的销量。

这类创作者通常需要做矩阵账号，以海量抖音流量使自己的商业变现规模迅速放大。

如果希望深入学习与研究商业定位，建议读者阅读学习杰克·特劳特撰写的《定位》。

垂直定位

需要注意的是，即使在多个领域都比较专业，也不要尝试在一个账号中发布不同领域的内容。

从观众角度来看，当你想去迎合所有用户，利用不同的领域来吸引更多的用户时，就会发现可能所有用户对此账号的黏性都不强。观众会更倾向于关注多个垂直账号来获取相关信息，因为在观众心中，总有一种“术业有专攻”的观念。

从平台角度来看，若一个账号的内容比较杂乱，会影响内容推送精准度，进而导致视频的流量受限。

所以，账号的内容垂直比分散更好。

用户定位

无论是抖音上的哪一类创作者，都应该对以下几个问题了然于心。用户是谁？在哪个行业？消费需求是什么？谁是产品使用者？谁是产品购买者？用户的性别、年龄、地域是怎样的？

这其实就是目标用户画像。因为即便是同一领域的账号，当用户不同时，不仅产品不同，最基础的视频风格也会截然不同。所以明确用户定位是确定内容呈现方式的重要前提。

例如，做健身类的抖音账号，如果受众是年轻女性，那么视频中就要有女性健身方面的需求，如美腿、美臀、美背等，图 1-25 所示即典型的以年轻女性为目标群体的健身类账号。如果受众定位是男性健身群体，那么视频就要着重突出各种肌肉的训练方法，图 1-26 所示即典型的以男性为主要受众的健身类账号。即便不看内容，只通过封面，就可以看出受众不同，因此用户对内容的影响是非常明显的。

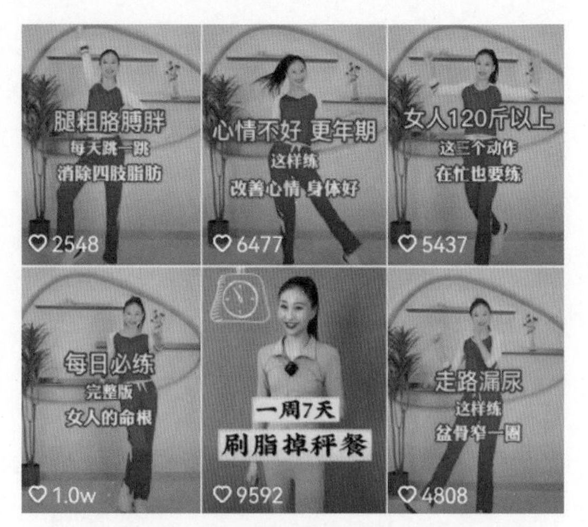

图 1-25

图 1-26

对标账号分析及查找方法

可以说抖音是一场开卷考试，对新手来说，最好的学习方法就是借鉴，最好的老师就是有成果的同行。因此一定要学会寻找与自己处于同一赛道的对标账号，分析学习经过验证的创作手法与思路。

更重要的是可以通过分析这些账号的变现方式与规模来预判自己的收益，并根据对这些账号的分析来不断地微调自己账号的定位。

查找对标账号的方法如下。

（1）在抖音顶部搜索框中输入要创建的视频主题词，例如“电焊”话题。

（2）点击“视频”右侧的“筛选”按钮。

（3）选择“最多点赞”“一周内”“不限”3 个选项，筛选出近期的爆款视频，如图 1-27 所示。

图 1-27

（4）观看视频时通过点击头像进入账号主页，进一步了解对标信息。

（5）也可以点击“用户”“直播”“话题”等标题，以更多方式找到对标账号，进行分析与学习，如图 1-28 所示。

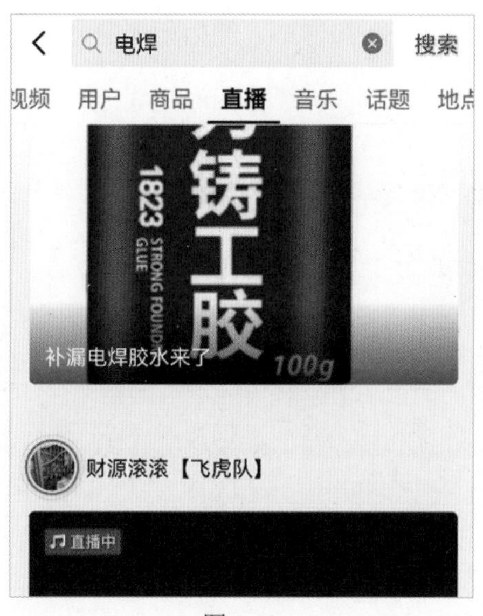

图 1-28

还可以在抖音搜索“创作灵感”，点击进入热度高的创作灵感主题，然后点击“相关用户”按钮，找到大量对标账号。

创建账号的学问

确定账号的定位后就需要开始创建账号，比起早期的无厘头与随意，现在的短视频平台竞争激烈，因此创建账号之初就需要在各方面精心设计。下面介绍关于创建账号的设计要点。

为账号取名的 6 个要点

① 字数不要太多

简短的名字可以让观众一眼就知道这个抖音号或者快手号叫什么，让观众哪怕是无意中看到了你的视频，也可以在脑海中形成一个模糊的印象。当你的视频第二次被看到时，其被记住的概率将大大提高。

另外，简短的名字比复杂的名字更容易记忆，建议将名字的长度控制在 8 个字以内。例如，目前抖音上的头部账号：疯狂小杨哥、刀小刀 sama、我是田姥姥等，其账号名称长度均在 8 个字以内，如图 1-29 所示。

图 1-29

② 不要用生僻字

如果观众不认识账号名，则对宣传推广是非常不利的，所以尽量使用常用字作为名字，可以让账号的受众更广泛，也有利于运营时的宣传。

在此特别强调账号名中带有英文的情况。如果账号发布的视频，其主要受众是年轻人，在名字中加入英文可能显得更时尚；如果主要受众是中老年人，则建议不要加入英文，因为这部分人群对自己不熟悉的领域往往有排斥心理，当看到不认识的英文时，很可能不会关注该账号。

③ 体现账号所属垂直领域

如果账号主要发布某一个垂直领域的视频，那么在名字中最好能够有所体现。

例如“央视新闻”，一看名字就知道是分享新闻视频的账号；而“51美术班”，一看名字就知道是分享绘画相关视频的账号，如图1-30所示。

图1-30

体现账号所属垂直领域的优点在于，当观众需要搜索特定类型的短视频账号时，将大大提高账号被发现的概率。同时，也可以通过名字给账号打上一个标签，精准定位视频受众。账号具有一定的流量后，变现也会更容易。

④ 使用品牌名称

如果在创建账号之前就已经拥有自己的品牌，那么直接使用品牌名称即可。这样不仅可以对品牌进行一定的宣传，在今后的线上和线下联动运营时也更方便，如图1-31所示。

图1-31

⑤ 使用与微博、微信相同的命名

使用与微博、微信相同的命名可以让周围的人快速找到你，并有效利用其他平台积攒的流量，作为在新平台起步的资本。

⑥ 让名字更具亲和力

一个好名字一定是具有亲和力的，这可以让观众更想了解博主，更希望与博主进行互动。而一个非常酷、很有个性却冷冰冰的名字，则会让观众产生疏远感。即便很快记住了这个名字，也会因为心理的隔阂而不愿意去关注或与之互动。

无论是在抖音还是在快手平台，都会看到很多比较萌、比较温和的名字，例如“韩国媳妇大璐璐”“韩饭饭”“会说话的刘二豆”等，如图1-32～图1-34所示。

图 1-32

图 1-33

图 1-34

为账号设置头像的 4 个要点

① 头像要与视频内容相符

一个主打搞笑视频的账号，其头像自然也要诙谐幽默，如“贝贝兔来搞笑”，如图 1-35 所示。一个主打真人出境、打造大众偶像的视频账号，其头像当然要选个人形象照，如“李佳琦 Austin”，如图 1-36 所示。一个主打萌宠视频的账号，其头像最好是宠物照片，如“金毛～路虎”，如图 1-37 所示。

图 1-35

图 1-36

图 1-37

如果说账号名是招牌，那么头像就是店铺的橱窗，需要通过头像来直观地表现出视频主打的内容。

② 头像要尽量简洁

头像也是一张图片，所有宣传性质的图片，其共同特点就是“简洁”。只有简洁的画面才能让观众一目了然，并迅速对视频账号产生基本了解。

如果是文字类的头像，则字数尽量不要超过 3 个，否则很容易显得杂乱。

另外，为了让头像更明显、更突出，尽量使用对比色进行搭配，如黄色与蓝色、青色与紫色、黑色与白色等，如图 1-38 所示。

图 1-38

③ 头像应与视频风格相吻合

即便属于同一个垂直领域的账号，其风格也会有很大区别。为了让账号特点更突出，应该在头像上有所体现。

例如，同样是科普类账号的“笑笑科普”与“昕知科技”，前者的科普内容更偏向于生活中的冷门小知识，后者则更偏向于对高新技术的科普。两者的风格不同，使得“笑笑科普”的头像显得比较诙谐幽默，如图 1-39 所示。

图 1-39

4 使用品牌 LOGO 作为头像

如果是运营品牌的视频账号，则与使用品牌名称作为名字类似，使用品牌 LOGO 作为头像既可以起到宣传的作用，又可以通过品牌积累的资源让短视频账号更快速地发展，如图 1-40 所示。

图 1-40

编写简介的 4 个要点

通过个性化的头像和名字可以快速吸引观众的注意力，但显然无法让人对账号内容产生进一步了解。而简介就是让观众在看到头像和名字的下一秒继续了解账号的关键。绝大多数的“关注”行为，通常是在看完简介后出现的。下面介绍编写简介的 4 个要点。

1 语言简洁

观众决定是否关注一个账号所用的时间大多在 5s 以内。在这么短的时间内，几乎不可能去阅读大量的介绍性文字，因此编写简介的第一个要点就是务必简洁，并且要通过简洁的文字尽可能多地向观众输出信息。图 1-41 所示的健身类头部账号“健身 BOSS 老胡”，短短 3 行，不到 40 个字，就介绍了自己、账号内容和联系方式。

图 1-41

2 每句话要有明确的目的

正是由于简介的语言必须简洁，所以要让每一句话都有明确的目的，防止观众在看到一句不知所云的简介后就转而去看其他的视频。

这里举一个反例。例如，一个抖音账号简介的第一句话是“元气少女能量满满”。这句话看似介绍了自己，但仔细想想，观众仍然不能从这句话中认识你，也不知道你能提供什么内容，所以相当于一句毫无意义的话。

优秀的简介应该是每一句话、每一个字都有明确的目的，都在向观众传达必要的信息。

例如，图 1-42 所示的抖音号“随手做美食”的简介一共有 4 行字，第 1 行指出商品购买方式；第 2 行表明账号定位和内容；第 3 行给出联系方式；第 4 行宣传星图有利于做广告。言简意赅，目的明确，让观众在很短的时间内就获得了大量的信息。

图 1-42

3 简介排版要美观

简介作为在主页上占比较大的区域，如果是密密麻麻一大片文字直接显示在界面上，势必会影响整体观感。建议在每句话写完之后，换行再写下一句，并且尽量让每一句话的长度基本相同，从而让简介看起来更整齐。

如果在文字内容上确实无法做到规律和统一，可以如图 1-43 所示，加一些有趣的图案，让简介看起来更加活泼、可爱。

我就一句
近我者瘦
获赞 720.2w
粉丝 159.5w
关注 111
丽丽轻食餐
抖音号：dys49bn055uf
自用好物都在橱窗👇👇👇
承蒙厚爱 感谢关注🖤
热爱生活和美食💖
身高165 已➖30斤
目标100 一起加油[拳头]
短视频教学➕食谱🆃🆅1012759227

图 1-43

4 可以表现一些自己的小个性

目前，各领域都已经存在大量的短视频。要想突出自己制作的内容，就要营造差异化，于简介而言也不例外。除了按部就班、一板一眼地介绍自己、账号定位与内容，部分表明自己独特的观点，或者体现自己个性的文字，同样可以在简介中出现。

图 1-44 所示的“小马达逛吃北京”的简介中，就有一条“干啥啥不行 吃喝玩乐第一名”的文字。

图 1-44

其中“干啥啥不行”这种话，一般是不会出现在简介中的，这就与其他抖音账号形成了一定的差异，而且这种语言也让观众感受到了一种玩世不恭与随性自在，体现出了内容创作者的个性，拉近了其与观众的距离，从而对粉丝转化起到一定的促进作用。

简介应该包含的 3 大内容

所谓“简介”，就是指简单地介绍自己。那么，在尽量简短并且言简意赅的情况下，该介绍哪些内容呢？以下内容是笔者建议通过简介来体现的。

1 我是谁

作为内容创作者，在简介中介绍“我是谁”，可以增加观众对内容的认同感。

在图 1-45 所示的抖音账号“徒手健身干货 - 豪哥”的简介中，就有一句“2017 中国街头极限健身争霸赛冠军”的介绍。这句话既让观众更了解内容创作者，也表明了其专业性，让观众更愿意关注该账号。

图 1-45

② 能提供什么价值

观众之所以会关注某个抖音账号，是因为其可以提供价值，如搞笑类账号能够让观众开心，科普类账号能够让观众长知识，美食类账号可以教观众做菜等。所以，在简介中要通过一句话表明账号能够提供给观众的价值。

这里依旧以“徒手健身干货 - 豪哥”抖音账号的简介为例，其第一句话“线上一对一指导收学员（提升引体次数、俄挺、街健神技、卷身上次数）”就是在表明其价值。看到简介中的内容后，希望在这方面有所提高的观众，大概率会关注该账号。

③ 账号定位是什么

所谓“账号定位”，其实就是告诉观众账号主要做哪方面的内容，从而达到不用观众去翻之前的视频，尽量保证在 5s 内打动观众，使其关注账号的目的。

例如，在图 1-46 所示的抖音号“谷子美食”的简介中，“每天更新一道家常菜 总有一道适合您”就向观众表明了账号内容属于美食类，定位是家常菜，更新频率是“每天”，从而让想学习做一些不太难且美味的菜品的观众更愿意关注该账号。

图 1-46

背景图的 4 大作用

① 通过背景图引导人们关注

通过背景图引导人们关注是最常见的发挥背景图作用的方式。因为背景图位于画面的最上方，相对比较容易被观众看到。再加上图片可以带给观众更强的视觉冲击力，所以往往会被用来通过引导的方式直接提高粉丝转化率，如图 1-47 所示。

图 1-47

但对还没有形成影响力与号召力的新手账号来说，不建议采用这种背景图。

② 展现个人专业性

如果是通过自己在某个领域的专业性进行内容输出，进而通过带货进行变现，那么背景图可以用来展现自己的专业性，从而增强观众对内容的认同感。

图 1-48 所示的健身抖音号就是通过展现自己的身材，间接证明自己在健身领域的专业性，进而提高粉丝转化率的。

图 1-48

③ 充分表现偶像气质

具有一定颜值的内容创作者，可以将自己的照片作为背景图使用，充分展现自己的偶像气质，也能够让主页更加个性化，拉近与观众的距离。

图 1-49 所示的剧情类抖音账号就是将视频中的男女主角作为背景图，通过形象来营造账号的吸引力的。

图 1-49

④ 宣传商品

如果带货的商品集中在一个领域，那么可以利用背景图为售卖的产品做广告。例如，在“好机友摄影、视频”抖音账号中，其中一部分商品是图书，就可以通过背景图进行展示，如图 1-50 所示。

图 1-50

这里需要注意的是，所展示的商品最好是个人创作的，如教学课程、手工艺品等。这样除了能起到宣传商品的作用，还是一种专业性的表现。

认识账号标签

账号标签是抖音推荐视频时的重要依据，标签越明确的账号，看到其视频的观众与内容的关联性越高，越会有更多真正对你的内容感兴趣的观众看到这些视频，点赞、转发或评论量自然就越高。

每个抖音账号都有 3 个标签，分别是内容标签、账号标签和兴趣标签。

内容标签

所谓“内容标签”，即作为视频创作者，每发布一条视频，抖音就会为其打上一个标签。随着发布相同标签的内容越来越多，其视频推送会越精准。这也是建议读者在垂直领域做内容的原因。连续发布相同标签内容的账号，与经常发送不同标签内容的账号相比，其权重也会更高。高权重的账号可以获得抖音更多的资源倾斜。

账号标签

当一个账号的内容标签基本相同，或者说内容垂直度很高时，抖音就会为这个账号打上标签。一旦拥有了账号标签，就证明该账号在垂直分类下已经具备一定的权重，可以说是运营阶段性成功的表现。

要想获得账号标签，除了发布视频的内容标签要一致，还要让头像、名字、简介、背景图等都与标签相关，从而提高获得账号标签的概率。

例如，图 1-51 所示的具有“美食”账号标签的抖音号“杰仔美食”，其头像是“杰仔”，名字中带“美食”，背景图也与美食相关，再加上言简意赅的简介，账号整体性很强。

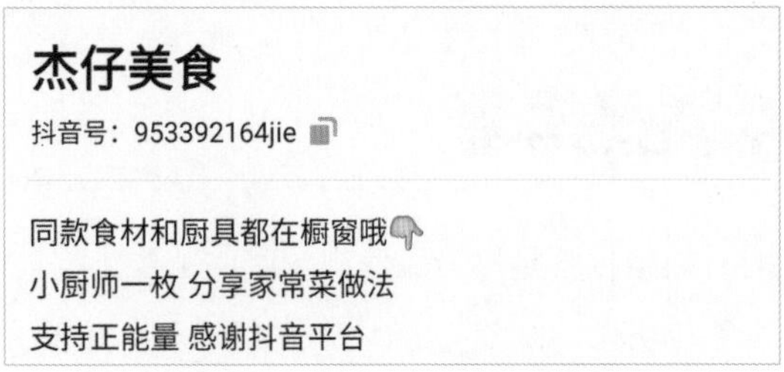

杰仔美食

抖音号：953392164jie

同款食材和厨具都在橱窗哦

小厨师一枚 分享家常菜做法

支持正能量 感谢抖音平台

图 1-51

兴趣标签

所谓“兴趣标签”，即该账号经常浏览哪些类型的视频，就会被打上相应的标签。例如，一位抖音用户经常观看美食类视频，那么抖音就会为其贴上相应的兴趣标签，并更多地为其推送与美食相关的视频。

因为一个人的兴趣可能有很多种，所以兴趣标签并不唯一。抖音会自动根据观看不同类型视频的时长及点赞等操作，将兴趣标签按优先级排序，并分配不同数量的推荐视频。

正是因为抖音账号有上述几个标签，而不像以前只有一个标签，所以“养号”操作已经不复存在。各位内容创作者再也不需要通过大量浏览与所发视频同类的内容来为账号打上标签。

总结起来，在以上 3 种标签中，内容标签是视频维度的，账号标签是账号维度的，兴趣标签是创作者本身浏览行为维度的。

内容标签会对账号标签产生影响，但是兴趣标签不会影响内容标签和账号标签。

如何判断账号是否有内容标签

如前所述，兴趣标签与运营账号无关，不需要特别关注。但账号标签和内容标签涉及视频的精准投放，所以在运营一段时间后，创作者需要关注自己的账号是否已被打上了精准的账号标签。

创作者可以通过在抖音中搜索创作灵感的方法来判断自己的账号是否有正确的内容标签。

（1）关注并进入“创作灵感小助手”主页，点击主页上的“官方网站”链接，如图 1-52 所示。

（2）查看推荐的创作话题，如果推荐的话题与自己创作的内容方向一致，就代表已经打上了相关内容标签，如图 1-53 所示。

创作灵感
发现热门选题
求更新
1/1
创作灵感
获赞
18.0w
关注
324
粉丝
232.5w
创作灵感小助手
抖音创作灵感官方账号
关注我，为你提供热门创作选题！
官方网站
已关注
私信
作品 63
喜欢 154
品牌

图 1-52

推荐
投稿冲榜
美食
泛知识
兴趣
拍照构图技巧
649.91w搜索热度
已添加
立即拍摄
单反拍摄教程
322.70w搜索热度
稍后拍摄
立即拍摄
摄影基础知识入门

图 1-53

第2章 短视频作品七大构成要素

全面认识短视频的 7 大构成要素

虽然大多数创作者每天都可能观看几十甚至数百条短视频，但仍然有不少创作者对短视频的构成要素缺乏了解，下面对短视频的构成要素进行一一拆解。

选题

选题即每一条视频的主题，确定选题是创作视频的第一步。好的选题不必使用太多技巧就能够获得大量推荐，而平庸的选题即便投放大量 DOU+ 广告进行推广，也不太可能火爆。

因此，对创作者来说，“选题定生死”这句话也不算夸张。

内容

确定选题方向后，还要确定其表现形式。同样一个选题，可以由真人口述，也可以图文的形式展示；可以实场拍摄，也可以漫画的形式表现。当前丰富的创作手段给创作者提供了无限的创作空间。

在选题相似的情况下，谁的内容创作技巧更高超、表现手法更新颖，谁的视频就更可能火爆。

抖音中的技术流视频一直拥有较高的播放量与认可度。图 2-1 所示就是比较火爆的变身视频。

图 2-1

标题

标题是整个视频主体内容的概括，好的标题能够让人对内容一目了然。

此外，对于视频中无法表现出来的情绪或升华主题，也可以在标题中表现出来，如图 2-2 所示。

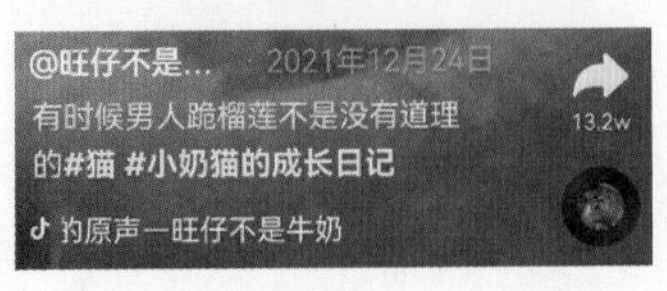

图 2-2

音乐

抖音之所以能够给人沉浸式的观看体验，背景音乐可以说功不可没。

大家可以尝试将视频静音，这时就会发现很多视频变得索然无味。

每一个创作者都要对背景音乐有足够的重视，养成保存同类火爆视频背景音乐的好习惯，如图 2-3 所示。

图 2-3

字幕

为了便于听障人士及方便人们在嘈杂的环境下观看视频，抖音中的大部分视频都添加了字幕。

但需要注意避免字幕位置不当、文字过小、文字色彩与背景色混融、字体过于纤细等问题，如图 2-4 和图 2-5 所示视频的字幕的辨识度就较差。

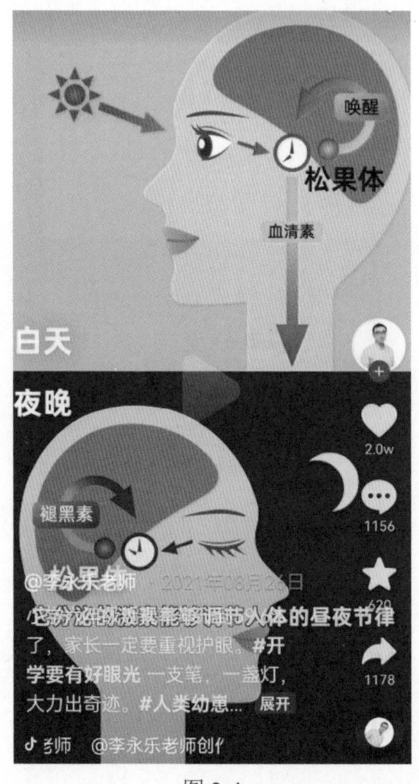

图 2-4

图 2-5

但字幕不是强制性要求，对新手来说，如果考虑成本，也可以不用添加。

封面

封面不仅是视频的重要组成元素，也是粉丝进入主页后判断创作者是否专业的依据。

如图 2-6 和图 2-7 所示，整齐的封面不仅能够给人以专业、认真的印象，而且使主页更加美观。

图 2-6

图 2-7

话题

在标题中添加话题是告诉抖音官方如何归类视频。当话题被搜索或人们从标题处点击查看时，同类视频可依据时间、热度进行排名，如图 2-8 和图 2-9 所示。

图 2-8

图 2-9

因此，为视频添加话题有助于提高视频的展现概率，获得更多的流量。

让选题思路源源不断的 3 个方法

下面介绍 3 个常用的方法，帮助读者拥有源源不断的选题灵感。

蹭节日

注意日历包括中、外、阳历、阴历各种节日的日历。另外，也不要忘记电商们自创的节日。

以 5 月为例，有“劳动节”和“母亲节”两个节日，立夏和小满两个节气，就是很好的切入点，如图 2-10 所示。

图 2-10

围绕这些时间点找到自己的垂直领域与它的相关性。例如，美食领域可以出一期节目，以“母亲节，我们应该给她做一道什么样的美食”为主题；数码领域可以出一期节目，以“母亲节，送她一个高科技‘护身符’”为主题；美妆领域可以出一期节目，以“这款面霜大胆送母上，便宜量又足，性能不输XXX”为主题，这里的XXX可以是一个竞品的名称。

蹭热点

此处的热点是指社会上的突发事件。这些热点通常自带话题性和争议性，以这些热点为主题展开讨论，很容易获得关注。

蹭热点既要有一定的技术含量，更要有一定的道德底线，否则，反而适得其反。例如，主持人王某芬曾经就创业者茅侃侃自杀事件发过一条微博，并在第二条欢呼该微博阅读破10万。这是典型的“吃人血馒头”，因此受到许多网民的抵制，如图2-11所示，最终不得不以道歉收场。

图 2-11

蹭同行

这里所说的同行，不仅包括视频媒体同行，还包括与视频创作方向相同的所有类型的媒体。例如，不仅要在抖音上关注同类账号，尤其是相同领域的头部账号，还要在其他短视频平台上找相同领域的大号。视频同行的内容能够帮助新入行的“小白”快速了解围绕着一个主题，如何用视频画面、声音（或音乐）来表现选题主旨，也便于自己在同行的基础上进行创新与创作。

另外，还应该关注图文领域的同类账号，如头条号、公众号、百家号、大鱼号和网易号、知乎、小红书等。在这些媒体上寻找阅读量比较高或热度比较高的文章。

因为这些爆文可以直接转化为视频选题，只需按文章的逻辑重新制作成为视频即可。

反向挖掘选题的方法

绝大多数创作者在策划选题时，方向都是由内及外的，从创作者本身的知识储备去考虑，应该带给粉丝什么样的内容。这种方法的弊端是很容易因自己的认知范围导致自己的视频内容陷于窠臼。

如果已经有一定数量的粉丝，不妨以粉丝为切入点，将自己为粉丝解决的问题制作成选题，即反向从粉丝那里挖掘选题。

首先，这些问题有可能是共性的，不是一个粉丝的问题，而是一群粉丝的问题，所以受众较广。

其次，这些问题是真实发生的，甚至有聊天记录，所以可信度很高。

这样的选题思路，在抖音中已经有大V用得非常好了，例如“猴哥说车”，创作者就是为粉丝解决一个又一个问题，并将过程创作成视频，最终使自己成为拥有将近4000万粉丝的大号，如图 2-12 所示。

图 2-12

跳出“知识茧房”挖掘选题的方法

众所周知，抖音采用的是个性化推荐方式，因此，一个对美食、旅游内容感兴趣的用户，总是能够刷到这两类视频。但这样的个性化推荐，对一个内容创作者来说无疑是思想的“知识茧房”。由于无法看到其他领域的视频，自然也没办法举一反三，从其他领域的视频中汲取灵感，从而突破自己与行业的创作瓶颈。

对一个想不断突破、创新的创作者来说，一定要跳出抖音的“知识茧房”。

操作方法如下。

（1）在抖音 APP 中点击“我”图标，再点击右上角的三条杠。

（2）点击“设置”按钮，点击“个人信息管理”按钮。

（3）点击“个性化内容推荐”按钮。

（4）关闭“个性化内容推荐”开关，如图 2-13 所示。

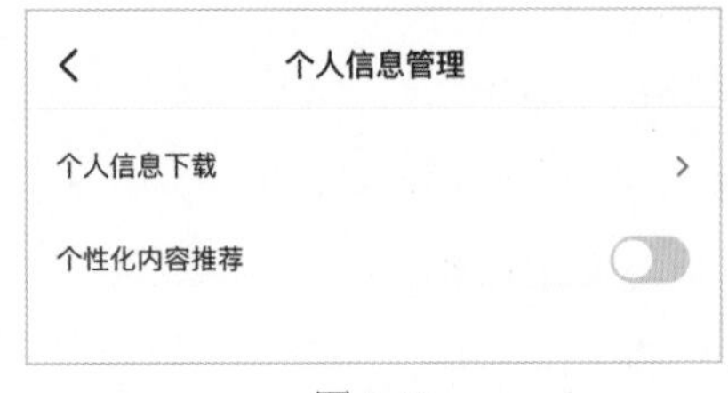

图 2-13

在这种情况下，抖音推送的都是各领域较为热门的内容，对许多创作者来说犹如打开了一个新世界。

使用创作灵感批量寻找优质选题

创作灵感是抖音官方推出的帮助创作者寻找选题的工具，这些选题基于大数据筛选，所以不仅数量多，而且范围广，能够突破创作者的认知范围。

下面是具体的操作方法。

（1）在抖音中搜索“创作灵感”话题，如图 2-14 所示，点击进入话题。

图 2-14

（2）点击“点我找热门选题”按钮，如图 2-15 所示。

图 2-15

（3）在顶部搜索栏中输入要创建的视频主题词，如“麻将”，再点击“搜索”按钮。

（4）找到适合自己创建的、热门的主题，例如，笔者在此选择的是“时尚摄影教程”，如图 2-16 所示。

图 2-16

（5）查看与此话题相关的视频，分析学习相关视频的创作思路，如图 2-17 所示。如果查看相关用户，还可以找到大量的对标账号。

图 2-17

（6）按此方法找到多个值得拍摄的主题后，点击“稍后拍摄”按钮，将创作灵感保存在自己的灵感库中。

（7）以后要创作此类主题的视频时，只需点击右上角的图标，打开自己的创作灵感库进行自由创作即可。

用抖音热点宝寻找热点选题

什么是抖音热点宝

抖音热点宝是抖音官方推出的热点分析平台，基于全方位的抖音热点数据解读，帮助创作者更好地洞察热点趋势，参与热点选题创作，获取更多优质流量，而且完全免费。

要开启热点宝功能，要先进入抖音创作者服务平台，单击“服务市场”按钮，如图 2-18 所示。

图 2-18

在服务列表中单击“抖音热点宝”按钮，显示如图 2-19 所示的页面。

图 2-19

单击“立即使用”按钮，则会进入如图 2-20 所示的使用页面。

图 2-20

如果感觉使用页面较小，可以通过网址 https://douhot.douyin.com/welcome 进入抖音热点宝的独立网站。

使用热点榜跟热点

抖音热点榜可以给出某一事件的热度，而且有更明显的即时热度趋势图，如图 2-21 所示。将光标放在某一个热点事件的热度趋势图形线条上，可以查看某一时刻事件的热度。

图 2-21

使用抖音热点宝，可以按领域进行区分，可以通过单击“查看数量分布”按钮来查看哪一个领域的热点更多，如图 2-22 所示。

图 2-22

利用同城热点榜推广线下门店

如果在创作视频时，有获取同城流量推广线下门店的需求，一定要使用“同城热点榜”功能。

创作者在右上方的搜索框中搜索城市的名称，例如，搜索“济南”，则可以查看济南的城市热点事件，如图 2-23 所示。

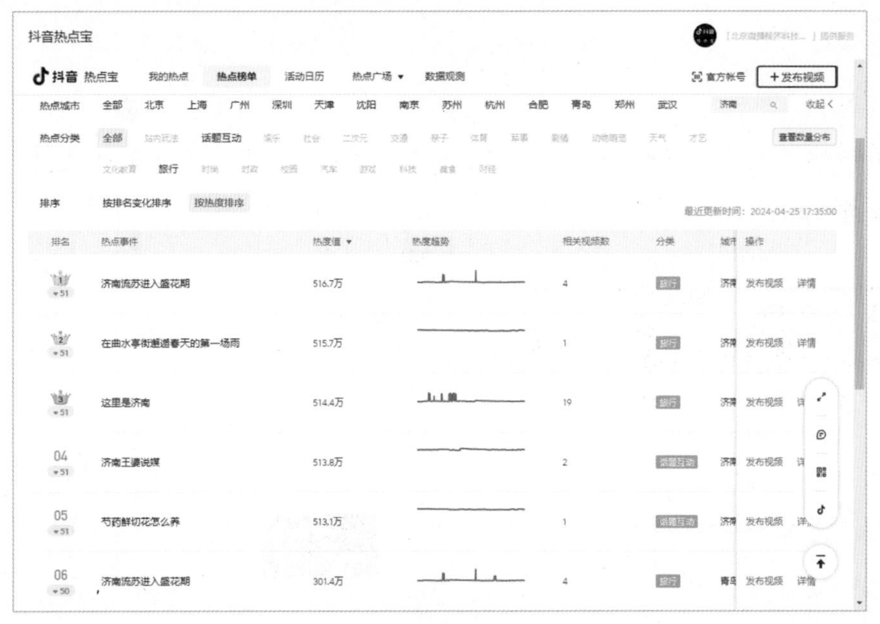

图 2-23

利用巨量算数寻找选题

巨量算数是什么

巨量算数平台（https://trendinsight.oceanengine.com/）是字节跳动集团巨量引擎旗下的内容消费趋势洞察数据平台，能够基于今日头条、抖音、西瓜视频等平台的内容和数据，提供算数指数、算数榜单、创作指南、洞察报告等数据分析工具，如图 2-24 所示。

图 2-24

巨量算数不仅可以给内容创作者提供内容消费分析数据，还可以提供内容创作指导数据。如果从事的是短视频运营或相关工作，还可以从平台上获得市场趋势、热点内容洞察与营销相关决策数据。

巨量算数上的数据不仅是第一手的，而且是完全免费的，因此值得每一个短视频从业者学习使用。

除了可以在计算机上使用巨量算数的各项功能，也可以在关注巨量算数抖音号后，点击其主页的“官方网站”进入手机端进行使用，抖音官方号如图 2-25 所示，手机端网页如图 2-26 所示。

图 2-25

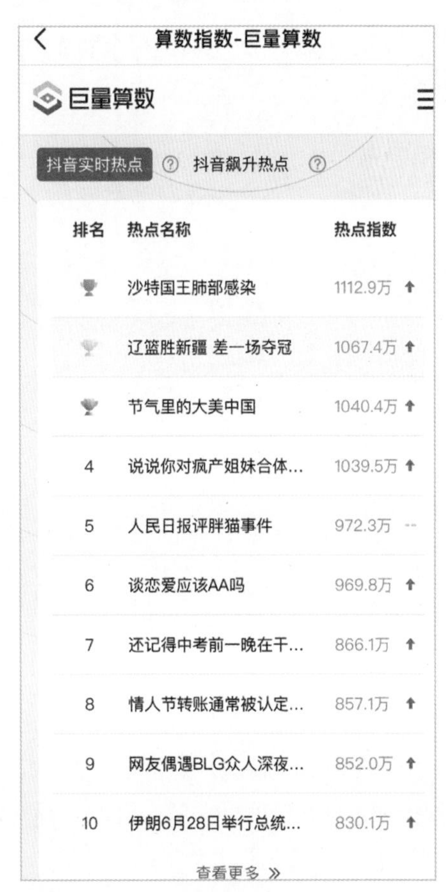

图 2-26

手机端的功能与计算机端是一样的，因此下面讲解的内容虽然基于计算机端，但是完全适用于手机端的巨量算数。

利用大数据找到选题

大多数创作者在寻找选题时，均基于自己的认知范围。但使用巨量算数，则可以基于大数据，更准确地判断哪一个领域的选题值得尝试。

例如，你是一个计算机配件厂家，其创作内容可以基于鼠标、键盘、主机、显示屏等配件。即每次创作时都会面临一个问题，那就是怎样组合关键词寻求选题进行创作。

这样的问题就可以利用巨量算数得到相对准确的答案。

解决的方法是，单击上方“算数指数”菜单，进入“组合关键词”选项卡，将“鼠标”“键盘”分别添加为关键词，并选择“抖音”选项，设置好时间，如图 2-27 所示。

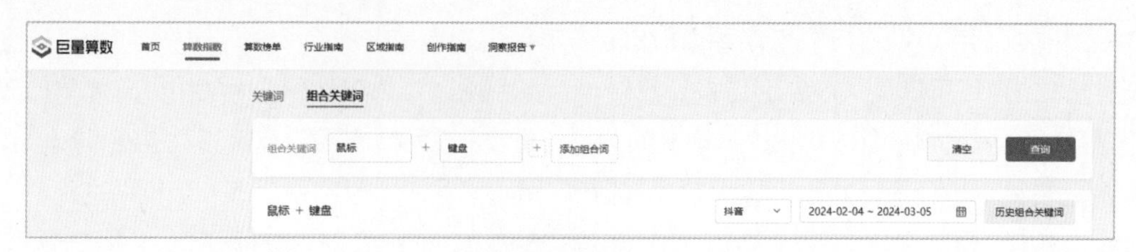

图 2-27

单击“查询”按钮后出现搜索指数和综合指数。

组合关键词搜索指数是指衡量多个关键词在抖音的整体搜索热度。通过多个关键词及相关内容的搜索量等数据，去重后加权求和得出该关键词的搜索指数，搜索指数并不等于实际搜索量，如图 2-28 所示。

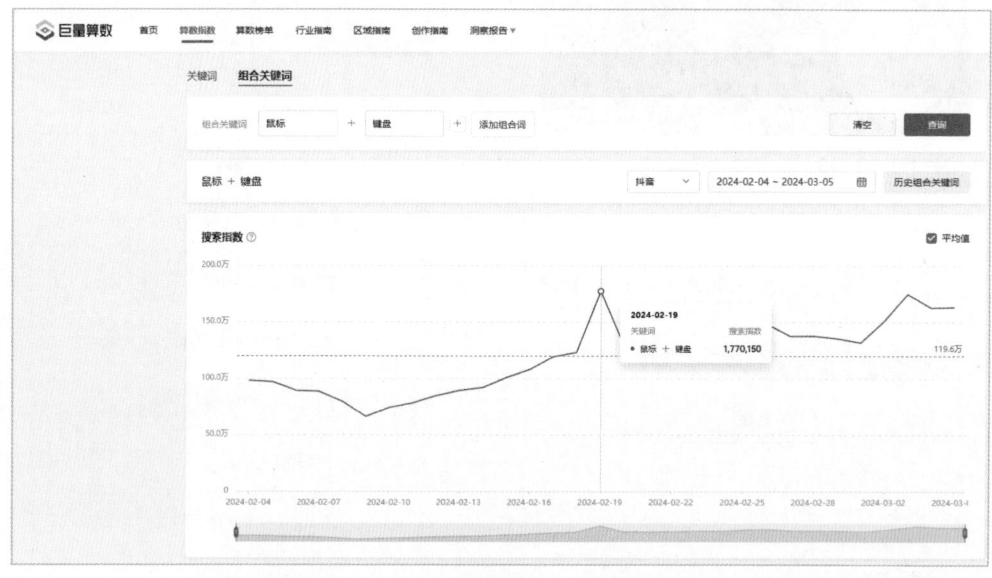

图 2-28

组合关键词综合指数是指衡量多个关键词在抖音的整体综合声量。基于抖音热词指数模型，通过多个关键词的相关内容量、用户观看、搜索等行为数据，去重后加权求和得出该组合关键词的热度指数，如图 2-29 所示。

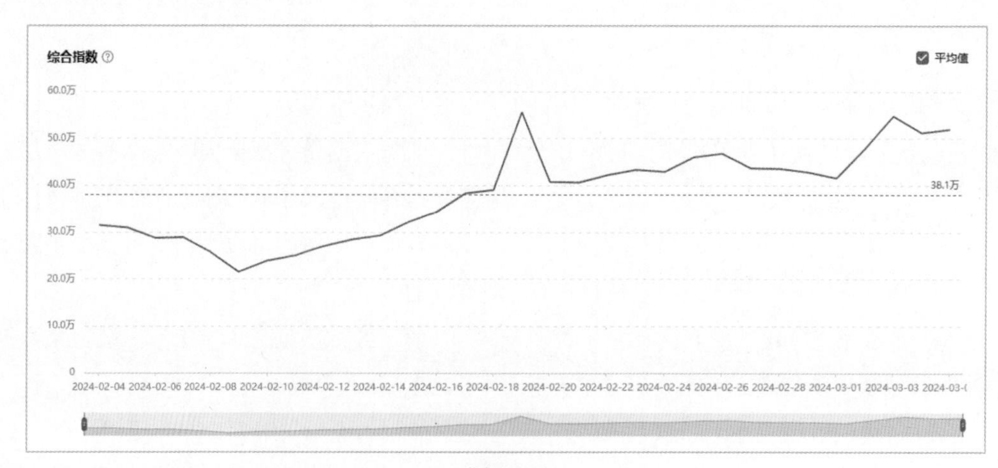

图 2-29

学会以数据为导向蹭热点选题

蹭热点是大多数创作者常用的选题思路，只要自己创作的内容与热点相关，则视频数据容易超出平时成绩。

虽然在找热点时可以用微博、百度等不同的平台查看当前热点，但如果希望在抖音平台上蹭热点，最好还是用巨量算数平台等抖音统计数据给出的热点榜单。

因为这些数据实时来源于抖音，榜单内容更准确。

在巨量算数页面单击“算数指数”选项卡，向下拖动页面，可以看到如图 2-30 所示的实时热点榜与飙升热点榜。

图 2-30

在两个榜单上，单击任何一条热点，都可以看到热点趋势图，如图 2-31 所示。

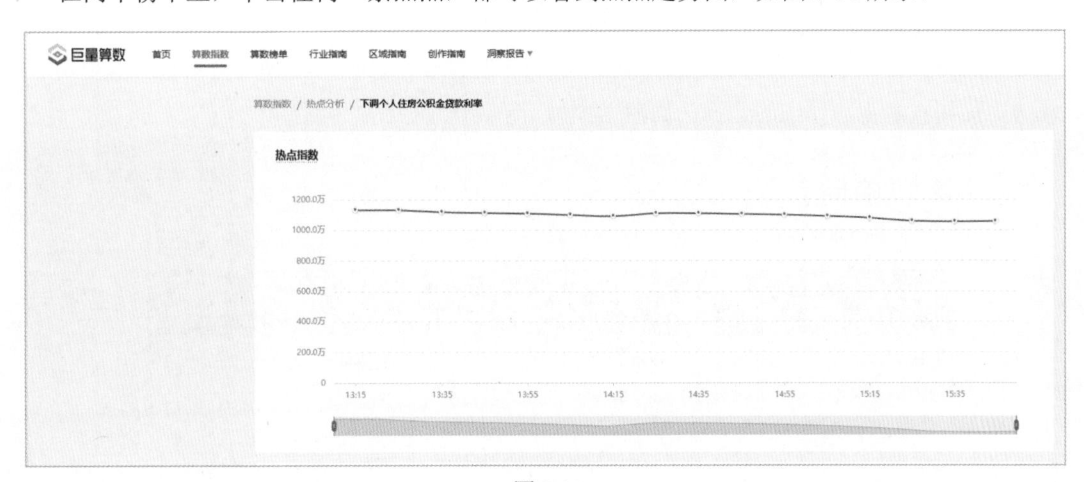

图 2-31

由于从选题策划到创作发布至少需要几小时的时间，因此要通过此图判断当前热点是否还值得跟。如果趋势上升，则应该立即创作；如果趋势下降，则考虑更换热点方向。

此外，如果希望借鉴别人的视频，可以向下拖动页面查看热门视频及发布视频的达人，如图 2-32 所示。

图 2-32

用好算数榜单数据蹭热点选题

除了蹭社会热点，在创作时蹭热门的影视综，也是常用的蹭热点选题的方法。

以笔者非常熟悉的摄影、视频创作领域为例，无论哪部剧大火，一定会有若干篇《XXX 热门剧教你拍大片》《XXX 热门剧一直在使用的调色手法》《从 XXX 剧学习运镜技巧》这样的爆款视频。

这就是典型的利用热门影视综进行选题创作的思路。

在巨量算数网站上，不仅可以查看当前火爆的影视排行，如图 2-33 所示，而且可以单击“更多榜单”按钮查看更加详细的数据，如图 2-34 所示。

图 2-33

图 2-34

创作者可结合自身账号的运营阶段，选择相应的话题作品，例如，贴合视频讨论指数高的作品发布视频，可以带来更多的粉丝互动行为。

利用大数据找到选题关联关键词

巨量算数有一个重磅功能，可以帮助创作者在构思视频选项或撰写脚本时，更加精准地获知要创作的视频使用哪些关键词可以更好地触达目标观众，这个功能就是“关联分析”。

例如，要针对大码女装产品创作一条短视频，可以先在巨量算数页面上单击“算数指数”选项卡，在搜索框中输入“大码女装”，如图 2-35 所示。

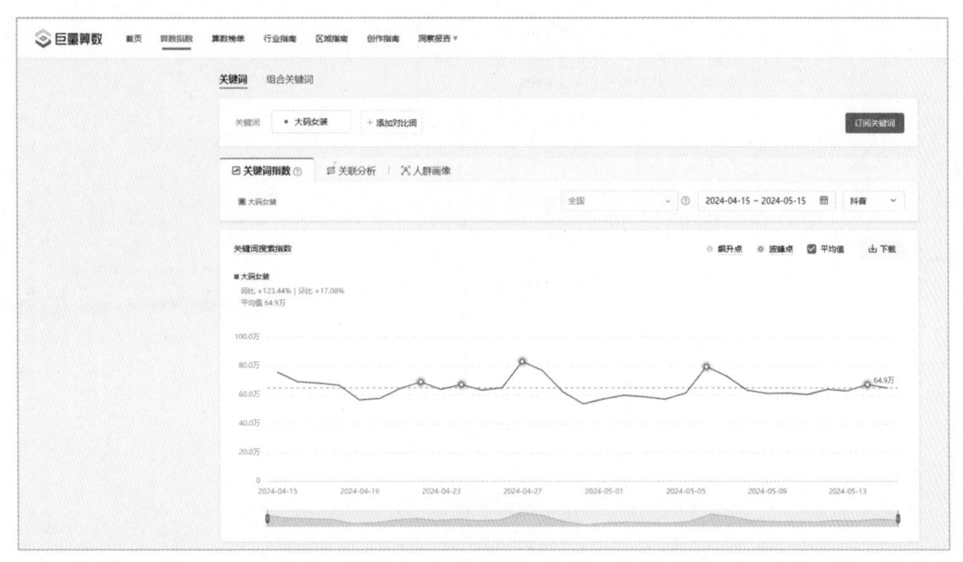

图 2-35

再单击“关联分析”标签，可以显示如图 2-36 所示的页面。

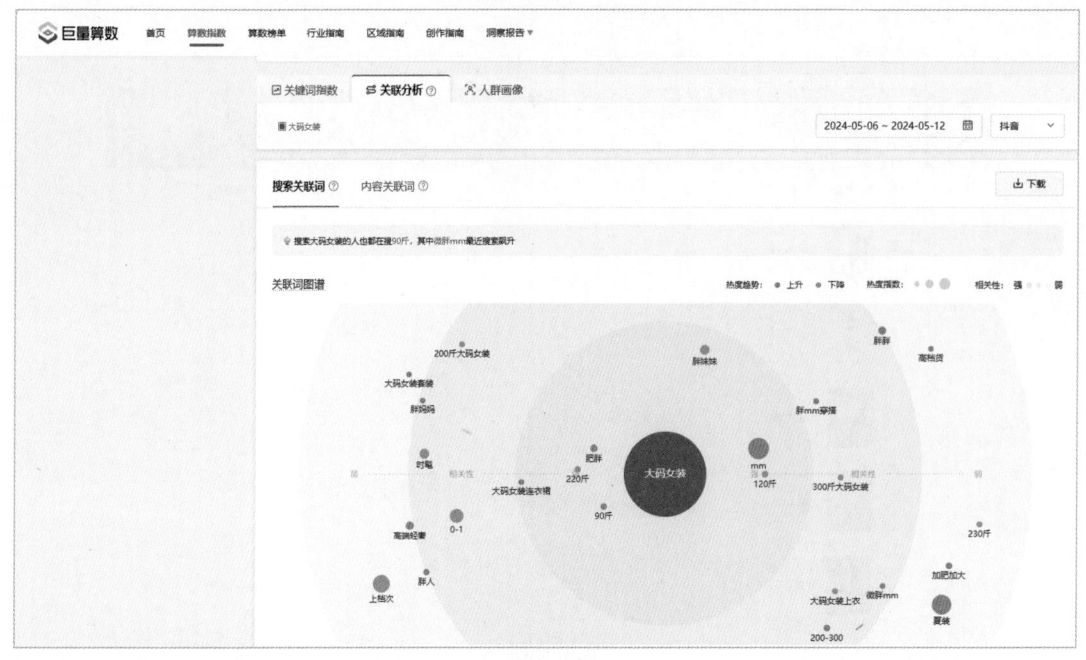

图 2-36

在图 2-36 中，所有绿色或红色小圆点下方的词语，均与“大码女装”相关。

在创作短视频或撰写短视频标题时，如果使用这些关键词，或者围绕这些关键词进行构思，则更有希望被推送给关心“大码女装”的抖音用户。

单击“人群画像”标签，可以显示对这个选题感兴趣的人群的大致情况，这些数据有助于创作者更准确地把握选题创作方向与深度，如图 2-37 所示。

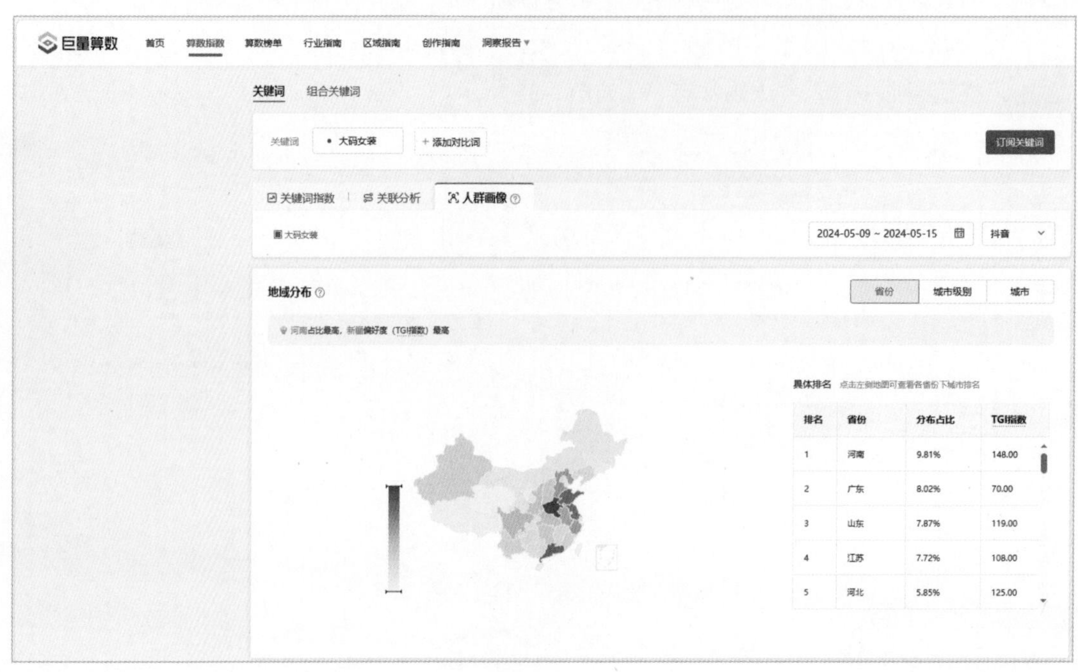

图 2-37

单击圆点，可以显示与此搜索词相关的搜索记录，如图 2-38 所示。

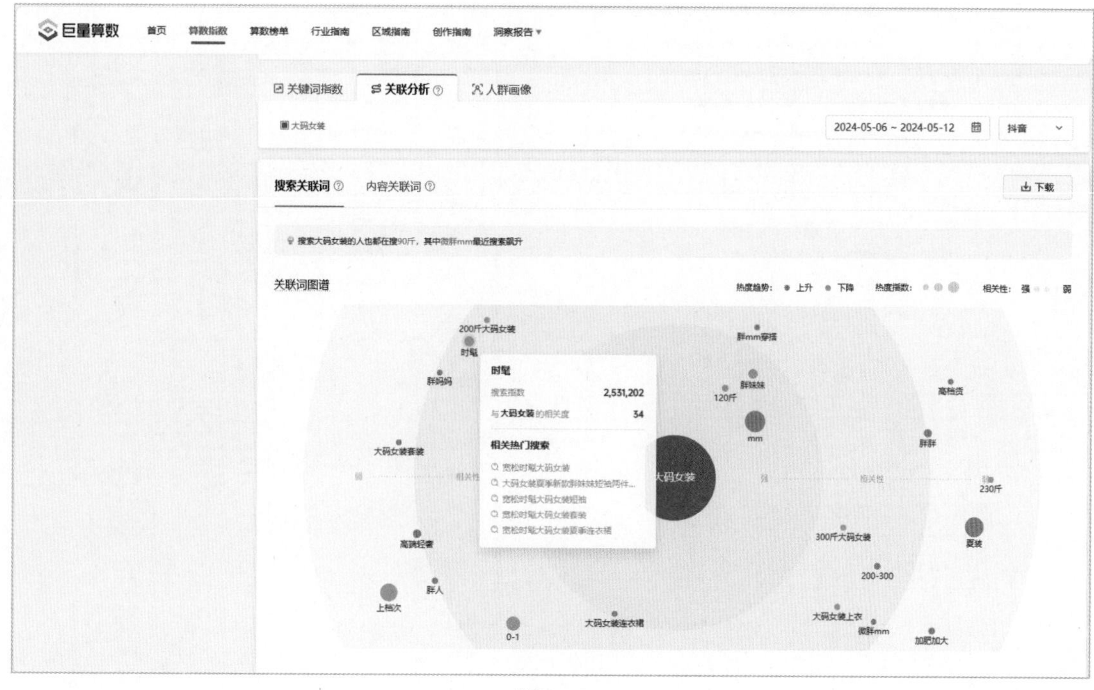

图 2-38

这里显示的所有圆点下方的词语，均为关心“大码女装”的用户主动搜索的内容，因此可以精准地反映出这些用户的品牌偏好及希望解决的问题痛点。

单击具体的小圆点，可以进一步看到关于此关键词的相关搜索，如图 2-39 所示。

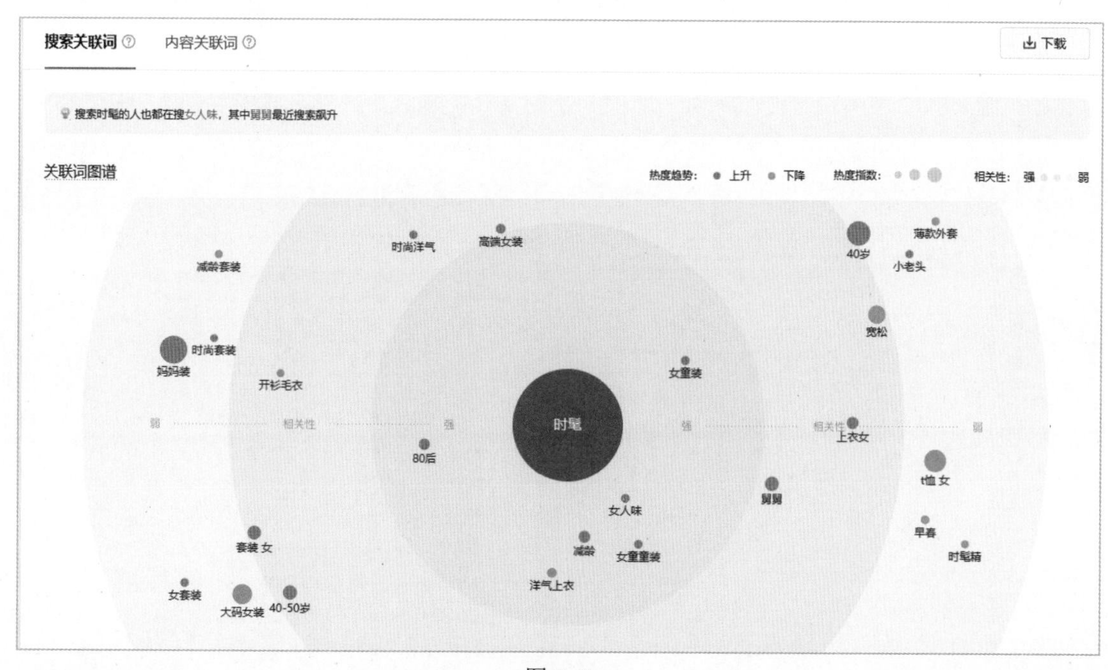

图 2-39

在下方还可以按照关联度和涨幅度进行关键词排名，如图 2-40 和图 2-41 所示。

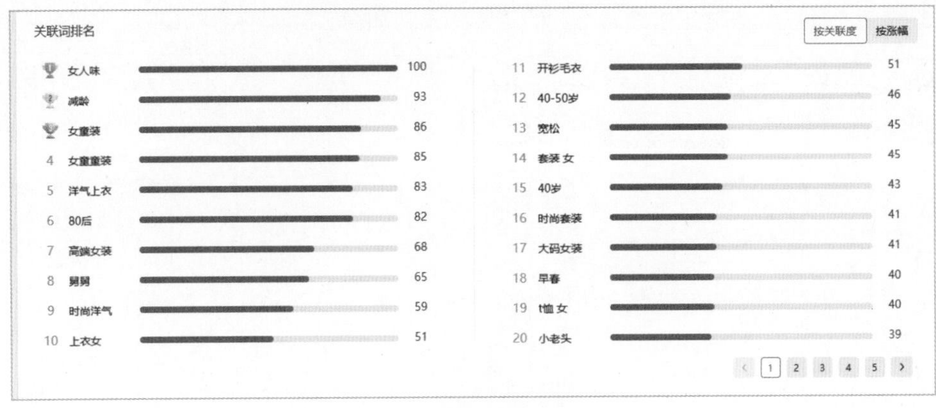

图 2-40

关联词排名　　按关联度　按涨幅

排名	关联词	涨幅	排名	关联词	涨幅
1	舅舅	NEW	11	女童装	54.24%
2	小老头	NEW	12	女套装	51.99%
3	外套 女	NEW	13	高端女装	40.98%
4	个性女装	NEW	14	短袖 女	39.18%
5	裙	NEW	15	女小童	36.38%
6	张秀秀	390.32%	16	韩国童装	35.22%
7	婴儿衣服	146.16%	17	蝙蝠衫	32.51%
8	40-50岁	117.69%	18	孕妇装	31.91%
9	妈妈装	72.39%	19	老花镜	30.18%
10	女童童装	58.17%	20	90后	30.01%

图 2-41

利用大数据找到不同垂类热点选题关键词

在巨量算数页面单击“创作指南”选项卡中的某一个领域后，单击“内容创意分析”“热门关键词”等按钮，会显示如图 2-42 所示的页面。从这个页面中可以看出，在美食领域大家关注最多的是好吃。

热门关键词　近1日　近3日　周榜　2024-05-06 ~ 2024-05-12

排名	关键词	综合指数	搜索指数	视频量	操作
1	好吃	1,962,008	3,419,887	229w+	热词分析 相关视频
2	[illegible]	1,860,197	5,644,902	62w+	热词分析 相关视频
3	零食	1,554,609	4,329,633	50w+	热词分析 相关视频
4	火锅	1,405,838	4,118,768	209w+	热词分析 相关视频
5	咖啡	1,343,408	4,066,035	60w+	热词分析 相关视频
6	牛肉	945,471	2,691,051	83w+	热词分析 相关视频
7	[illegible]	913,601	2,638,569	96w+	热词分析 相关视频
8	水果	884,886	2,254,688	60w+	热词分析 相关视频

图 2-42

单击热词“好吃”右侧的“热词分析”按钮，再单击“关联分析”“搜索关联词”标签，则显示如图 2-43 所示的页面。

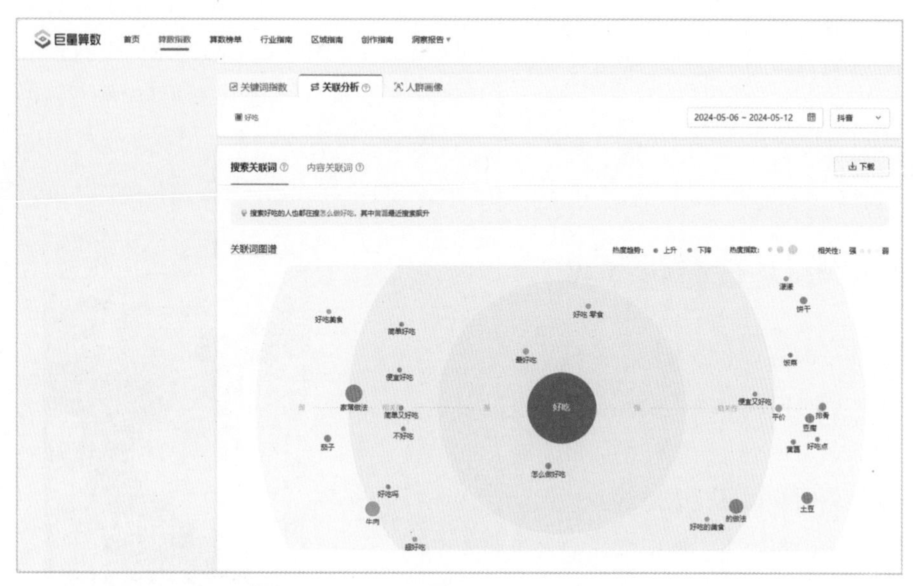

图 2-43

此页面中显示的所有圆点下方的关键词均是关注“好吃”这个热点的观众希望解决的问题关键词。

在找选题时，只要以“好吃”为主题，围绕着这些核心关键词找素材，则不难获得较高的流量。

如果希望找到学习借鉴的视频，可以单击“好吃”右侧的“相关视频”按钮，则显示如图 2-44 所示的页面，单击任意视频，会跳转至抖音网页版。

图 2-44

从视频转发动机倒推选题

任何一个平台的任何自媒体内容，要获得巨量传播，观众的转发可以说是非常重要的助推因素，是内容流量的发动机之一。

那么，为什么有些视频的转发量很高，有些视频则没几个人转发？就是因为媒体“内容”本身造成的转发量有天壤之别。

无论出于什么样的目的，被转发的永远是内容本身，所以媒体创作者在找选题时，要先问自己一个问题："如果我是观众，是否会把这条视频转发给自己的同事或亲朋好友？"

只有在得到肯定的答案后，才值得花更多时间去进行深度创作。

抖音短视频的 9 种呈现方式

短视频的呈现方式多种多样，有的呈现方式门槛较高，适合团队拍摄、制作；有的呈现方式则相对简单，一个人也能轻松完成。笔者总结了当前常见的 9 种短视频呈现方式，读者可以根据自己的内容特点，从中选择适合自己的方式。

固定机位真人实拍

在抖音 APP 中，大量口播类视频都采用定点录制人物的方式。录制时通过在人物面前固定手机或相机完成拍摄，这种方式的好处在于一个人就可以操作，并且几乎不需要什么后期处理。

只要准备好文案，就可以快速制作出大量视频，如图 2-45 所示。

图 2-45

绿幕抠像变化场景

与前一种方式相比，由于采用了绿幕抠像的方式，因此人物的背景可以随着主题的不同发生变化，适合需要不断变换背景，以匹配视频讲解内容的创作者。但对场地空间与布光、抠像技术有一定的要求，图 2-46 所示为录制环境。

图 2-46

携特色道具出镜

对于不希望真人出镜的创作者，可以使用一些道具，如图 2-47 中的超大"面具"，既可以起到不真人出镜的目的，又提高了辨识度。但需要强调的是，道具一定不能大众化，最好是自己设计并定制的。

图 2-47

录屏视频

录屏视频即录制手机或平板的视频，这种视频创作门槛很低，适合讲解手机游戏或教学类内容，如图 2-48 和图 2-49 所示。前者为手机实录，后者为使用手机自带的录屏功能，或者使用计算机中的 OBS、抖音直播伴侣等软件录制完成。

图 2-48

图 2-49

如果可以人物出镜，结合“人物出镜定点录制”这种方式，并通过后期剪辑在一起，可以丰富画面表现。

素材解读式视频

素材解读式视频采用在网上下载视频素材，然后添加背景音乐与进行 AI 配音的方式创作而成。影视解说、动漫混剪等类型的账号多用此方式呈现，如图 2-50 所示。

图 2-50

此外，一些动物类短视频也通常以“解读”作为主要看点。创作者从网络上下载或自行拍摄动物视频，然后配上有趣的“解读”，如图 2-51 所示，也可获得较高的播放量。

图 2-51

“多镜头”视频录制

“多镜头”视频往往需要团队协作才能完成，拍摄前需要专业的脚本，拍摄过程中需要专业的灯光、收音设备及相机，拍摄后还需要做视频剪辑与配音、配乐。

通过调整拍摄角度、景别，多镜头、多画面呈现内容。

大多数剧情类、美食类、萌宠类内容，都可以采用此种方式拍摄，如图 2-52 所示。

图 2-52

当然，如果创作者本身具有较强的脚本策划、内容创意与后期剪辑技能，也可以独自完成，3 个月涨粉千万的大号“张同学”就属于此类。

文字呈现方式

在视频中只出现文字，也是抖音上很常见的一种内容呈现方式。无论是如图 2-53 所示的为文字加一些动画和排版进行展示的效果，还是如图 2-54 所示的仅通过静态画面进行展现的视频效果，只要内容被观众接受，就可以获得较高的流量。

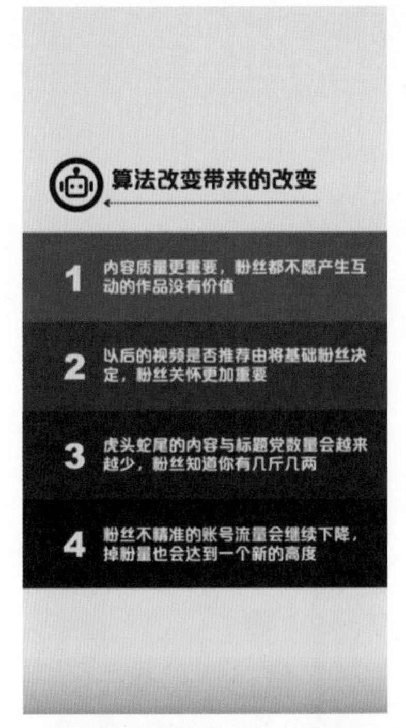

图 2-53

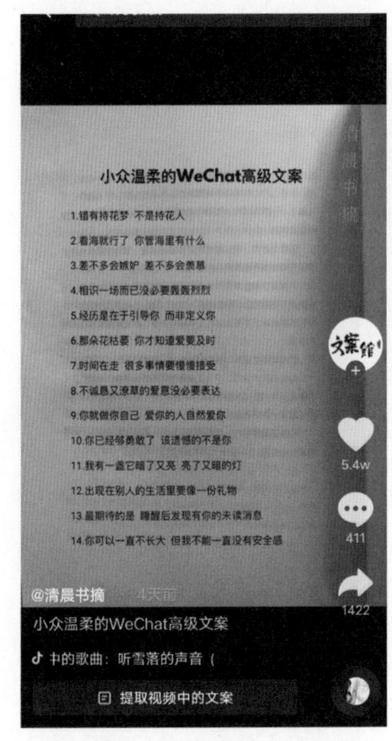

图 2-54

图文呈现方式

图文视频是抖音目前正在大力推广的一种内容表现方式。

多张图片和相应的文字介绍，即可形成一条短视频。这种方式大大降低了创作技术难度，按照顺序排列图片即可，如图 2-55 所示。由于这种方式是抖音力推的表现形式，因此还有流量扶持，如图 2-56 所示。

图 2-55

图 2-56

漫画、动画呈现方式

以漫画或动画的形式来表现内容，如图 2-57 和图 2-58 所示。

图 2-57

图 2-58

其中，漫画类视频由于有成熟的制作工具，如美册，难度不算太大。但动画类内容的制作成本较高，难度就相当大了。

需要注意的是，这类内容由于没有明确的人设，所以变现较难。

利用4U原则创作短视频标题及文案

什么是4U原则

4U原则是由罗伯特·布莱在他的畅销书《文案创作完全手册》里提出的，网络上许多“10万+”的标题及爆火的视频脚本、话术，都是依据此原则创作出来的。

下面以标题创作为例进行讲解，学习后，也可以应用在视频文案、直播话术方面。

4U其实是4个以字母U开头的单词，其意义分别如下。

1 Unique（独特）

猎奇是人类的天性，在写脚本或标题时，如果能够有意无意地透露出与众不同的特点，就很容易引起观众的好奇心，如图2-59所示。

图2-59

例如下面的标题。

- 尘封50年的档案，首次独家曝光XXX事件的起因。
- 很少开讲的阿里云首席设计师开发心得。

2 Ultra-specific（明确具体）

在信息大爆炸时代，无论是脚本还是标题，最好能够在短时间内就让受众明确所能获得的益处，从而减少他们的决策时间，降低他们的决策成本。

列数字就是一个很好的方法，无论是脚本还是标题，都建议有明确的数字，如图2-60所示。

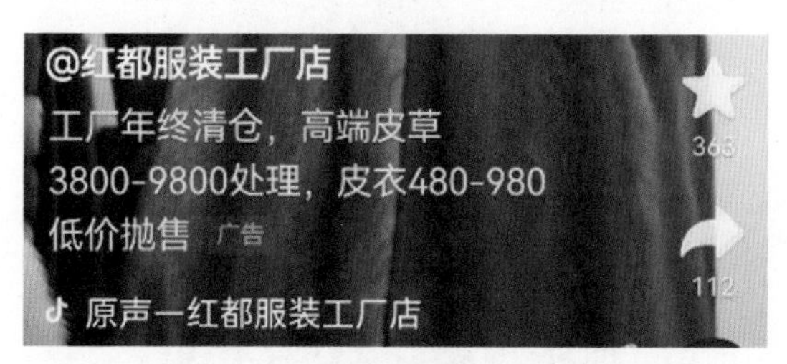

图2-60

例如下面的标题。

- 这样存定期，每年能多得15%的收益。
- 视频打工人必须收藏的25个免费视频素材网站。
- 小心，这9个口头禅被多数人认为不礼貌。

此外，“明确具体”还指无论是脚本还是标题，最好明确受众。也就是说，使目标群体明确感受到标题指的就是他们，视频就是专门为解决他们的实际问题拍摄的，如图2-61所示。

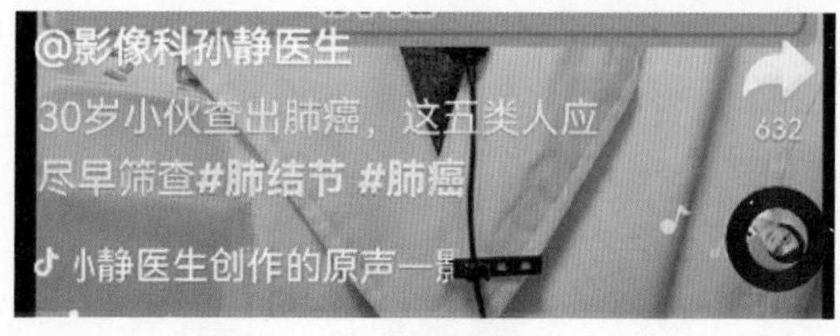

图2-61

例如下面的标题。

- 饭后总是肚子胀，这样自测，就能准确

地知道原因。

- 半年还没有找到合适的工作？不如学自媒体创业吧。
- 还在喝自来水，没购买净水器吗？三年以后你会后悔。

③ Useful（**实际益处**）

如果能够在脚本或标题中呈现能够带给观众的确定性收益，就能够大幅提高视频完播率，如图 2-62 所示。

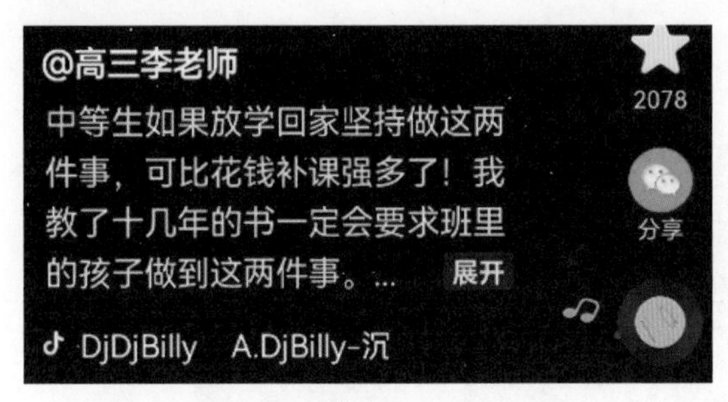

图 2-62

例如下面的标题。

- 转发文章，价值 398 元的课程，限时免费领取。
- 从打工人到打工皇帝，他的职场心得全写在这本书里了。
- 不必花钱提升带宽，一键加快 Windows 上网速度。

④ Urgent（**紧迫性**）

与获得相比，绝大多数人对失去更加恐惧，因此，如果能够在脚本或标题上表达出优惠、利益是限时限量的，就会让许多人产生紧迫感，从而打开视频或下单购买。

例如下面的标题。

- 2021 年北京积分落户，只有 10 天窗口期，一定要做对这几件事。
- 本年度清库换季，只在今天的直播间。

4U 原则创作实战技巧

懂得 4U 原则后，就可以灵活组合应用，创作出更容易打动人的视频标题及脚本。例如，可以考虑下面的组合方式。

- 明确具体目标人群＋问题场景化＋解决方案的实际益处。
- 明确具体时间＋目标人群＋实际益处。
- 稀缺性＋紧迫性。

下面以第一种组合为例，通过带货除螨仪来展示一个口播型脚本的主体内容，如图 2-63 所示。

图 2-63

家里有过敏性鼻炎小朋友的宝妈一定要看过来。（明确具体目标人群）

小朋友一旦过敏可真是不好受，控制不住流鼻涕，晚上还总是睡不好。即便睡着了，也都是用嘴巴呼吸。（问题场景化）

怎么办呢？只好辛苦当妈的经常晒被子、

换床单。不过到了天气不好的季节，可就麻烦了，没太阳啊。（问题场景化）

其实，大家真的可以试一下我们家这款刚获得 XXX 认证的 XXX 牌除螨仪，采用便携式设计，颜值高不说，还特别方便移动，最重要的是利用吸附功能进行除螨，效果杠杠的。一张 1.8m×2m 的大床，只需花 3min 就能够搞定。因为我们的仪器功率有 400W，口径大，吸力强，还配有振动式拍打效果，可以将被褥深处的螨虫也拍出来，将其吸入尘盒。（解决方案实际益处）

用 SCQA 架构理论让文案更有逻辑性

什么是“结构化表达”

麦肯锡咨询顾问芭芭拉·明托在《金字塔原理》一书中，提出了一个“结构化表达”理论——SCQA 架构。利用这个架构，可以轻松地以清晰的逻辑结构把一件事说得更明白，如图 2-64 所示。

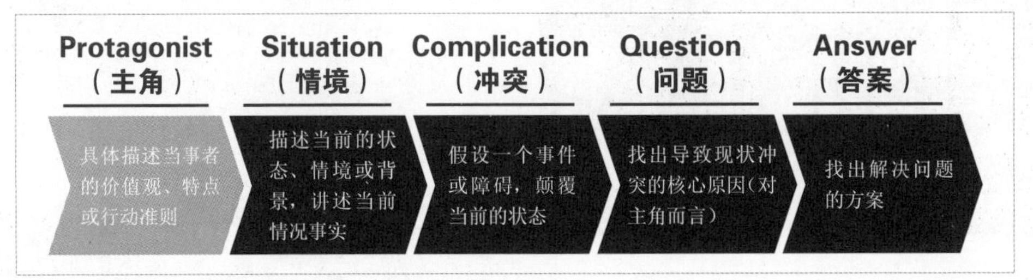

图 2-64

SCQA 其实是 4 个英文单词的缩写。

- S 即情境（Situation）。
- C 即冲突（Complication）。
- Q 即问题（Question）。
- A 即答案（Answer）。

当利用这种架构说明一件事时，语言表现顺序通常是下面这样的。

通过情境陈述（S）代入大家都熟悉的事，让对方产生共鸣。

引出目前没有解决的冲突（C）。

抛出问题（Q），而且是根据前面的冲突，从对方的角度提出关切问题。

用解答（A）给出解决文案，从而达到说服对方的目的。

如何使用 SCQA 架构理论组织语言

SCQA 架构既可以用于撰写脚本文字，也可以用于在直播间介绍某款产品，应用场景可谓非常广泛。

在具体使用时，既可以按 SCQA 架构进行表达，也可以使用 CSA 或 QSCA 架构，但无论是哪一种架构，都应该以 A 为结尾，从而达到宣传的目的。

下面列举几个使用这种架构撰写的文案。

案例一：配音课程

情境（S）：经济下行，是不是突然发现，身边朋友都开始着手通过副业挣钱了？

冲突（C）：不过，大多数人可能都一样，没什么启动资金，没有完整的时间段，也没有副业项目。

答案（A）：不妨来学习配音，可以接到不少有声书录制、短视频配音小活。

问题（Q）：你担心自己的音色不够好，又没有什么基础吗？

答案（A）：其实不用担心，我的学员之前都是普通人，与你一样是配音零基础，现在也有不少人一个月的副业收入过万。我有 15

年配音教学经验，能够确保你通过练习掌握配音技巧，赶紧点击头像来找我吧。

这个文案既可用于视频广告，如图 2-65 所示，也可以修改后应用在直播间。

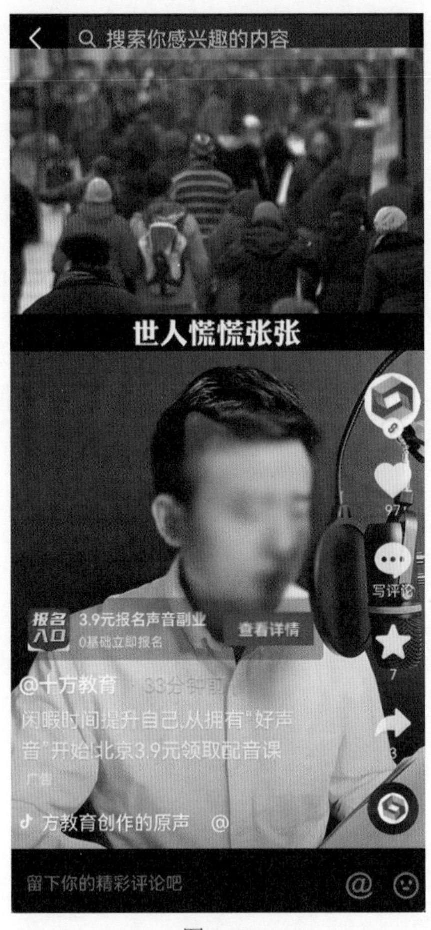

图 2-65

案例二：脱发治疗药品

冲突（C）：哎哟，你的脱发问题很严重啊，再不注意，估计 35 岁就要成秃头了！

问题（Q）：你是要面子还是存票子啊？

情境（S）：其实，治一下并不需要花多少钱，而且以后出门不用再这么麻烦戴假发。

答案（A）：我们这里有刚刚发布的最新研究成果，通过了国家认证，对治疗脱发有很好的疗效。

这个文案既可用于视频广告，也可以修改后应用在直播间，如图 2-66 所示。

图 2-66

一键获得多个标题的技巧

无论是文字类媒体，还是视频类媒体，标题的重要性都是不言而喻的。对创作新手来说，除了模仿其他优秀标题，也必须培养自己创作标题的感觉。要培养这样的能力，除了大量撰写标题，还可以利用下面讲述的方法，一键生成若干个标题，然后从中选择合适的。

（1）进入巨量创意网站 https://cc.oceanengine.com/，单击“工具箱”标签。再单击“文字工具”中的“标题推荐”按钮，如图 2-67 所示。

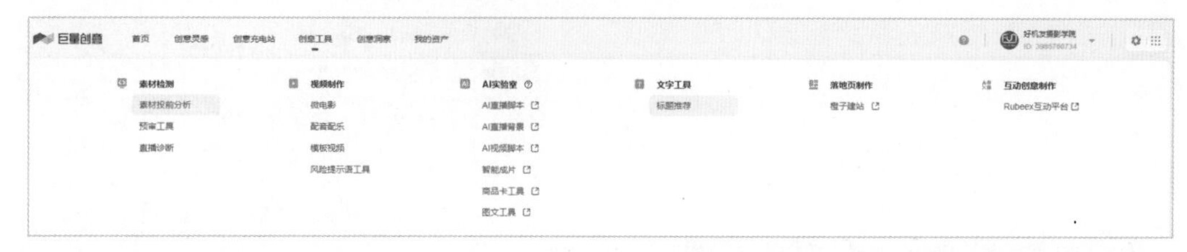

图 2-67

（2）在“妙笔”页面中选择“行业”选项，在“关键词”文本框中输入标题关键词，单击“生成”按钮，即可一键生成多条标题，如图 2-68 所示。

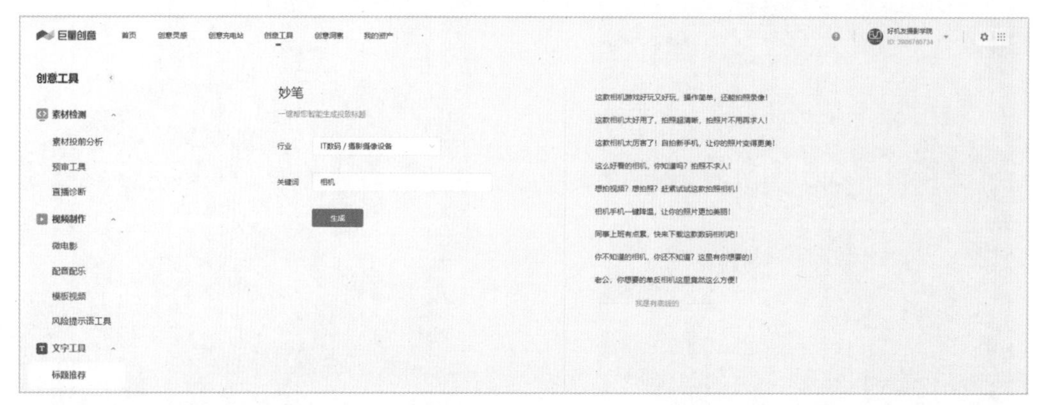

图 2-68

用软件快速生成标题

“创意喵”是一款专门用于帮助自媒体视频创作者生成标题和提取文本的付费 APP。

下载后点击“创作中心”中的“抖音”图标，再点击“# 推荐选题 #”中的“开始创作”按钮，如图 2-69 所示。

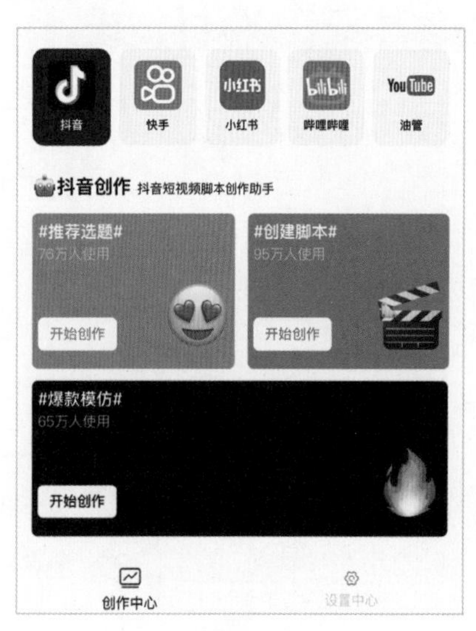

图 2-69

用一句话简单描述需求，点击“开始创作”按钮，即可开始创作，如图 2-70 所示。

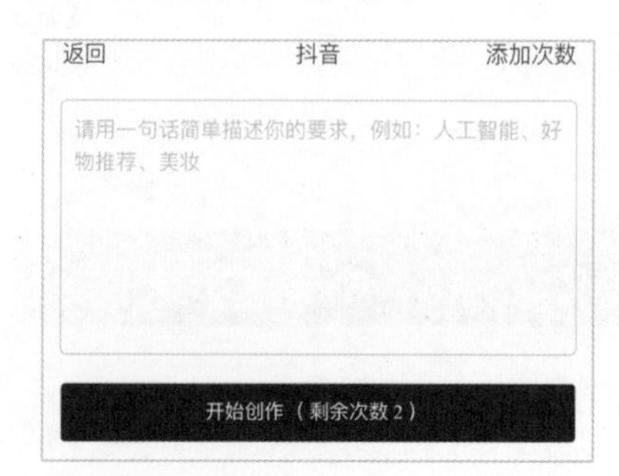

图 2-70

输入的要求如图 2-71 所示，生成的标题如图 2-72 所示。

图 2-71

1. 「分享美好生活•摄影日记」
2. 「记录美好瞬间•摄影分享」
3. 「用镜头捕捉快乐时刻•摄影心情」
4. 「用心记录每一刻•摄影初心」
5. 「光影交织•摄影之美」
6. 「镜头下的世界•摄影点滴」
7. 「摄影•用心感知美」
8. 「拍照分享快乐•摄影快乐」
9. 「镜头里的幸福•摄影分享」
10. 「享受摄影乐趣•记录美好」

图 2-72

类似的付费APP还有若干，值得大家尝试。

15 个拿来就能用的短视频标题模板

对许多新手来说，可能一时之间无法熟练地运用书中讲述的标题创作思路和技巧。

因此，可以考虑以下面列出来的15个模板为原型，修改其中的关键词，这样就能在短时间内创作出可用的标题，如果能够灵活地组合运用这些模板，则能得到更好的结果。

模板1：直击痛点型

例如，“染发2小时，不到1个月又白了！在家用它梳头，不惧白发（见图2-73）”“女人太强势，婚姻真的会不幸福吗？”“特斯拉的制动是不是真的有问题？”

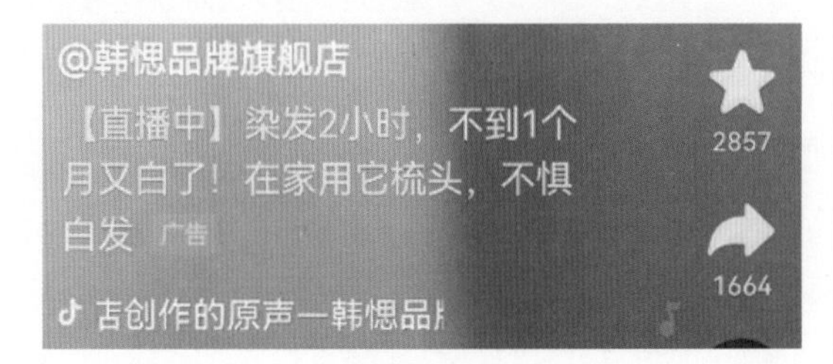

图 2-73

模板2：共情共鸣型

例如，“你的职场生涯是不是遇到了玻璃天花板？”“不爱你的人一点都不在意这些细节？”“你会对10年前的你说些什么？”

模板3：年龄圈层型

例如，“80后，是最惨的一代人吗（见图2-74）”“90后结婚率低是责任心更强了吗”“如果取消老师的寒暑假会怎样？”

图 2-74

模板4：怀疑肯定型

例如，“房子建好了，为什么村里人和路过的人都笑话我，到底哪个环节出了问题。（见图2-75）”“北京的房价是不是跌到要出手的阶段了？”“码农的青春不会只配穿格子衫吧？”

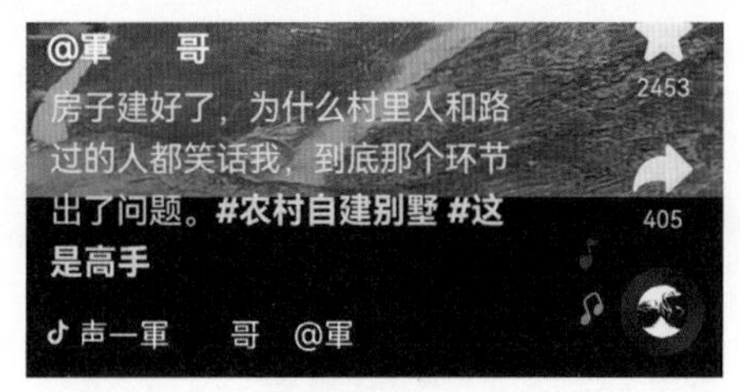

图 2-75

模板5：快速实现型

例如，“仅需一键，微信多占空间全部清空”“泡脚时只需放这两种药材就能祛除湿气”“掌握这两种思路写作文案，下笔如有神”。

模板6：假设成立型

例如，“假如世界上所有动物联手攻击人类，人类能否抵抗住？（见图2-76）”“假如没走错的话，真正的压力山大（见图2-77）（编者注：压力山大为网络用语，表示压力大）”

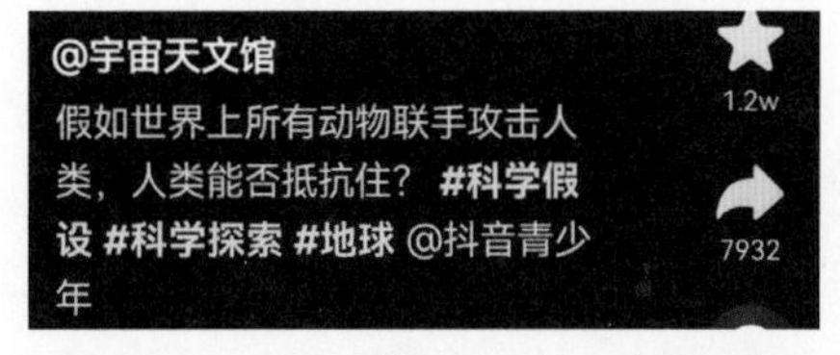

图 2-76

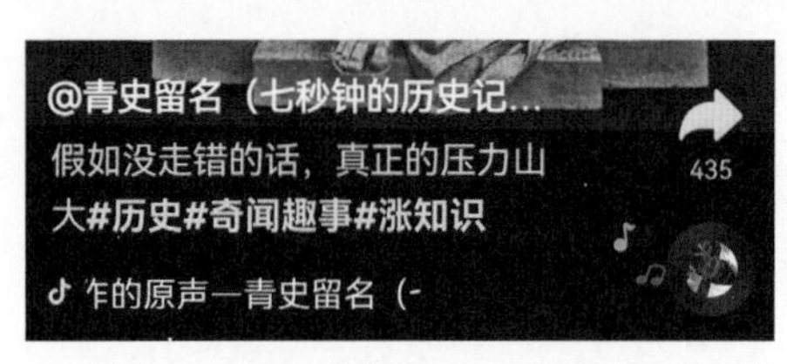

图 2-77

模板 7：时间延续型

例如，“这是我流浪西藏的第 200 天”“这顿饭是我减肥以来吃下的第 86 顿”“这是我第 55 次唱起这首歌”。

模板 8：必备技能型

例如，“看懂《易经》你必须知道的 8 个基础知识”“玩转带混麻将你最好会这 5 个技巧”“校招季面试一定要知道的必过心法”。

模板 9：解决问题型

例如，“解决面部油腻看这个视频就会了”“不到 1 米 6 如何穿出大长腿效果”“厨房油烟排不出去的 3 个解决方法”，如图 2-78 所示。

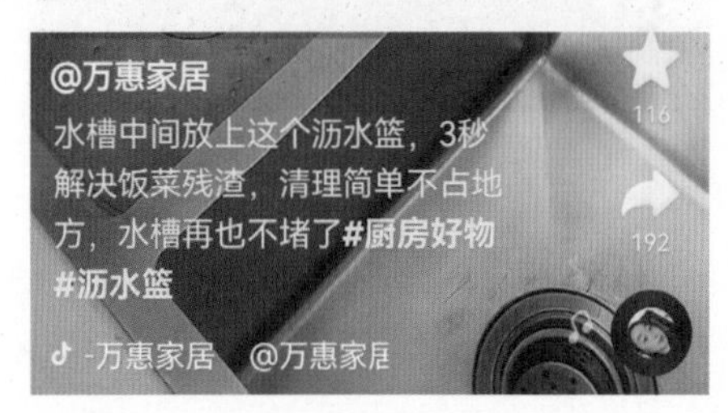

图 2-78

模板 10：自我检测型

例如，“这 10 个问题能回答上来都是人中龙凤”“会这 5 个技巧你就是车行老司机”“智商过百都不一定能解对这个谜题”。

模板 11：独家揭秘型

例如，“亲测好用的快速入睡方法”“我家三世大厨的秘制酱料配方”“很老但很有用的偏方”。

模板 12：征求答案型

例如，“你能接受的彩礼钱是多少？”“年入 30 万应该买辆什么车？”“留学的性价比现在还高吗？”，如图 2-79 所示。

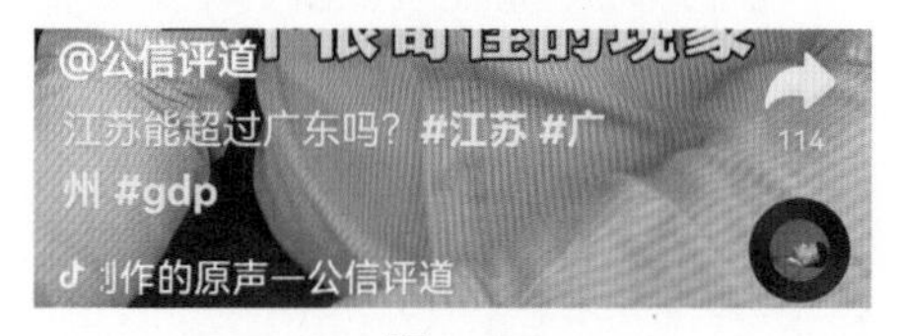

图 2-79

模板 13：绝对肯定型

例如，“这个治疗鼻炎的小偏方特别管用”“如果让你再选择一次职业”“一定不要忘记看看过来人的经验”“这个小玩具不大，但真的减压”，如图 2-80 所示。

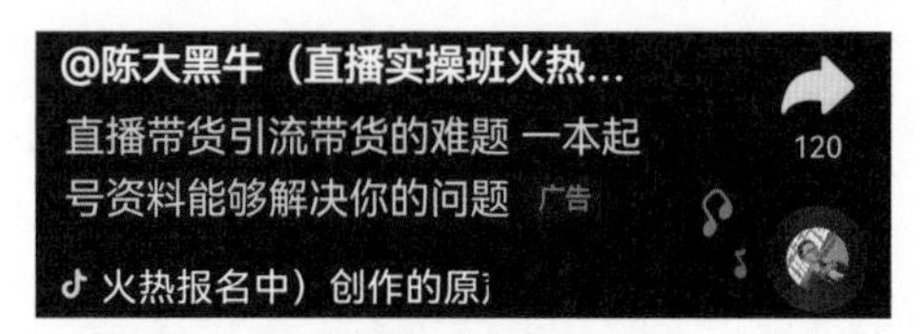

图 2-80

模板 14：羊群效应型

例如，“大部分油性皮肤的人都这样管理肤质”“30 岁以下创业者大部分都上过这个财务课程”。

模板 15：罗列数字型

例如，“中国 99 个 4A 级景区汇总”“这道小学数学题 99.9% 的人解题思路是错的”，如图 2-81 所示。

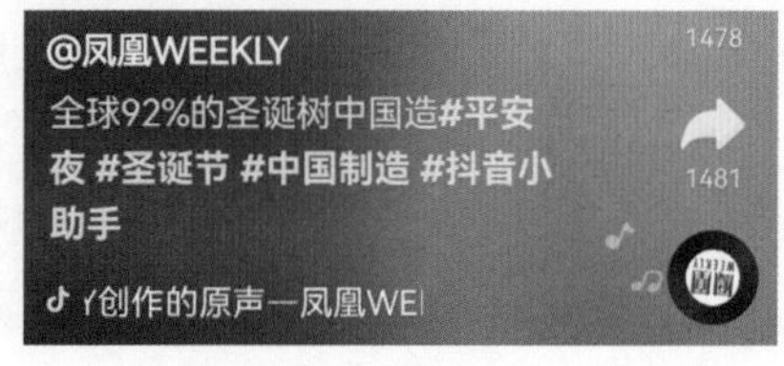

图 2-81

获取优秀视频文案的两种方法

在手机端获取优秀文案的方法

如果希望快速获得大量的短视频文案，再

统一进行研究，建议使用“轻抖”小程序的“文案提取”功能。具体操作方法如下。

（1）进入抖音，点击目标短视频右下角的图标。

（2）在打开的界面中点击“复制链接”按钮。

（3）进入微信，搜索并进入“轻抖”小程序，并点击“文案提取”按钮。

（4）复制链接，粘贴至地址栏，点击“一键提取文案”按钮即可。

借助 AI 工具生成创意文案的方法

AI 智能工具可以帮助创作者快速且有效地生成各类创意文案，例如文心一言、通义千问、智谱清言、Kimi、即创等 AI 工具，都能便捷地生成视频文案。接下来通过即创工具讲解 AI 创意文案生成的方法。具体操作步骤如下。

（1）打开 https://aic.oceanengine.com/ 网址，进入“即创”页面，如图 2-82 所示。

图 2-82

（2）单击“AI 视频脚本”按钮，进入脚本创作界面，如图 2-83 所示。

图 2-83

（3）在左侧编辑区填入相关信息，如图 2-84 所示。

（4）单击“立即生成”按钮，即可生成关于“电动牙刷”的视频文案，如图 2-85 所示。

图 2-84

同质文案误区

虽然使用前面讲述的方法可以快速采集对标账号视频的文案，但绝对不可以直接照搬照套这些文案，否则不仅不利于树立账号的形象与人设，而且很容易被抖音的大数据算法捕获。

No.1 电动牙刷_视频口播脚本_20240426101828_1　　有帮助　无帮助

情绪营销 + 用户痛点 + 商品信息 + 产品功能 + 价格优惠 + 适用人群 + 情绪营销 + 行动号召

你用过的牙刷是不是这样的？刷头硬邦邦的，刷着还容易伤到牙齿。而这款电动牙刷是一体成型设计，颜值与实力并存。刷头是柔软的，不会伤害牙齿，清洁效率也很高。还带有定时功能，每天用它刷牙，可以保证牙齿的清洁度。而且它还很便宜，不需要花大价钱就可以买到好用的电动牙刷，非常适合学生党。如果你还在用传统牙刷，那你就太out了。现在，赶紧点击链接购买这款电动牙刷，让你的牙齿更健康。

184/1000

保存至脚本库　编辑　复制　快速成片

No.2 电动牙刷_视频口播脚本_20240426101828_2　　有帮助　无帮助

情绪营销 + 商品信息 + 产品功能 + 适用人群

你是不是每次洗完牙都感觉牙齿不干净？那你一定要试试这款电动牙刷。它采用了一体成型设计，颜值与实力并存。这款牙刷采用柔软不伤牙的刷毛，清洁效率高，可以更好的呵护你的牙齿。定时功能也让你可以放心刷牙，不用担心时间太短或太长。它的刷头是可以替换的，而且还可以水洗，非常方便。而且这款牙刷还可以连接手机app，记录你的刷牙数据。总的来说，这是一款非常好用的电动牙刷，非常适合想要呵护牙齿的人用。

193/1000

保存至脚本库　编辑　复制　快速成片

图 2-85

抖音安全中心在2022年1月上线了“粉丝抹除”“同质化内容黑库”两项功能，如图2-86所示。

当检查到如图 2-87 ～图 2-89 所示的同质化（抄袭）文案视频时，平台将通过这两项功能从账号上自动减除此视频吸引的粉丝，并对账号进行降权处理。

如果感觉一个文案还不错，要对文案加以编辑润饰，最好在理解该文案后，利用自身的特色进行创新。

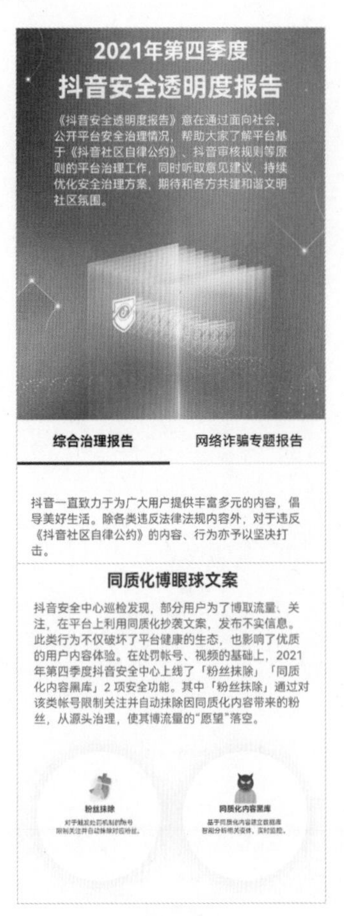

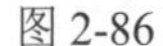

图 2-86

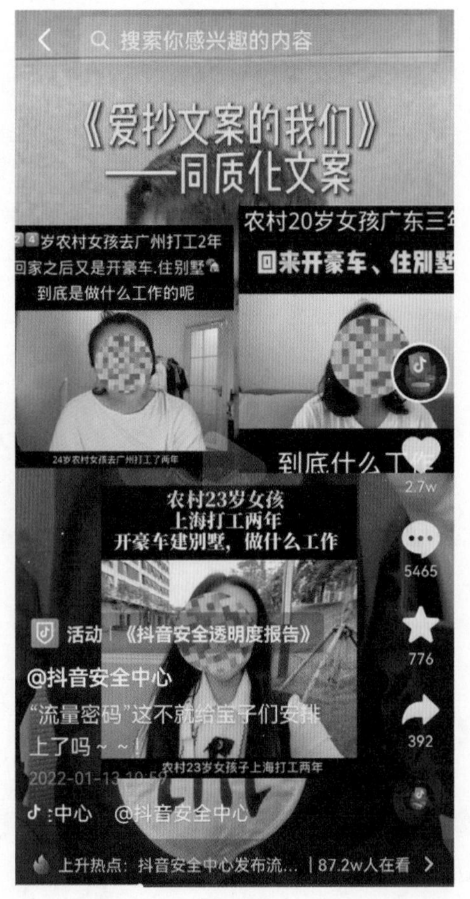

图 2-87

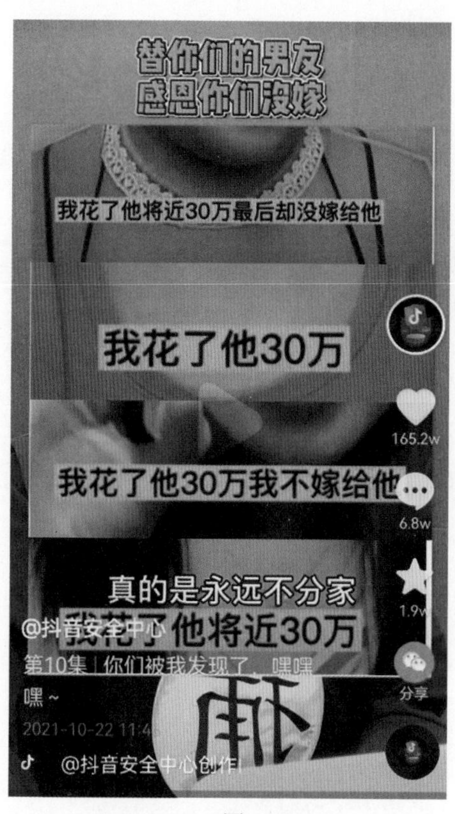

图 2-88

图 2-89

短视频音乐的两大类型

抖音短视频之所以让人着迷，一是因为内容新颖别致，二是由于有些短视频有非常好听的背景音乐，有些短视频有奇趣搞笑的音效铺垫。

想要理解音乐对于短视频的重要作用，一个简单的测试方式就是，看抖音时把手机调成静音模式，相信那些平时让你会心一笑的视频，瞬间会变得索然无味。

因此，提升音乐素养是每一个内容创作者的必修课。

抖音短视频的音乐可以分为两类，一类是背景音乐，另一类是音效。

背景音乐又称伴乐、配乐，是指视频中用于调节气氛的一种音乐，能够增强情感的表达，达到让观众身临其境的目的。原本普通平淡的视频素材，如果配上恰当的背景音乐，充分利用音乐中的情绪感染力，就能让视频给人不一样的感觉。

例如，火爆的张同学的视频风格粗犷简朴，但仍充满对生活的热爱。这一特点与其使用带有男性奔放气质的背景音乐 Aloha Heja He 契合度就很高。

使用剪映制作短视频时，可以直接选择各类音效，如图 2-90 所示。

音效是指利用声音制造的效果，用于增强画面真实感、气氛或戏剧性效果，例如常见的快门声音、敲击声音，以及综艺节目中常用的爆笑声音等，都是常用的音效。

使用剪映制作短视频时，可以直接选择各类音效，如图 2-91 所示。

图 2-90

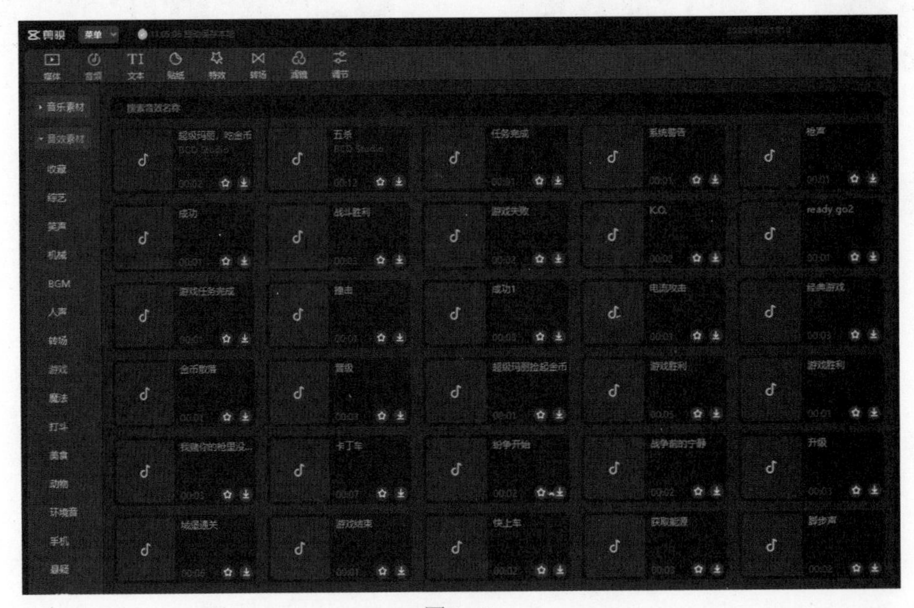

图 2-91

让背景音乐匹配视频的 4 个关键点

情绪匹配

如果视频的主题是气氛轻松愉快的朋友聚会，背景音乐显然不应该是比较悲伤或太过激昂的音乐，而应该是轻松愉快的钢琴曲或流行音乐，如图 2-92 所示。在情绪的匹配方面，大部分创作者其实都不会出现明显的失误。

图 2-92

这里的误区在于有些音乐具有多重情绪属性，至于会激发听众哪一种情绪，取决于听众当时的心情。所以对于这类音乐，如果没有较大的把握，应该避免使用，多使用那种情绪倾向非常明确的背景音乐。

节奏匹配

所有音乐都有非常明显的节奏和旋律，在为视频匹配音乐时，最好通过选择或后期剪辑技术，使音乐的节奏与视频画面的运镜或镜头切换节奏相匹配。

节奏匹配最典型的应用就是抖音上火爆的卡点短视频，所有火爆的卡点短视频，都能够使视频画面完美匹配音乐节奏，随着音乐变化切换视频画面。图 2-93 所示为可以直接使用的剪映卡点视频模板。

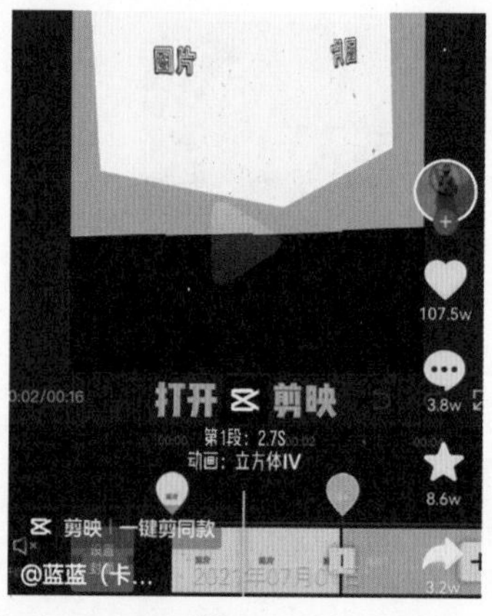

图 2-93

高潮匹配

几乎每首音乐旋律都有高潮，在选择背景音乐时，如果音乐时长远超视频时长，那么如果从头播放音乐，还没有播放到最好听的音乐高潮部分，视频就结束了。这样显然起不到用背景音乐为视频增光添彩的作用，所以在这种情况下要对音乐进行截取，以使音乐最精华的高潮部分与视频的转折部分相匹配。

风格匹配

风格匹配就是背景音乐的风格要匹配视频的时代感。例如，一条无论是场景还是出镜人物都非常时尚的短视频，显然不应该使用古风背景音乐。

古风类视频与古风背景音乐显然更加协调，如图 2-94 所示。

图 2-94

用抖音话题增加曝光率

什么是话题

在抖音视频标题中，# 符号后面的文字称

为话题，其作用是便于抖音归类视频，并且便于观众在点击话题后快速浏览同类话题视频。例如，图 2-95 所示的标题中含有健身话题。

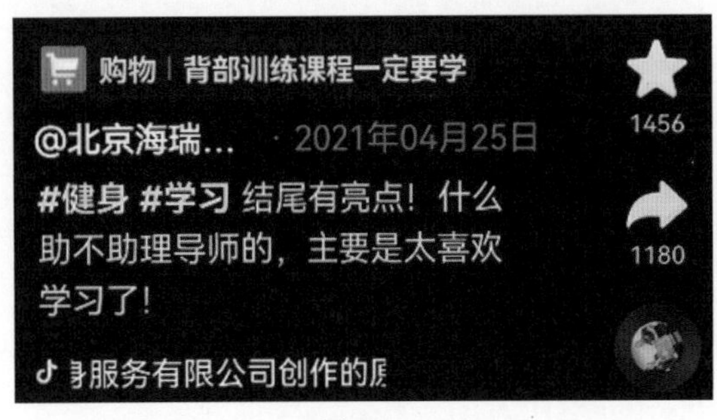

图 2-95

话题的核心作用是分类。

图 2-96

为什么要添加话题

添加话题有两个好处。

（1）便于抖音精准推送视频。由于话题是比较重要的关键词，因此抖音会依据视频标题中的话题，将其推送给浏览过此类话题的人群。

（2）便于获得搜索浏览。当观众在抖音中搜索某一个话题时，添加此话题的视频均会显示在视频列表中，如图 2-96 所示。如果在这个话题下自己的视频较为优质，就会出现在排名较靠前的位置，从而获得曝光机会。

如何添加话题

在手机端与计算机端均可添加话题。两者的区别是，在计算机端添加话题时，系统推荐的话题更多，信息更全面，这与手机屏幕较小、显示太多信息会干扰发布视频的操作有一定关系。下面以计算机端为主讲解发布视频添加话题的相关操作。

在计算机端抖音创作服务平台上传一条视频后，抖音会根据视频中的字幕与声音自动推荐若干个话题，如图 2-97 所示。

图 2-97

由于推荐的话题大多数情况下不够精准，所以可以输入视频的关键词，以查看更多推荐话题，如图 2-98 所示。

图 2-98

创作者最多可以添加 5 个话题，但要注意每个话题均会占用文字数量，如图 2-99 所示。

图 2-99

话题选择技巧

在添加话题时，不建议选择播放量已经十分巨大的话题。除非对自己的视频质量有十足的信心。

播放量巨大的话题，意味着与此相关的视频数量极为庞大，即使有观众通过搜索找到了此话题，看到自己视频的概率也比较小。因此，不如选择播放量级还在数十万或数万的话题，以增加曝光概率。

例如，“相机使用教程”的播放量已达 1982.7 万，因此不如选择“相机使用教学”话题，如图 2-100 所示。

图 2-100

话题创建技巧

虽然抖音上的内容已经极其丰富，但仍然存在大量空白话题，因此可以创建与自己视频内容相关的话题。

例如，笔者创建了一个“相机视频说明书”话题，并在每次发布相关视频时，都添加此话题，经过半个月的运营，话题播放量达到了近140万，如图 2-101 所示。

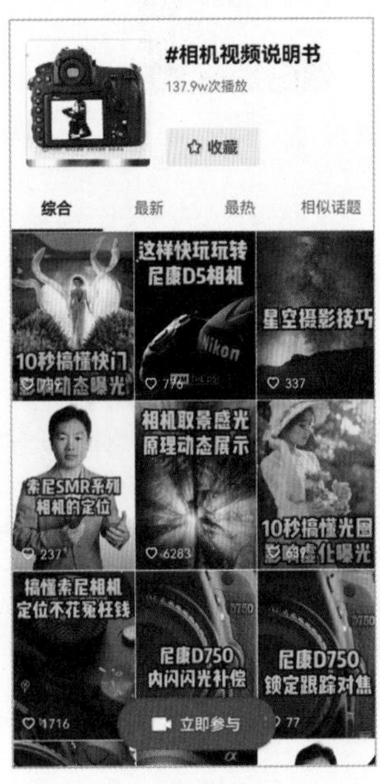

图 2-101

同理，还可以通过地域 + 行业的形式创建话题，并通过不断发布视频，使话题成为当地用户的一个搜索入口，如图 2-102 所示。

图 2-102

制作视频封面的 5 个关键点

充分认识封面的作用

如前所述，一个典型粉丝的关注路径是，看到视频→点击头像打开主页→查看账号简介→查看视频列表→关注账号。

在这个操作路径中，主页装修质量在很大程度上决定了粉丝是否要关注此账号，因此每一个创作者都必须格外注意自己视频的封面在主页上的呈现效果。

整洁美观是最低要求，如图 2-103 所示，如果能够给人个性化的独特感受则更是加分项。

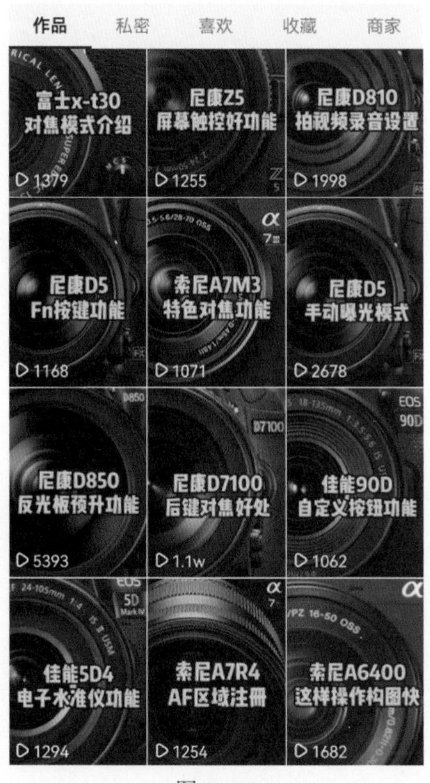

图 2-103

抖音封面的尺寸

如果视频是横画幅的，则对应的封面尺寸最好是 1920 像素 ×1080 像素的。如果是竖画幅的，则封面应该是 1080 像素 ×1920 像素的。

封面的动静类型

① 动态封面

如果在手机端发布短视频，点击“编辑封面”按钮后，可以在视频现有画面中进行选择，如图 2-104 所示，生成动态封面。

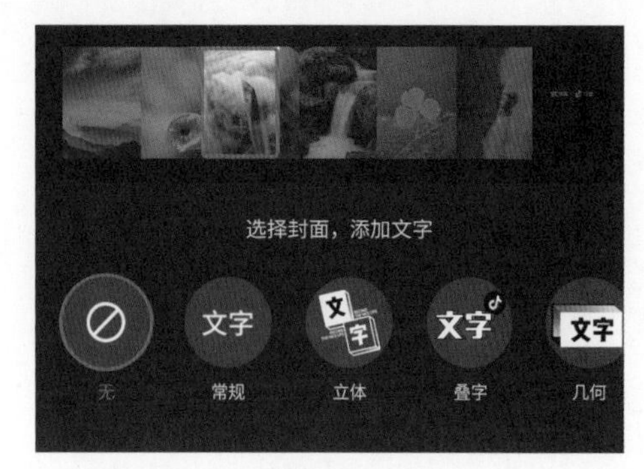

图 2-104

这种封面会使主页显得非常凌乱，不推荐使用。

② 静止封面

如果通过计算机端的抖音创作服务平台上传视频，则可以通过上传封面的方法制作出风格独特或有个人头像的封面，这样的封面有利于塑造个人 IP 形象，如图 2-105 所示。

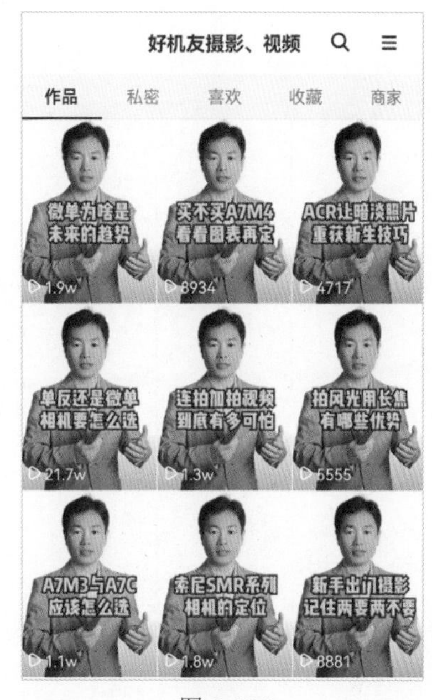

图 2-105

封面的文字标题

在上面的示例中，封面均有整齐的文字标题，但实际上，并不是所有的抖音短视频都需要在封面上设计标题。对于一些记录生活搞笑片段内容的账号，或者以直播为主的抖音账号，如罗永浩，其主页的视频大多数都没有文字标题。

如何制作个性封面

有设计能力的创作者，除了使用Photoshop，还可以考虑使用类似“稿定”“创客贴”“包图”等可提供设计源文件的网站，通过修改设计源文件制作出个性封面。

第3章 拍好视频必学的脚本撰写方法

简单了解拍摄前必做的“分镜头脚本”

通俗地说，分镜头脚本就是将一条视频所包含的每一个镜头拍什么、怎么拍，先用文字写出来或者画出来（有的分镜头脚本会利用简笔画表明构图方法），也可以理解为拍视频之前的计划书。

在拍摄影视剧时，分镜头脚本有着严格的绘制要求，是前期拍摄和后期剪辑的重要依据，并且需要经过专业的训练才能完成。但作为普通摄影爱好者，大多数都以拍摄短视频或者 VlOG 为目的，因此只需了解其作用和基本撰写方法即可。

分镜头脚本的作用

1 指导前期拍摄

即便是拍摄一条时间长度仅为 10s 左右的短视频，通常也需要三、四个镜头来完成。那么，3 个或 4 个镜头计划怎么拍，就是分镜头脚本中应该写清楚的内容。这样就避免到了拍摄场地后现场构思，既浪费时间，又可能因为思考时间太短，而得不到理想的画面。

值得一提的是，虽然分镜头脚本有指导前期拍摄的作用，但不要被其束缚。在实地拍摄时，如果有更好的创意，则应该果断采用新方法进行拍摄。

从图 3-1 所示的徐克、姜文、张艺谋 3 位导演的分镜头脚本中可以看出来，即便是大导演，也在遵循严格的拍摄规划流程。

2 后期剪辑的依据

根据分镜头脚本拍摄的多个镜头，需要通过后期剪辑合并成一条完整的视频。因此，镜头的排列顺序和镜头转换的节奏，都需要以分镜头脚本作为依据。尤其是在拍摄多组备用镜头后，很容易相互混淆，导致不得不花费更多的时间进行整理。

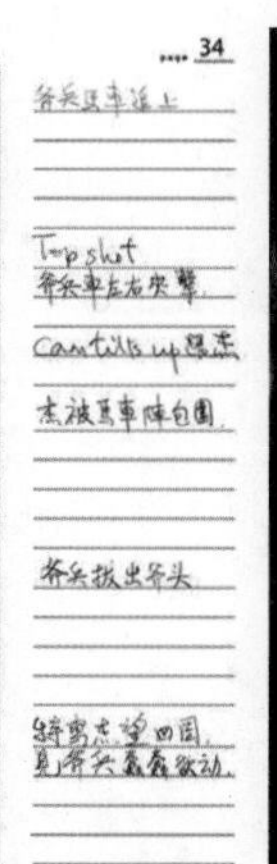

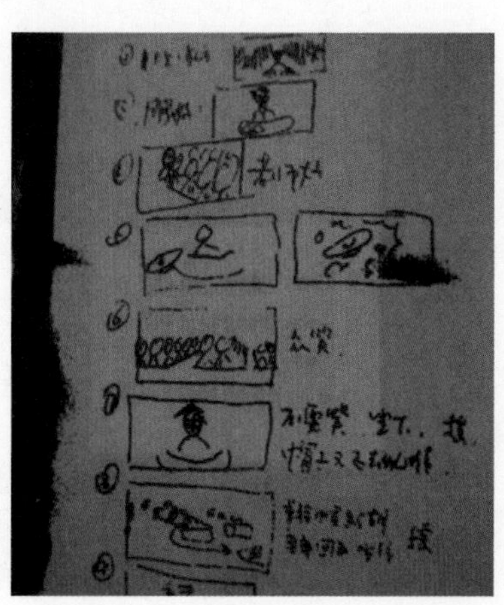

图 3-1

另外，由于拍摄时现场的情况很可能与预期不同，所以前期拍摄未必会完全按照分镜头脚本进行。此时就需要懂得变通，抛开分镜头脚本，寻找最合适的方式进行剪辑。

分镜头脚本的撰写方法

掌握了分镜头脚本的撰写方法，也就学会了如何制订短视频或者 VlOG 的拍摄计划。

1 分镜头脚本中应该包含的内容

一份完善的分镜头脚本，应该包含镜头编号、景别、拍摄方法、时长、画面内容、拍摄解说和音乐 7 部分内容。下面逐一讲解每部分内容的作用。

（1）镜头编号：镜头编号代表各镜头在视频中出现的顺序。在绝大多数情况下，它也是前期拍摄的顺序（因客观原因导致个别镜头无法拍摄时，则会先跳过）。

（2）景别：景别分为全景（远景）、中景、近景和特写，用于确定画面的表现方式。

（3）拍摄方法：针对拍摄对象描述镜头的运用方式，是分镜头脚本中唯一对拍摄方法的描述。

（4）时长：用来预估该镜头的拍摄时长。

（5）画面内容：对拍摄的画面内容进行描述。如果画面中有人物，则需要描绘人物的动作、表情、神态等。

（6）拍摄解说：对拍摄过程中需要强调的细节进行描述，包括光线、构图及镜头运用的具体方法等。

（7）音乐：确定背景音乐。

提前对上述7部分内容进行思考并确定后，整条视频的拍摄方法和后期剪辑的思路、节奏就基本确定了。虽然思考的过程比较费时，但正所谓“磨刀不误砍柴工”，做一份详尽的分镜头脚本，可以让前期拍摄和后期剪辑轻松很多。

2 撰写分镜头脚本

了解了分镜头脚本所包含的内容后，就可以自己尝试进行撰写。这里以在海边拍摄一条短视频为例，介绍分镜头脚本的撰写方法。

由于分镜头脚本是按不同镜头进行撰写的，所以一般都是以表格的形式呈现。但为了便于介绍撰写思路，会先以成段的文字进行讲解，最后通过表格呈现最终的分镜头脚本。

首先，整条视频的背景音乐统一确定为陶喆的《沙滩》，然后分镜头讲解设计思路，如图 3-2 所示。

镜头1：表现人物与海滩的景色

镜头2：表现出环境

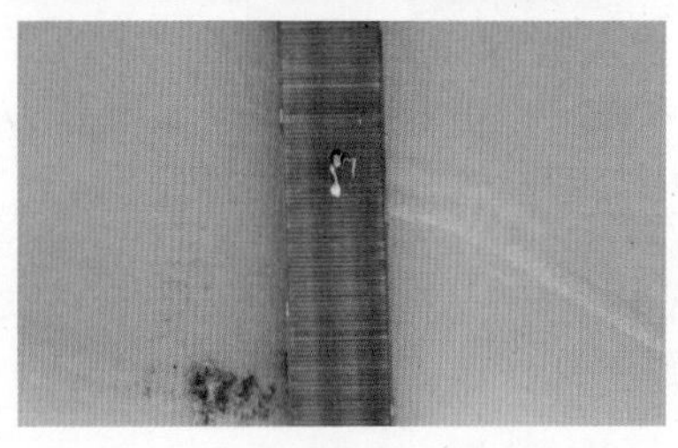

镜头3：逐渐表现出环境的极简美

镜头4：回归人物

图 3-2

镜头 1：人物在沙滩上散步，并在旋转过程中让裙子散开，表现出在海边漫步的惬意。所以“镜头 1”利用远景将沙滩、海水和人物均纳入画面中。为了让人物在画面中显得比较突出，应穿着颜色鲜艳的服装。

镜头 2：由于“镜头 3”中将出现新的场景，因此将“镜头 2”设计为一个空镜头，单独表现“镜头 3”中的场地，让镜头彼此之间具有联系，起到承上启下的作用。

镜头 3：经过前面两个镜头的铺垫，此时通过在垂直方向上拉镜头的方式，让镜头逐渐远离人物，表现出栈桥的线条感，以及周围环境的空旷、大气之美。

镜头 4：最后一个镜头则需要将画面拉回视频中的主角——人物。同样通过远景来表现，同时兼顾美丽的风景与人物。在构图时要利用好栈桥的线条，形成透视牵引线，增强画面的空间感。

经过上述思考，就可以将“分镜头脚本”以表格的形式表现出来，最终的成品如表 3-1 所示。

表 3-1

镜号	景别	拍摄方法	时间	画面	解说	音乐
1	远景	移动机位拍摄人物与沙滩	3s	穿着红衣的女子在沙滩上、海边散步	采用稍微俯视的角度，表现沙滩与海水，女子可以摆动起裙子	《沙滩》
2	中景	以摇镜头的方式表现栈桥	2s	狭长栈桥的全貌逐渐出现在画面中	摇镜头的最后一个画面，需要栈桥透视线的灭点位于画面中央	同上
3	中景 + 远景	中景俯拍人物，采用拉镜头的方式，让镜头逐渐远离人物	10s	从画面中只有人物与栈桥，再到周围的海水，再到更大的空间	通过长镜头，以及拉镜头的方式，让画面逐渐出现更多的内容，引起观赏者的兴趣	同上
4	远景	固定机位拍摄	7s	女子在栈桥上翩翩起舞	利用栈桥让画面更具空间感。人物站在靠近镜头的位置，使其占据一定的画面比例	同上

使用 AI 生成分镜头脚本

在短视频快速发展的时代，创作分镜头脚本成为短视频不可或缺的一部分，很多人在具体写脚本时总会抓耳挠腮，创作困难。在科技日新月异的今天，我们可以借助 AI 工具生成分镜头脚本。这不仅改变了传统的创作方式，更是对短视频创作领域的一次深度颠覆和革新。

AI 工具撰写功能已经很强大，只需要输入相关指令，AI 便会依照算法快速生成相关内容。此外还有强大的模型库可供使用，十分方便，只需要单击相关视频镜头模型，再按照自己的想法修改指令，AI 便能以惊人的速度生成详细的分镜头脚本。这种高效的工作模式，极大地节省了创作者的时间和精力。

接下来介绍 4 个高效创作分镜头脚本的 AI 工具。

用文心一言生成短视频脚本

文心一言是由百度研发的一款人工智能大语言模型，在跨模态、跨语言的深度语义理解与生成能力方面具备出色表现。文心一言的五大能力包括文学创作、商业文案创作、数理逻辑推算、中文理解和多模态生成，内置许多写作模板，用文心一言撰写短视频脚本可谓事半功倍。具体操作如下。

（1）打开 https://yiyan.baidu.com/ 网址，进入“文心一言”首页，如图 3-3 所示。

图 3-3

（2）单击左上角“一言百宝箱”图标，出现模板选择页面，如图 3-4 所示。

图 3-4

（3）在右上角搜索文本框内输入关键词“脚本”，出现相关模板，选择“视频脚本创作”模板，单击该模板的“使用”按钮后，下方文本框内会出现相关文字模板，如图 3-5 所示。

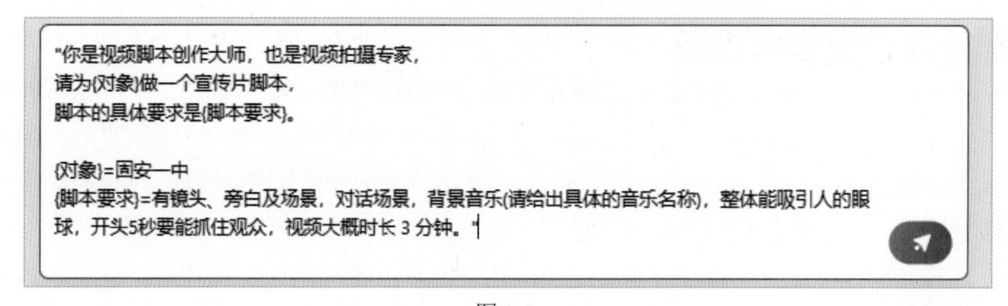

图 3-5

（4）生成视频脚本。利用 AI 生成脚本是有一定技巧的，在文字指令中一定要包括视频具体要介绍的对象、景别、镜头要求、音乐要求、视频类型、视频大概的内容以及其他具体的要求。

笔者想要生成一个甜品店宣传片的视频脚本，在文本框中输入了相关指令，如图 3-6 所示。

"你是视频脚本创作大师，也是视频拍摄专家，
请为一家叫"幸福烘焙"的甜品店做一个宣传片脚本，
脚本的具体要求是包括店面的介绍、甜品的制作过程、试吃甜品以及这家蛋糕店的特色，有远景、全景、中景、近景、特写等镜头（共16个）、旁白及场景，对话场景，背景音乐(What a Wonderful World)，整体能吸引人的眼球，开头5秒要能抓住观众，视频大概时长 3 分钟。"

图 3-6

（5）单击文本框右侧箭头图标，即可生成视频脚本。AI 生成的关于甜品店宣传片的视频部分脚本如表 3-2 所示。

表 3-2

【镜头 1】
（0:00 ～ 0:05）
画面：早晨的阳光洒在一家温馨的小店"幸福烘焙"上，门口鲜花盛开，店内透出暖暖的灯光。
旁白：在清晨的阳光下，幸福烘焙与你一同迎接新的一天。
【镜头 2】
（0:06 ～ 0:10）
画面：店内环境，展示木质的桌椅、墙上的烘焙工具、店内的装饰等。
旁白：这里，每一处都充满了温馨与舒适，让你感受到家的味道。
【镜头 3】
（0:11 ～ 0:20）
画面：店主在准备材料，新鲜的面粉、香甜的果酱、新鲜的水果等。
旁白：我们的甜品，选用最上等的材料，让你品尝到食材本身的鲜美。
【镜头 4】
（0:21 ～ 0:35）
画面：店主开始制作甜品，展示精细的制作过程。
旁白：每一步都精心制作，用心烘焙，只为带给你最完美的味觉体验。

（6）如果对生成的脚本不满意，可单击"重新生成"按钮，再次生成脚本，直到满意为止，也可以在 AI 生成的脚本中自行修改内容。

用 WPS AI 生成短视频脚本

WPS AI 是金山办公旗下的国内协同办公第一款类 ChatGPT 式应用，具备强大的大语言模型能力，WPA AI 中的"灵感集市"中有多领域大量的模版，可以生成各类视频脚本、工作总结、广告文案、社交媒体推文等内容。用 WPS AI 生成短视频脚本，加上 WPS 本身的文档编辑及打印等功能，可以高效输出大量短视频脚本。具体操作如下。

（1）打开 WPS 软件，新建文档。双击 Ctrl 键唤出 WPS AI。

（2）单击 WPS AI 中的“灵感集市”按钮，进入灵感模板库，在模板库中找到短视频脚本模版，即可开始创作，如图 3-7 所示。

图 3-7

（3）在文本框内输入脚本相关内容，笔者想要创作一个美妆博主化妆的视频脚本，在文本框填入的内容如图 3-8 所示。

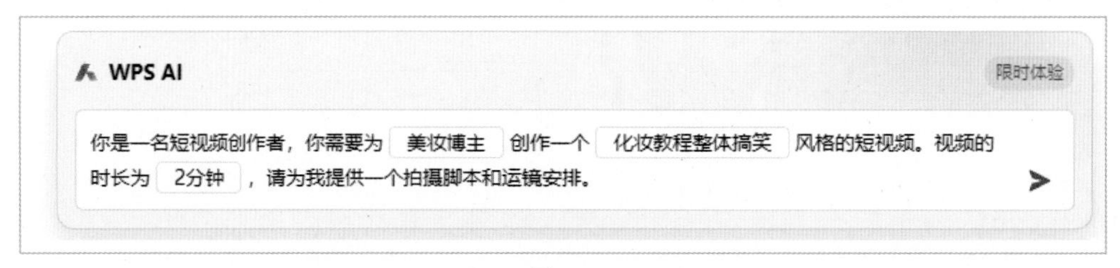

图 3-8

（4）单击文本框右侧箭头图标即可生成脚本。生成的部分脚本如图 3-9 所示。

镜号	拍摄场地	拍摄时间	光线和颜色	景别	拍摄方法	镜头时长	画面	角色动作	人物台词／旁白	音乐／音效	后期剪辑和特效要求
1	室内，化妆台前	白天	自然光，暖色调	中景	推镜头（由远至近）	10秒	镜头推进，出现化妆品和美妆博主的笑脸	美妆博主摆出搞笑的Pose，挤出笑脸	旁白：“大家好，我是你们的美妆博主！”	轻快的音乐，笑声	加字幕：“欢迎来到我的化妆教程！”
2	室内，化妆台前	白天	自然光，中性色调	全景	移镜头	15秒	美妆博主坐在化妆台前，展示各种化妆品	美妆博主拿起化妆品，摆出搞笑的Pose	美妆博主台词：“首先，我们要准备这些化妆神器！”	笑声，轻快的音乐	加字幕：“准备阶段”
3	室内，化妆台前	白天	自然光，暖色调	中景	摇镜头	10秒	美妆博主打开粉底液，摆出搞笑的涂脸姿势	美妆博主涂脸，做出夸张的表情	美妆博主台词：“涂上粉底液，让你的皮肤像瓷娃娃一样滑嫩！”	笑声，轻快的音乐	加字幕：“涂粉底液”
4	室内，化妆台前	白天	自然光，冷色调	全景	拉镜头（由近至远）	10秒	美妆博主拿起眼线笔，画出搞笑的眼线形状	美妆博主画眼线，做出搞笑的面部表情	美妆博主台词：“眼线是眼睛的灵魂！画出你的灵魂吧！”	笑声，轻快的音乐	加字幕：“画眼线”

图 3-9

（5）如果对生成的脚本不满意，可单击“重试”按钮再次生成脚本，直到满意为止，也可以在 AI 生成的脚本中自行修改内容。

用智谱清言生成短视频脚本

智谱清言是由北京智谱华章科技有限公司研发推出的一款生成式 AI 助手。智谱清言的灵感大全功能板块有许多模板，可以很快地完成创作，利用智谱清言 AI 中的短视频脚本模板创作脚本，高效又方便。具体操作如下。

（1）打开 https://chatglm.cn/ 网址，注册登录后进入“智谱清言”首页，如图 3-10 所示。

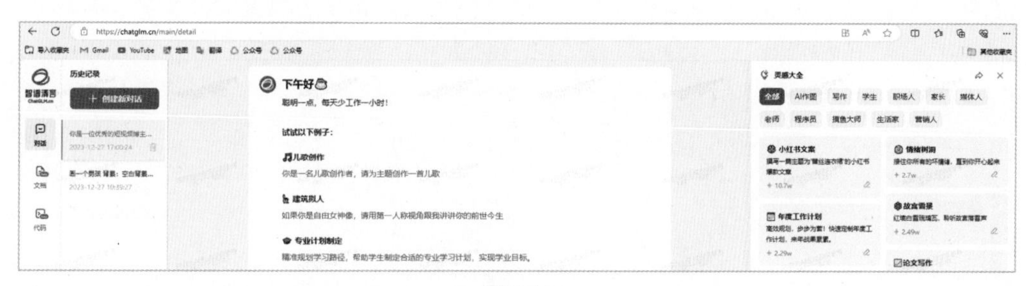

图 3-10

（2）在页面右侧的“灵感大全”中找到需要的短视频脚本模板进行创作。根据模板文字在文本框中修改短视频脚本的相关具体内容。笔者输入的文字指令如图 3-11 所示。

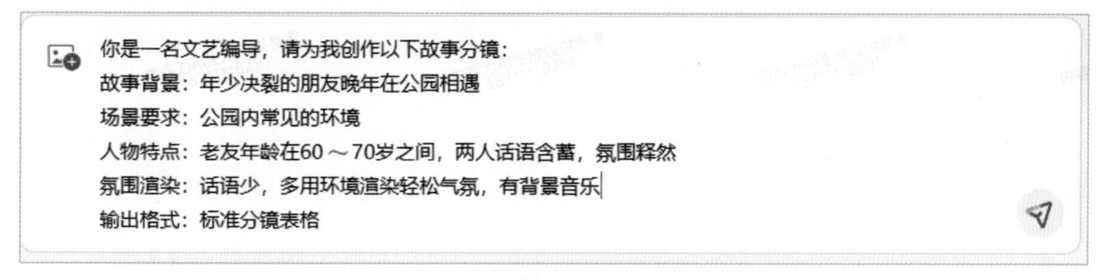

图 3-11

（3）单击右侧箭头图标即可生成视频脚本，AI 生成的部分脚本如图 3-12 所示。

分镜序号	场景描述	对白	动作描述	氛围渲染	背景音乐
1	公园里的长椅上，两位老人坐着，背景是夕阳下的湖泊	甲：“好久不见。”乙：“是啊，几十年了。”	甲乙两人相视而笑，握手	宁静、和谐	温馨的钢琴曲
2	两人回忆起年轻时的争吵，表情有些复杂	甲：“那时候，我们总是争论不休。”乙：“是啊，谁也不让谁。”	两人陷入回忆，表情有些复杂	沉重、回忆	低沉的弦乐
3	回到现实，两人看着对方，眼中充满了理解	甲：“现在想想，那时候的争吵真是可笑。”乙：“是啊，我们都老了。”	两人相视而笑，眼中充满了理解	深沉、理解	深情的钢琴曲
4	两人一起看着湖面上的夕阳，气氛轻松	甲：“这夕阳真美。”乙：“是啊，像我们的青春。”	两人一起看着湖面上的夕阳，脸上洋溢着轻松的笑容	轻松、宁静	轻松的吉他曲

图 3-12

（4）如果对生成的视频脚本效果不满意，可修改文字指令反复生成脚本，直到满意为止，也可以在 AI 生成的脚本中自行修改内容。

用通义千问生成短视频脚本

通义千问是阿里云推出的一个超大规模的语言模型，包括多轮对话、文案创作、逻辑推理、多模态理解以及多语言支持。通义千问的百宝袋功能板块内置多领域模板，可以一键套用，主要包括趣味生活、创意文案、办公助理、学习助手四方面。 使用通义千问 AI 生成视频脚本，既高效又方便。具体操作如下。

（1）打开 https://qianwen.aliyun.com/ 网址，注册登录后进入“通义千问”首页，如图 3-13 所示。

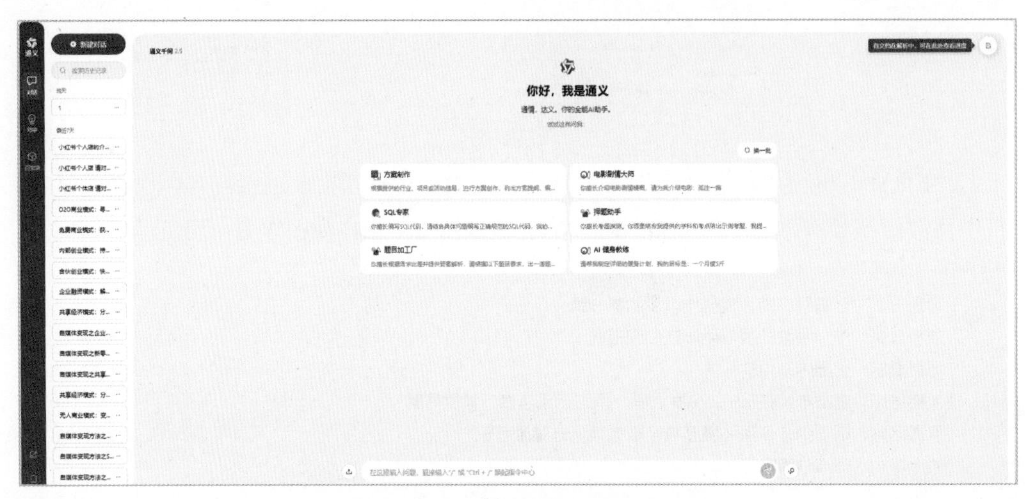

图 3-13

（2）在文本框输入文字指令即可进行创作。笔者想要生成一个关于探店类的视频脚本，在文本框内输入的文字为“请生成一个视频脚本，内容涉及一位美食博主探访一家具有独特魅力的小店，要包括具体的景别及镜头，脚本内容要细致（如图 3-14）。”

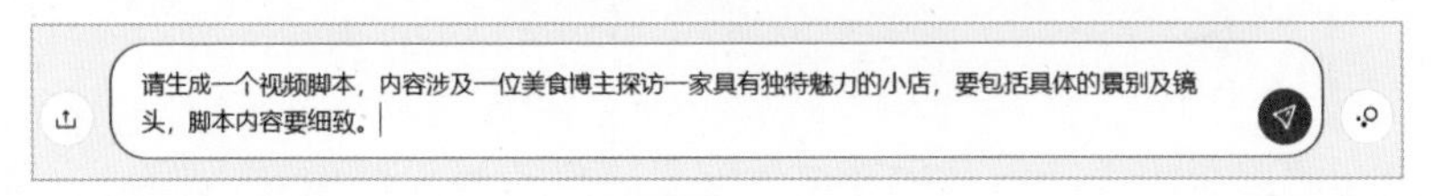

图 3-14

（3）单击右侧的按钮，即可生成视频脚本，通义千问生成的视频脚本部分内容如图 3-15 所示。

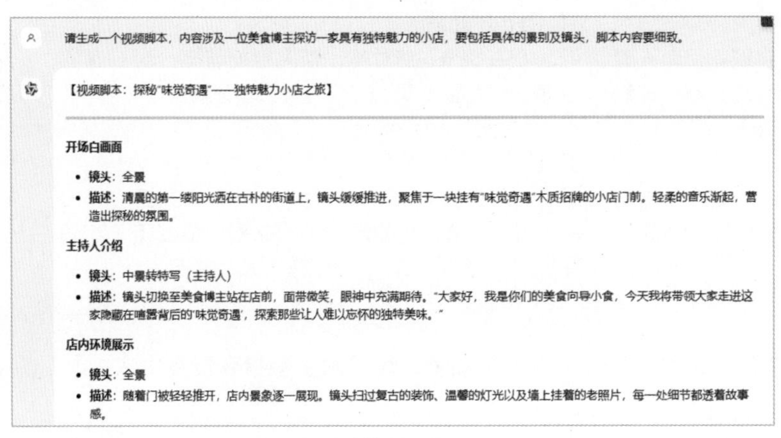

图 3-15

高赞短视频脚本示例

拍摄抖音或者快手上的短视频，其实不需要将分镜头脚本写得如此详尽。只需将每个镜头所要表现的内容基本描述清楚，然后在录制时进行自由发挥就可以。

下面通过 4 个抖音、快手上点赞过万的短视频脚本文案，直观地了解作为普通短视频爱好者应如何撰写分镜头脚本。

案例一：吹风机的妙用

该短视频计划展示吹风机的 4 个妙用方法，加上视频封面和片尾，所以应拍摄 6 个镜头。

镜头 1

手持吹风机并阐述本视频将向观众介绍的 4 个妙用方法。

镜头 2

将一个表面有很多灰尘的键盘摆在镜头前，并说明用常规方法很难清理。然后打开吹风机，将键盘上的灰尘清理干净。

镜头 3

拿出事先准备好的、带有标签的不锈钢盆或新买的水杯，并说明直接撕标签会在盆上留下痕迹。接下来将吹风机打开，对准标签处吹风，再撕下来就不会留有痕迹，如图 3-16 所示。

图 3-16

镜头 4

拿出一瓶很久没有打开的指甲油，表演用了很大劲儿仍打不开的情景。随后打开吹风机对准指甲油的盖子吹一会儿，再将其轻松拧开。

镜头 5

衣服皱巴巴的，可是又没有电熨斗，画面中的人物露出苦恼的表情。将衣服铺在桌子上，在上面洒点水，然后用吹风机将衣服“吹平”，如图 3-17 所示。

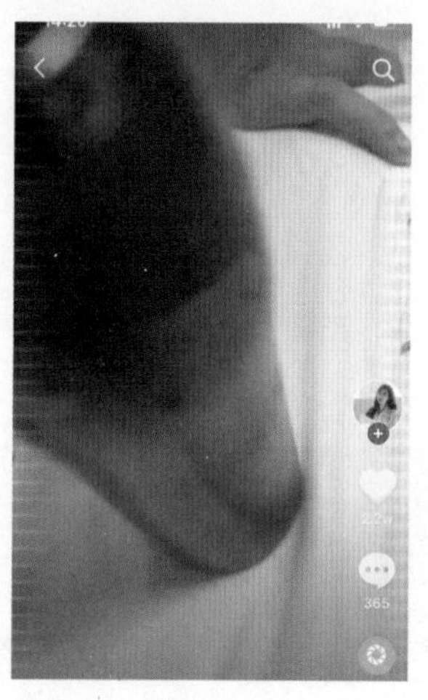

图 3-17

镜头 6

人物再次入镜，并建议观众如果有其他吹风机的妙用，请留言，如图 3-18 所示。

图 3-18

案例二：4S 店的那些搞笑事

该短视频讲述了一位 4S 店女业务员拿不到地上的一把车钥匙，此时正好有一位男业务员路过，本想帮她一把，结果却好心做坏事的故事。

镜头 1

女业务员拼命想拿到远处地面上的车钥匙，如图 3-19 所示。

镜头 2

此时正好路过一位男业务员，低头帮她拿车钥匙时，不小心将口袋里完全一样的钥匙全部掉了出来，而女业务员需要的这把钥匙也混入其中。

镜头 3

两人此时都露出很郁闷的表情，画面转为黑白，并且给面部特写镜头，如图 3-20 所示。

镜头 4

为了找到女业务员需要的这把钥匙，两个人站在车前挨个尝试哪把钥匙能打开车门。

镜头 5

利用“闪黑”转场表现出时间的流逝，车灯闪烁、找到那把钥匙后，两人激动地跳了起来。这一跳使得成堆的钥匙又掉到了地上，并且混在了一起，如图 3-21 所示。

镜头 6

近景拍摄女业务员，两人因为太累，坐在地上继续一把钥匙一把钥匙地进行尝试，如图 3-22 所示。

图 3-19

图 3-20

图 3-21

图 3-22

分析 1800 万大号张同学镜头脚本

张同学为什么会火

2021 年，张同学可以说是现象级的抖音账号，不仅在短短的时间内快速涨粉过千万，更是获得央视等中央媒体的称赞，如图 3-23 所示。

张同学之所以能够快速爆火，有两点主要原因。

视频内容定位准确

张同学的视频虽然没有“高大上”的场景，但还原了乡村生活真实的一面，反映出农村人日常吃喝拉撒、家长里短的小日子，以及平和的心态。在城乡差别越来越小的今天，这样的视频告诉人们，乡村生活是多样的、立体的。这样的视频契合了国家希望更多有专业技术的人才振兴乡村，挖掘展现乡村魅力的号召。

视频流畅观看时有沉浸感

张同学的视频作品《青山高歌》时长为7min50s，共有190个分镜头，其中8s以上长镜头一共有4个，大约46s。去除长镜头后相当于在7min04s中一共有186个镜头。也就是说，平均一个镜头只有2.27s。镜头的时长与节奏可以媲美紧张刺激的打斗类电影。而且在拍摄时，张同学大量使用主动镜头与同期声，营造出很强的观看沉浸感。

这也意味着张同学在拍摄时有详细完整的拍摄脚本，这样才能够在使用高频快剪后，确保整个视频的流畅度。他的表现手法值得每一个喜欢拍摄短视频的创作者研究学习。

张同学的视频脚本

表3-3所示为针对张同学的视频制作的简单的脚本。从表中不难看出，他使用的技术其实非常简单，视频的流畅感与沉浸感主要来源于主观镜头与客观镜头的切换，以及动作与动作之间的衔接。

例如，主观镜头多为特写景别，使视频有第一人像视角效果。同一个动作换不同的角度拍摄，并在动作发生的瞬间做镜头衔接。使用遮挡转场景的手法，使场景与场景之间的切换更自然。

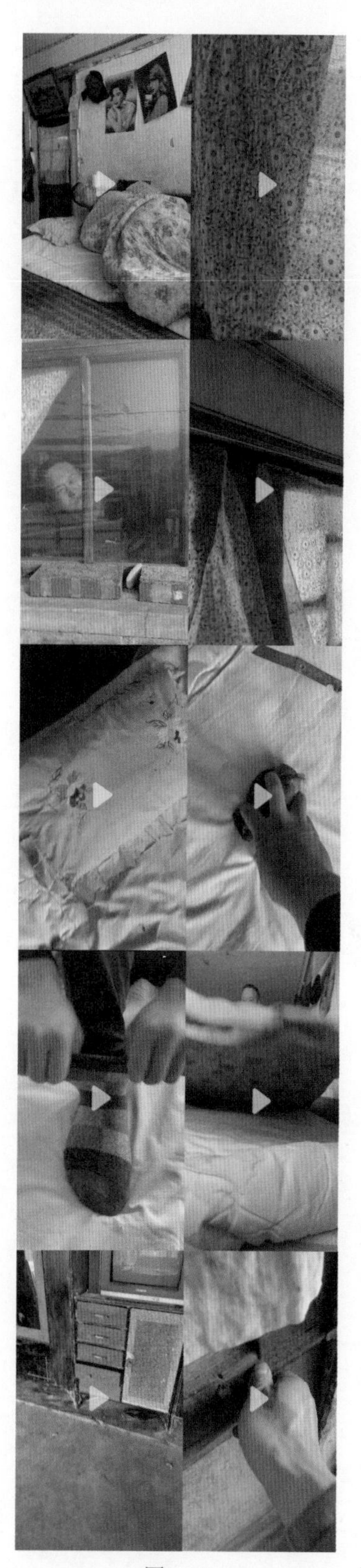

图3-23

表 3-3

镜号	景别	拍摄方法	镜头类型	画面
1	全景	平移机位拍摄	客观	主角掀起被子准备起床
2	特写	手持跟随拍摄	主观	掀起窗帘
3	近景	屋外固定机位拍摄	客观	从屋内向窗外看
4	特写	手持跟随拍摄	主观	取右侧窗帘
5	特写	手持跟随拍摄	主观	取左侧窗帘
6	特写	手持跟随拍摄	主观	拿开枕头取袜子
7	特写	固定机位拍摄	客观	穿袜子细节
8	特写	固定机位拍摄	主观	穿袜子细节
9	特写	手持跟随拍摄	主观	拿衣服
10	特写	固定机位拍摄	客观	跳下床到鞋子上
11	全景	固定机位拍摄	客观	叠被子
12	特写	固定机位拍摄	客观	被子遮挡镜头（便于切换场景）
13	特写	手持跟随拍摄	主观	放枕头到被子上
14	全景	固定机位拍摄	客观	推被子遮挡镜头
15	特写	手持跟随拍摄	主观	走向柜子打开抽屉
16	特写	手持跟随拍摄	主观	推门
17	全景	屋外固定机位拍摄	客观	推开门（这里与前一个镜头衔接很自然），准备揭开橱柜帘
18	近景	橱柜内固定机位拍摄	客观	揭开帘子（与前一个镜头衔接自然），拿一碗剩饭
19	特写	手持跟随拍摄	主观	将碗放在桌子上
20	特写	手持跟随拍摄	主观	揭开锅盖
21	特写	固定机位拍摄	主观	把剩饭丢锅里
22	特写	手持跟随拍摄	主观	拿勺子准备挖剩菜
23	特写	固定机位拍摄	客观	用勺子挖剩菜（与前一个镜头衔接自然）

第 4 章

使用手机与相机录制视频的基本概念及操作方法

使用手机录制视频的基础设置

安卓手机视频录制参数的设置方法

在安卓手机和苹果手机中，均可对视频录制的分辨率和帧数进行设置。在安卓手机中，还可以对视频的画面比例进行调整。使用安卓手机录制视频的参数如表 4-1 所示，设置方法如图 4-1 所示。

表 4-1

分辨率	4K	1080P		720P	
比例	16 ：9	21 ：9	16 ：9	21 ：9	16 ：9
帧数	30	30	60	30	60

❶ 点击界面左上角的图标进入设置界面

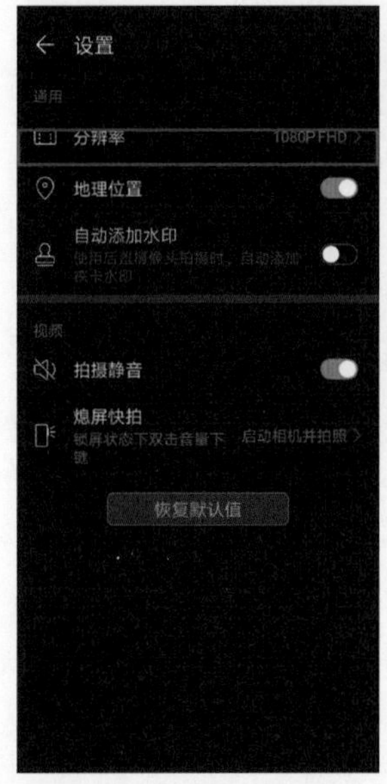

❷ 选择“分辨率”选项，设置视频分辨率

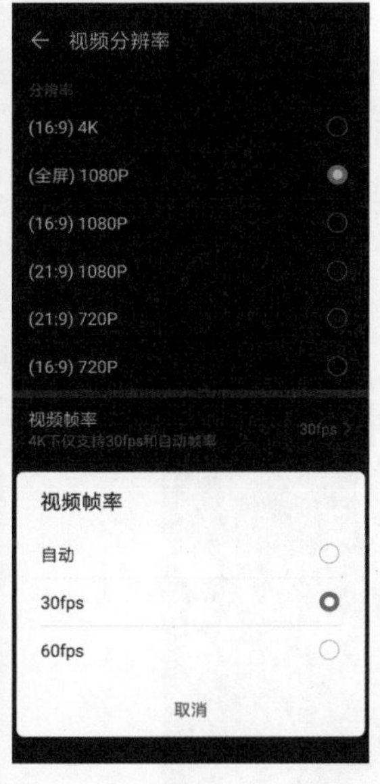

❸ 根据拍摄需求，选择视频的分辨率及帧率

图 4-1

当前主流短视频平台的视频比例，横屏通常要求为16 ：9，竖屏要求为9 ：16，但这并不是说类似于1 ：1、21 ：9的画面比例就完全没有意义。

例如，如果拍摄的是横屏视频，但此时画面在屏幕中所占比例较小，如图4-2所示。

图4-2

在这种情况下，不妨将视频中的画面直接拍摄或通过后期处理剪裁成为1 ：1的比例，这时画面在竖屏观看时就显得大一些，如图4-3所示。

图4-3

分辨率与帧率的含义

在设置上面讲解的参数时，涉及两个新的概念，即“视频分辨率”与“帧率”。这两个概念对于视频效果有非常大的影响，下面分别解释其含义。

1 视频分辨率

视频分辨率是指每一个画面中所能显示的像素数量，通常以水平像素数量与垂直像素数量的乘积或垂直像素数量表示。

以1080P HD为例，1080就是视频画面上垂直方向上像素的数量，P代表逐行扫描各像素，HD则代表“高分辨率”。

4K分辨率是指视频画面在水平方向每行像素值达到或接近4096个，例如4096×3112、3656×2664，以及UHDTV标准的3840×2160，都属于4K分辨率的范畴。虽然有些手机宣称其屏幕分辨率达到了4K，但短视频平台考虑到流量与存储的经济性，即便创作者上传的是4K分辨率的视频，也会被压缩成为1280×720的分辨率，因此如果没有特别的用途，不建议用4K分辨率录制视频。

720P是一种在逐行扫描下达到1280×720分辨率的显示格式，也是主流短视频平台提供的视频播放标准分辨率。

2 帧率

帧频（fps）是指一个视频里每秒展示出来的画面数。例如，一般电影是以每秒24张画面的速度播放的，也就是1s内在屏幕上连续显示出24张静止画面，由于视觉暂留效应，电影中的人看上去像是动态的。

通常每秒显示的画面数越多，视觉动态效果越流畅；反之，画面数越少，视频越卡顿。如果需要在视频中呈现慢动作效果，帧频要高，否则使用30fps即可。

苹果手机分辨率与帧率的设置方法

在苹果手机中也可对视频的分辨率、帧率进行设置。在录制运动类视频时，建议选择较高的帧率，可以让运动的物体在画面中的动作更流畅。而在录制访谈等相对静止的画面时，选择30fps即可，既省电又省空间，如图4-4所示。

❶ 进入“设置”界面，选择“相机”选项

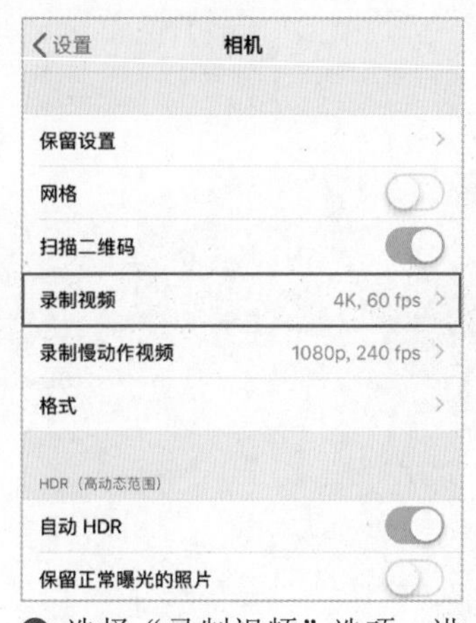

❷ 选择“录制视频”选项，进入分辨率和帧率设置界面

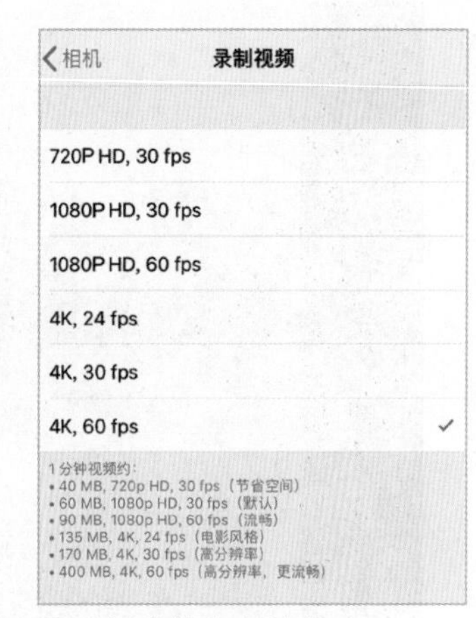

❸ 选择分辨率和帧率

图4-4

苹果手机视频格式设置的注意事项

使用苹果手机拍摄的一些照片和视频，复制到Windows系统的计算机中后无法正常打开。出现这种情况的原因是在“格式”设置中选择了“高效”选项。

在这种模式下，拍摄的照片和视频格式分别为HEIF和HEVC，如果想在Windows系统环境中打开这两种格式的文件，则需要使用专门的软件。

因此，如果拍摄的照片和视频需要在Windows系统的计算机中打开，并且不需要文件格式为HEIF和HEVC（录制4K 60fps和4K 240fps视频需要设置为HEVC格式），那么建议将“格式”设置为“兼容性最佳”，这样可以更方便地播放或分享文件，如图4-5所示。

❶ 进入“设置”界面，选择“相机”选项

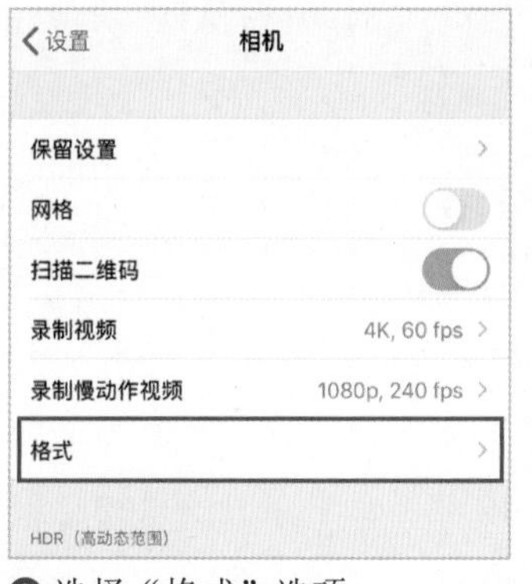

❷ 选择“格式”选项

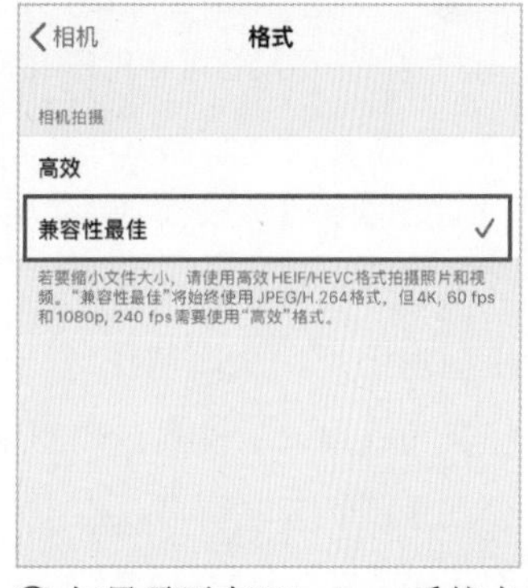

❸ 如果需要在Windows系统中打开拍摄的照片或视频，建议勾选“兼容性最佳”选项

图4-5

用手机录制视频的基本操作方法

打开手机的照相功能，然后滑动下方的选项条，选择“录像”模式，点击下方的圆形按钮即可开始录制，再次点击该按钮即可停止录制，如图 4-6 所示。

❶ 在视频录制模式下，点击界面右侧的圆形按钮即可开始录制

❷ 在录制过程中点击右下角的“快门”按钮，可在视频录制过程中拍摄静态的照片；点击右侧中间的圆形按钮可结束视频录制

图 4-6

录制时要注意长按画面，以锁定对焦与曝光，使画面的虚化与明暗不再变化。

苹果手机还有一个比较人性化的功能，即在录制过程中点击右下角的“快门”按钮可随时拍摄静态照片，从而留住每一个精彩瞬间。另外，在拍摄照片时按住“快门”按钮不放，可快速切换为视频录制模式，如图 4-7 所示。

在录制视频时，可以点击画面中前景或背景处的景物，实现在拍摄过程中切换焦点的效果，如图 4-8 所示。

拍摄照片时，可以通过长按“快门”按钮的方式进行视频录制，松开“快门”按钮即结束录制

图 4-7

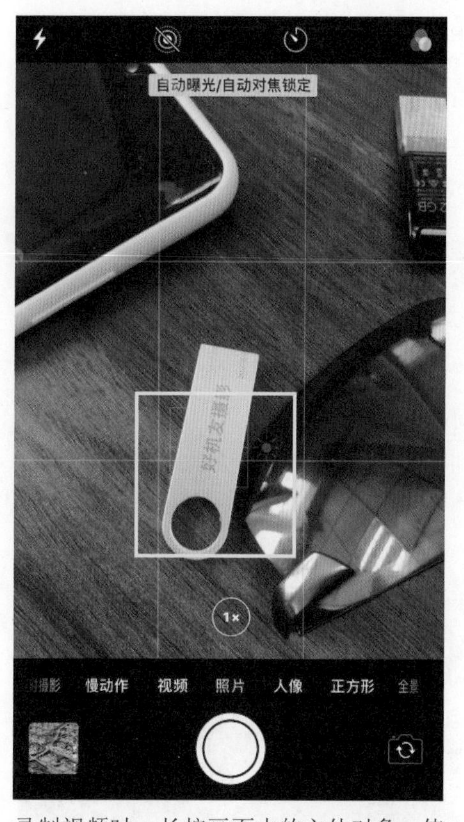

录制视频时，长按画面中的主体对象，使其四周出现黄色的方框，以锁定自动曝光与对焦

图 4-8

使用专业模式录制视频

进入专业模式

创作者如果使用的是安卓手机，而且对于曝光要素有比较深入的了解，建议拍摄视频时选择专业模式。

在这种模式下，创作者可以自由地设置快门速度、ISO 及白平衡模式等视频拍摄参数。

在安卓手机中，只需选择“专业”功能，设置所有参数，在录制视频时点击右下角的视频录制按钮即可，如图 4-9 所示。

由于视频拍摄参数可以自由定义，因此可以解决许多使用默认拍摄模式无法解决的问题。

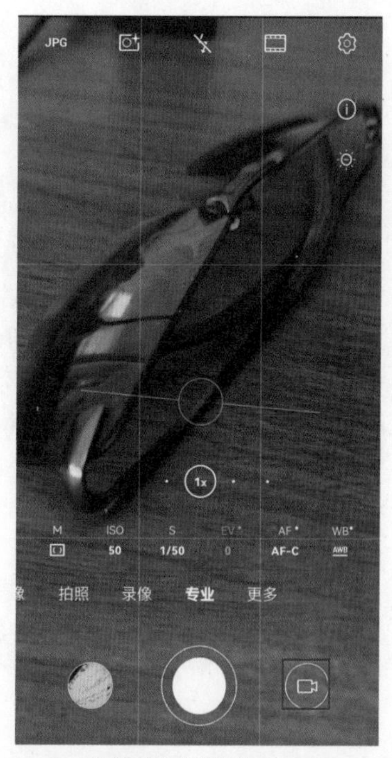

设置快门速度为1/50s

图 4-9

解决画面闪烁问题

例如，许多创作者在有灯光的场景下使用手机拍摄视频，发现视频画面在不断闪烁，这是因为手机的快门速度与电源的频率无法匹配。

解决方法是将拍摄模式切换为专业模式，然后将快门速度设置成为1/50s或1/100s，这样就能够确保拍摄出来的画面不再出现灯光闪烁的问题。

同样，如果希望在拍摄时，画面呈暖色或冷色调，可通过设置白平衡达到目的，如图4-10所示。

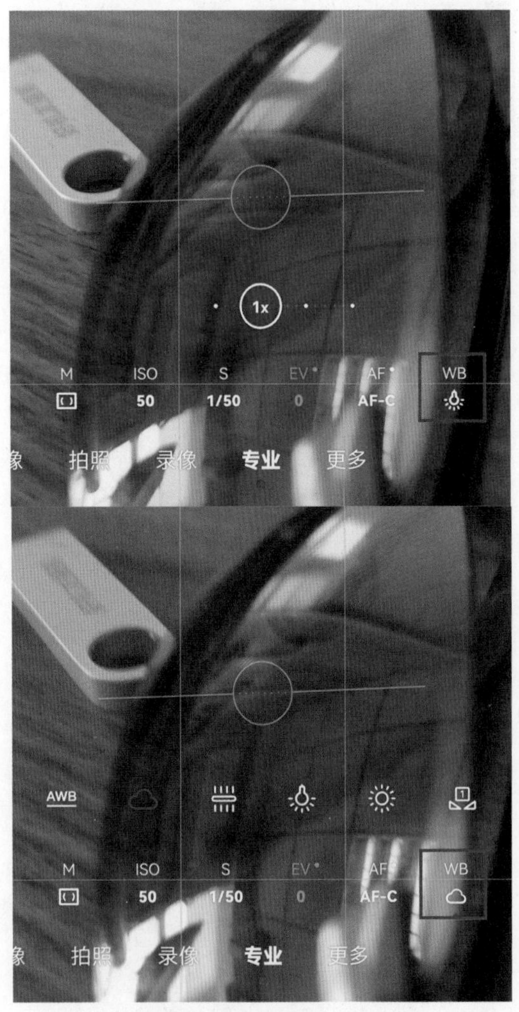

设置不同白平衡改变画面色彩

图4-10

如果读者还没有学习过与曝光相关的理论，但又希望在视频创作领域可以长期发展，建议尽早学习。因为无论是使用手机还是使用相机拍摄照片或视频，这些理论都是通用的。

根据平台选择视频画幅的方向

不同的短视频平台，其视频展示方式是有区别的。例如，优酷、头条和B站等平台是通过横画幅来展示视频的，因此，以竖画幅的形式拍摄的视频在这些平台上展示时，两侧会出现大面积的黑边。

抖音、火山和快手这些短视频平台，是以竖画幅的方式展示视频的，此时以竖画幅录制的视频就可以充满整个屏幕，观看效果会更好。

另外，要参加火山及抖音的“中视频伙伴计划”，需要将视频拍摄成为横屏画面。

在录制视频前，要先确定要将视频发布在哪些平台，再确定是以竖画幅录制还是以横画幅录制。

5个能调专业参数的视频录制APP

对于多数普通视频拍摄任务，虽然使用手机内置的视频录制功能简单、方便，但是可以控制的参数比较少。

许多专业视频创作者通常会购买可以调整更多参数的专业视频录制APP。

这里推荐Pro Movie、Filmic Pro 、Quik、4K超清摄影机、Protake、MAVIS等APP，图4-11上图所示为4K超清摄影机录制视频的界面，图4-11下图所示为使用Protake录制视频的界面，其中示波器、对焦峰值等功能，甚至可媲美专业相机。

专业录视频APP界面

图 4-11

5 个有丰富特效的视频录制 APP

如果拍摄的是搞笑特效类视频，建议用剪映、快手、ZAO、逗拍、甜拍等视频录制 APP。这些 APP 有的能一键更换背景，有的能 AI 换脸无缝融入影视视频，有的可以添加各种装饰或特效。图 4-12 和图 4-13 所示为使用剪映拍视频时叠加的特效。

此类视频肯定不能是账号的主要内容，但偶尔用于活跃气氛还是可以的。

使用剪映特效的界面
图 4-12

图 4-13

保持画面亮度正常的配件及技巧

1 利用简单的人工光源进行补光

在室内录制视频时，即便肉眼观察到的环境亮度已经足够明亮，但由于手机的宽容度要比人眼差很多，所以往往通过曝光补偿调节至正常亮度后，画面会出现很多噪点。

如果想获得更好的画质，最好购买补光灯对人物或其他主体进行补光。如果拍摄时手机距离被摄人物脸部较近，可以使用环形 LED 补光灯（图 4-14），如果距离较远，可以使用大功能柔光灯球（图 4-15）。

如果需要在移动拍摄中补光，可以使用固定在手机自拍杆上的小补光灯（图 4-16）。

一定要注意，导致视频画质较差的首要因素，通常不是手机，而是暗淡的灯光，因此要拍摄出高质量的视频，在灯光上必须舍得投入。

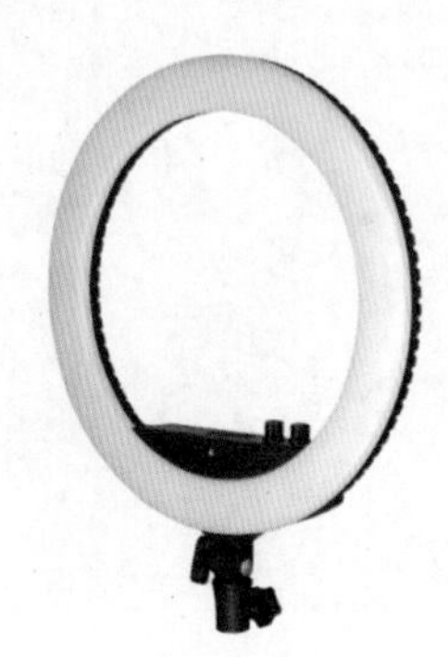
环形LED补光灯
图 4-14

柔光球灯
图 4-15

小补光灯
图 4-16

② 通过反光板进行补光

使用反光板（图 4-17）是一种比较常见的低成本补光法，由于是反射光，所以光质更加柔和，不会产生明显的阴影。但为了能获得较好的效果，需要布置在与主体较近的位置。这就对视频拍摄时的取景有较高的要求，通常用于固定机位的拍摄（如果是移动机位拍摄，则很容易将附近的反光板也录制进画面中）。

反光板
图 4-17

除了使用专业的反光板，还可以在拍摄时靠近白墙或白色窗帘，以获得柔和的反光效果，甚至可以将一张大白纸悬挂在面部的周围，进行补光。

使用外接麦克风提高音质

在室外录制视频时，如果环境比较嘈杂或在刮风的天气下录制，视频中会出现噪声。为了避免出现这种情况，建议使用可连接手机的麦克风进行视频的录制。

安卓手机大多采用 Type-C 接口，苹果手机则使用 Lightning 接口，可以连接手机的麦克风大多仅匹配 3.5mm 耳机接口，所以还需要准备一个转换接头。

此外，也可以使用时下流行的无线领夹麦克风（图 4-18），以获得更自由的拍摄收音方式，此类产品通常具有同时匹配苹果和安卓两类手机的接头。

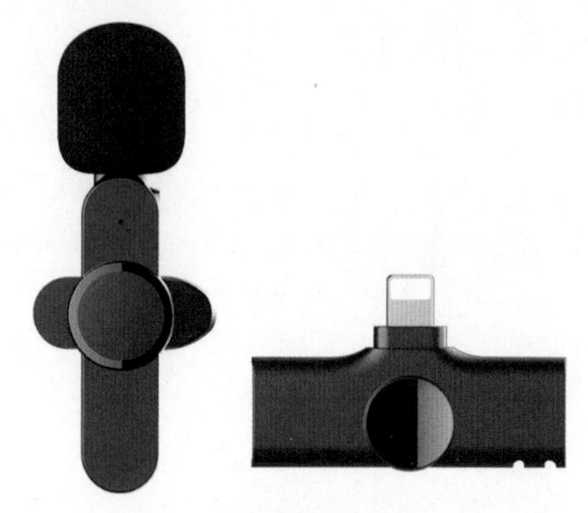

手机用无线麦克风
图 4-18

用手机录制视频的 11 大注意事项

① 噪声问题

由于拍摄者离话筒比较近，如果边拍摄边说话，会干扰主体的收音效果，如果有重要信息需要告诉被摄者，可以采取打手势的方式。

② 对焦问题

在拍摄的过程中尽量不要随意改变对焦，因为重新选择对焦点时，画面会有一个由模糊到清晰的缓慢过程，有些手机处理较好，有些手机的变焦会明显破坏画面的流畅感。

③ 光线问题

在光线较弱的环境中拍摄时，视频画面的

噪点会比较多，这是影响视频画面的主要因素。

④ 帧频问题

主流短视频平台提供的均是30fps的播放帧频，因此录制的60fps视频会被再次压缩，从而影响视频画质。

⑤ 镜头问题

大部分手机使用后置镜头拍摄的画质优于前置镜头，因此一定要优先使用后置镜头。

⑥ 变焦问题

虽然有些手机宣称镜头变焦能够达到50甚至100倍，但实际上这种大变焦是通过缩放画面来实现的，这会明显导致画面质量降低，所以录制视频时不要使超过两倍的变焦。

⑦ 清洁问题

录制视频前要注意清洁镜头，镜头上的灰尘与指纹都会对视频画面产生影响。

⑧ 稳定问题

拍摄视频时使用三脚架或稳定器，能够大幅度提升视频的观感。

⑨ 容量问题

为了能够让视频录制顺利进行，在录制之前务必检查手机的可用容量。

⑩ 干扰问题

在视频录制过程中，如果有电话打入手机会暂停录制。虽然在挂断电话后，录制会自动继续进行，但即便是短暂的中断，也很有可能导致整段视频需要重新录制。

⑪ 电量问题

录制视频前要保证电量充足，尤其在录制延时视频、教学课程视频等可能需要连续拍摄几个小时的题材时，在拍摄过程中要将手机连上充电宝。

使用相机录制视频的4大优势

更好的画质

影响成像的元素之一是感光元件，感光元件越大，理论上画面质量越高，这也是为什么在摄影行业流传着“底大一级压死人”的说法。

图4-19所示为不同画幅比例的相机与手机感光元件的尺寸对比，最小的红色方块是手机的感光元件面积，最大的灰色方块是全画幅相机的感光元件面积。

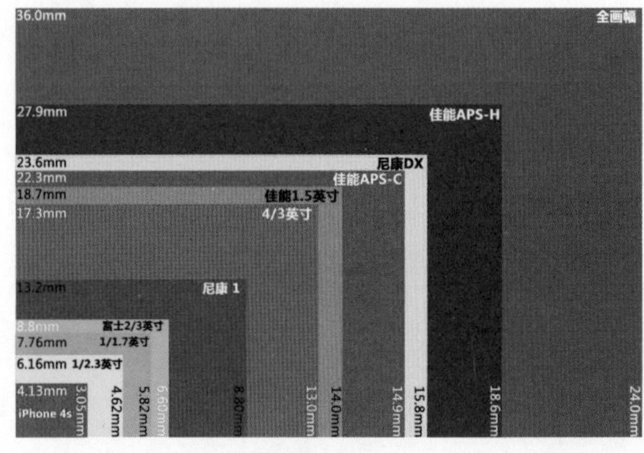

图4-19

由图4-19可以看出手机与全画幅相机的区别相当大，这也是为什么即便当前最高档手机的成像也无法与普通相机匹敌的原因。

更强的光线适应性

无论是单反相机还是微单相机，它们的感光动态范围都比手机更广，动态范围简单地理解就是感光元件能够记录的最大亮部信息和暗部信息，更广的动态范围能够记录下更多的画面细节，在后期对视频做调色处理效果也更好。

尤其是索尼与佳能等相机提供的Log模式，即便在逆光情况下拍摄也能够获得非常好的明暗细节，而大部分手机在逆光拍摄时，天空处将明显过曝，如图4-20所示，这是目前手机无法超越的。

图 4-20

更丰富的景别

目前，虽然大部分手机有从超广角到超长焦的拍摄功能，但在不同焦距的镜头间切换时大部分手机仍然存在颜色变化、画质明显下降的问题。

单反相机和微单相机则可以利用高质量镜头，拍摄出不同画面景别、景深及透视关系的高质量视频画面。

更漂亮的背景虚化效果

不同的镜头光圈会给画面带来不同的景深效果，也就是背景虚化效果，拍摄时使用的光圈越大，镜头焦距越长，背景虚化效果越明显。这种背景虚化效果远不是手机可以比拟的，如图 4-21 所示。这也是许多追求画面质感的口播型、剧情型抖音账号使用相机拍摄视频的主要原因。

图 4-21

除上述优势外，更好的防抖效果、更专业的收音性能也是众多短视频大号不再使用手机，而是使用专业相机拍摄的原因。

设置相机录制视频时的拍摄模式

与拍摄照片一样，拍摄视频时也可以采用多种不同的曝光模式，如自动曝光模式、光圈优先曝光模式、快门优先曝光模式和全手动曝光模式等。

如果对曝光要素不太理解，可以直接设置为自动曝光或程序自动曝光模式。

如果希望精确控制画面的亮度，可以将拍摄模式设置为全手动曝光模式。但在这种拍摄模式下，需要摄影师手动控制光圈、快门和感光度三个要素。下面分别讲解这三个要素的设置思路。

光圈：如果希望拍摄的视频具有电影效果，可以将光圈设置得稍微大一点，如 F2.8、F2 等，从而虚化背景获得浅景深效果；反之，如果希望拍摄出来的视频画面远近都比较清晰，就需要将光圈设置得稍微小一点，如 F12、F16 等。

感光度：在设置感光度时，主要考虑的是整个场景的光照条件。如果光照不是很充分，可以将感光度设置得稍微大一点，但此时会使画面中的噪点增加；反之，可以降低感光度，以获得较为优质的画面。

快门速度对视频的影响比较大，下面进行详细讲解。

理解相机快门速度与视频录制的关系

在曝光三要素中，无论是拍摄照片还是拍摄视频，光圈、感光度的作用都是一样的，只有快门速度对视频录制有着特殊的意义，因此值得详细讲解。

根据帧频确定快门速度

从视频效果来看，大量摄影师总结出来的经验是将快门速度设置为帧频 2 倍的倒数。此时录制出来的视频中运动物体的表现是最符合肉眼观察效果的。

例如视频的帧频为 25fps，那么应将快门速度设置为 1/50s（25×2=50，再取倒数，为 1/50）。同理，如果帧频为 50fps，则应将快门速度设置为 1/100s。

但这并不是说在录制视频时，快门速度只能锁定保持不变。在一些特殊情况下，需要利用快门速度调节画面亮度，在一定范围内进行调整是没有问题的。

快门速度对视频效果的影响

① 降低快门速度提升画面亮度

在昏暗的环境下录制视频时，如图 4-22 所示，可以适当降低快门速度，以保证画面亮度。

但需要注意的是，当降低快门速度时，快门速度也不能低于帧频的倒数。有些相机，例如佳能也无法设置比 1/25s 还低的快门速度，因为佳能相机在录制视频时会自动锁定帧频倒数为最低快门速度。

图 4-22

② 提高快门速度改善画面流畅度

提高快门速度，可以使画面更流畅。但需要指出的是当快门速度过高时，由于每一个动作都会被清晰定格，会导致画面看起来很不自然，甚至会出现失真的情况。

造成这种结果的原因是人的眼睛有视觉时滞。也就是说，当人们看到高速运动的景物时，会出现动态模糊的效果。而当使用过高的快门速度录制视频时，运动模糊消失了，取而代之的是清晰的影像。例如，在录制一些高速奔跑的景象时，由于双腿每次摆动的画面都是清晰的，就会看到很多条腿的画面，也就导致出现了画面失真、不正常的情况，如图 4-23 所示。

电影画面中的人物进行速度较快的移动时，画面中出现动态模糊效果是正常的

图 4-23

因此，建议在录制视频时，快门速度最好不要高于最佳快门速度的 2 倍。

另外，当提高快门速度时，也需要更大功率的照明灯具，以避免视频画面变暗。

拍摄视频时推荐的快门速度

上面对快门速度对视频的影响进行了理论性讲解，这些理论的总结如表 4-2 所示。

表 4-2

帧频	快门速度		
	普通短片拍摄	HDR 短片拍摄	
		P、Av、B、M 模式	Tv 模式
119.9P	1/4000 ~ 1/125	-	
100.0P	1/4000 ~ 1/100		
59.94P	1/4000 ~ 1/60		
50.00P	1/4000 ~ 1/50		
29.97P	1/4000 ~ 1/30	1/1000 ~ 1/60	1/4000 ~ 1/60
25.00P	1/4000 ~ 1/25	1/1000 ~ 1/50	1/4000 ~ 1/50
24.00P		-	
23.98P			

理解用相机拍视频时涉及的重要基础术语含义

理解视频分辨率

使用相机录制视频时涉及的分辨率，与使用手机录制视频时涉及的分辨率并没有本质不同，只是当前主流相机录制视频的分辨率都比较高。以佳能 R5 相机为例，其一大亮点就是支持 8K 视频录制。在 8K 视频录制模式下，用户可以录制最高帧频为 30fps、文件无压缩的超高清视频，而且在后期编辑时可以通过裁剪的方法制作跟镜头及局部特写镜头效果，这是手机无法比拟的。

理解帧频

帧频（fps）是指视频中每秒展示出来的画面数，也称为帧率。

使用相机录制视频时，可以轻松获得高帧频、高质量视频画面。例如，以佳能 R5 为例，在 4K 分辨率的情况下，依然支持 120fps 视频拍摄，可以通过后期轻松获得慢动作视频效果。

例如，李安在拍摄电影《双子杀手》时使用的就是 4K 分辨率、120fps，超高帧频不仅使电影画面看上去无限接近真实，中间的卡顿和抖动也近乎消失。

图 4-24 所示为以佳能相机为例，设置高帧频视频的录制操作方法。

❶ 在“**短片记录画质**”菜单中选择“**高帧频**”选项

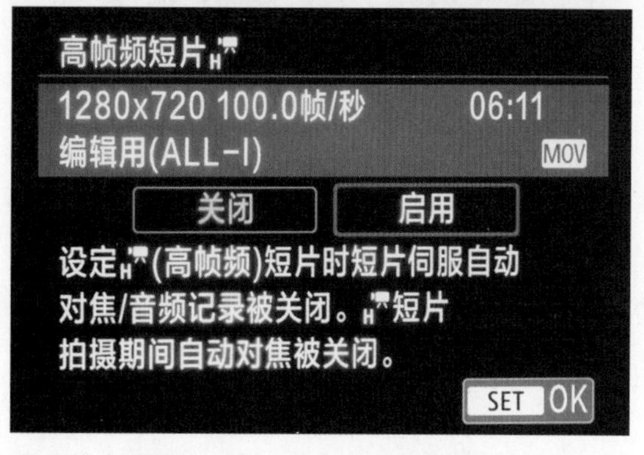

❷ 点击“**启用**”按钮，然后点击 SET OK 图标确定

图 4-24

理解视频制式

不同国家、地区的电视台所播放视频的帧

频是有统一规定的，称为电视制式。全球分为两种电视制式，分别为北美、日本、韩国、墨西哥等国家使用的 NTSC 制式和中国、欧洲各国、俄罗斯、澳大利亚等国家使用的 PAL 制式。

选择不同的视频制式后，可选择的帧频会有所变化。例如，在佳能 EOS 5D Mark Ⅳ 中，选择 NTSC 制式后，可选择的帧频为 119.9fps、59.94fps 和 29.97fps；选择 PAL 制式后，可选择的帧频为 100fps、50fps、25fps。

需要注意的是，只有所拍视频需要在电视台播放时，才会对视频制式有严格要求。如果只是自己拍摄并上传至视频平台，选择任意视频制式均可正常播放。

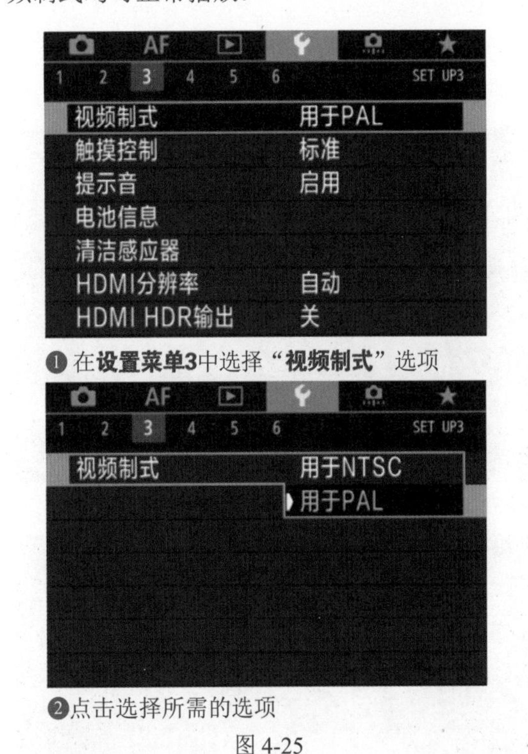

❶ 在**设置菜单3**中选择“**视频制式**”选项

❷点击选择所需的选项

图 4-25

理解码率

码率也被称为比特率，指每秒传送的比特（bit）数，单位为 bps（Bit Per Second）。码率越高，每秒传送的数据就越多，画质就越清晰，但相应的，对存储卡的写入速度要求也更高。

有些相机可以在菜单中直接选择不同码率的视频格式，如图4-26所示，有些则需要通过选择不同的压缩方式实现。

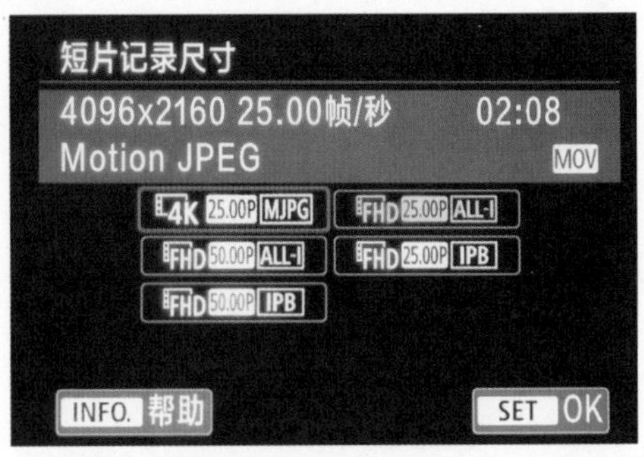

在“**短片记录尺寸**”菜单中可以选择不同的压缩方式，以控制码率

图 4-26

例如，使用佳能相机时可以选择MJPG、ALL-I、IPB和IPB等不同的压缩方式。

选择MJPG压缩模式可以得到最高码率，不过根据不同的机型，其码率也有差异。例如使用佳能EOS R时，在选择MJPG压缩模式后可以得到码率为480Mbps的视频，佳能5D4则为500Mbps。

值得一提的是，如果要录制码率超过400Mbps的视频，需要使用UHS-II存储卡，也就是写入速度最少应该达到100Mbps，否则无法正常拍摄。而且由于码率过高，视频尺寸也会变大。以佳能EOS R为例，录制一段码率为480Mbps、时长为8min的视频需要占用32GB的存储空间。

采用不同码率制作的视频画面如图4-27和图4-28所示。

低码率的视频画面显得模糊粗糙

图 4-27

高码率的视频画面更清晰

图 4-28

用佳能相机录制视频的简易流程

下面以佳能 EOS 5D Mark Ⅳ相机为例，讲解拍摄视频短片的简单流程，如图 4-29 ～图 4-32 所示。

选择合适的曝光模式

图 4-29

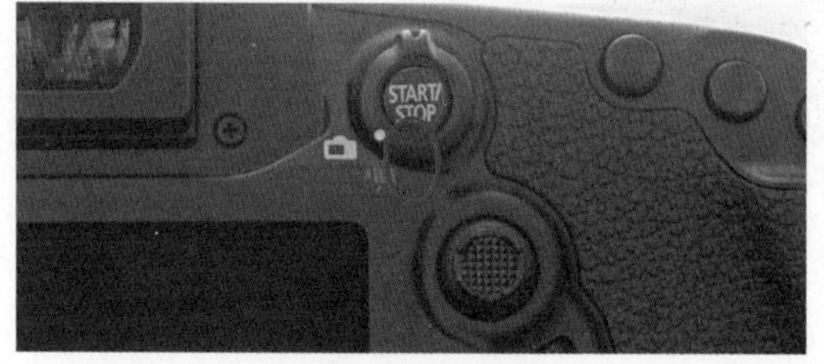

切换至短片拍摄模式

图 4-30

在拍摄前，可以先进行对焦

图 4-31

录制短片时，会在右上角显示一个红色的圆点

图 4-32

(1)设置视频短片格式，并进入实时显示模式。

(2)切换相机的曝光模式为 Tv 或 M 档或其他模式，开启“短片伺服自动对焦”功能。

(3)将“实时显示拍摄 / 短片拍摄”开关转至短片拍摄位置。

(4)通过自动或手动的方式先对主体进行对焦。

(5)按下 START/STOP 按钮，即可开始录制短片。录制完成后，再次按下 START/STOP 按钮。

虽然流程看上去很简单，但实际在这个过程中涉及若干知识点，如设置视频短片参数、设置视频拍摄模式、开启并正确设置实时显示模式、开启视频拍摄自动对焦模式、设置视频对焦模式、设置视频自动对焦灵敏感度、设置录音参数、设置时间码参数等，只有理解并正确设置这些参数，才能够录制出一条合格的视频。

希望深入研究的读者，建议选择更专业的图书进行学习。

用佳能相机录制视频时视频格式、画质的设置方法

和设置照片的尺寸、画质一样，录制视频时也需要关注视频文件的相关参数。如果录制的视频只是家用的普通记录短片，可能选高清分辨率就可以。如果作为商业短片，可能需要录制高帧频的 4K 视频，所以在录制视频之前一定要设置好视频的参数。

设置视频格式与画质

在拍摄短片时，通常需要设置视频格式、尺寸、帧频等参数，表 4-3 详细展示了佳能相机常见视频格式、尺寸、帧频参数的含义。

下面以佳能 EOS 5D Mark Ⅳ相机为例，讲解具体的操作方法，如图 4-33 所示，其他佳能相机的菜单位置及选项可能与此略有区别，但操作方法与选项意义相同。

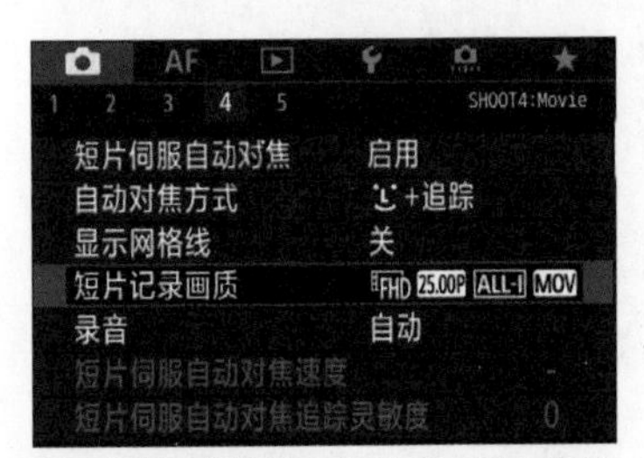

❶ 在**拍摄菜单4**中选择“**短片记录画质**”选项

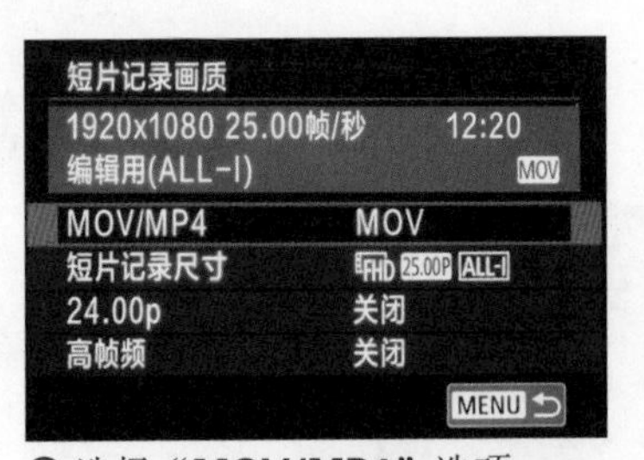

❷ 选择“**MOV/MP4**”选项

❸ 选择录制视频的格式选项

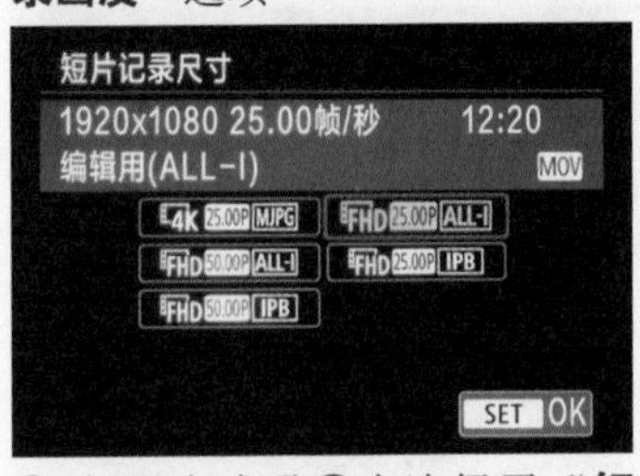

❹ 如果在步骤❷中选择了“**短片记录尺寸**”选项，则选择所需的短片记录尺寸选项，然后点击 SET OK 图标确定

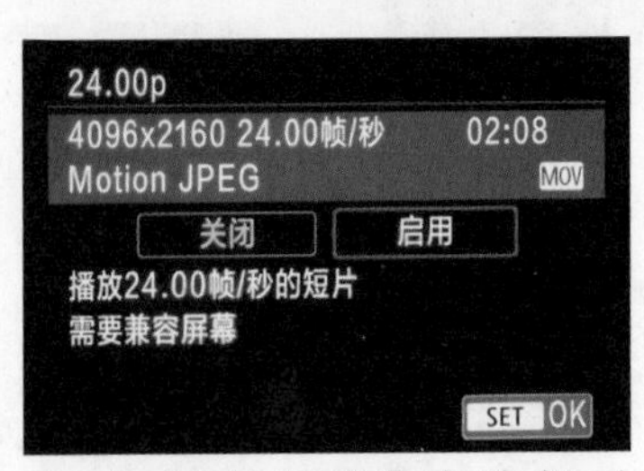

❺ 如果在步骤❷中选择了“**24.00P**”选项，则选择“**启用**”或“**关闭**”选项，然后点击 SET OK 图标确定

图 4-33

表 4-3

<table>
<tr><th colspan="5">短片记录画质选项说明表</th></tr>
<tr><td>MOV/
MP4</td><td colspan="4">MOV 格式的视频文件适合在计算机上进行后期编辑；MP4 格式的视频文件经过压缩，变得较小，便于网络传输</td></tr>
<tr><td rowspan="6">短片记录
尺寸</td><td colspan="4">图像大小</td></tr>
<tr><td>4K</td><td>FHD</td><td colspan="2">HD</td></tr>
<tr><td>4K 超高清画质。记录尺寸为 4096×2160，长宽比为 17 ： 9</td><td>全高清画质。记录尺寸为 1920×1080，长宽比为 16 ： 9</td><td colspan="2">高清画质。记录尺寸为 1280×720。长宽比为 16 ： 9</td></tr>
<tr><td colspan="4">帧频（帧 / 秒）</td></tr>
<tr><td>119.9P 59.94P 29.97P</td><td>100.0P 25.00P 50.00P</td><td colspan="2">23.98P 24.00P</td></tr>
<tr><td>分别以 119.9 帧 / 秒、59.94 帧 / 秒、29.9 帧 / 秒的帧频率记录短片。适用于电视制式为NTSC 的地区（北美、日本、韩国、墨西哥等）。119.9P在启用“高帧频”功能时有效</td><td>分别以 110 帧 / 秒、25 帧 / 秒、50 帧 / 秒的帧频率记录短片。适用于电视制式为 PAL 的地区（欧洲、俄罗斯、中国、澳大利亚等）。100.0P在启用“高帧频”功能时有效</td><td colspan="2">分别以 23.98 帧 / 秒和 24 帧 / 秒的帧频率记录短片，适用于电影。24.00P在启用“24.00P”功能时有效</td></tr>
<tr><td rowspan="3">短片记录
尺寸</td><td colspan="4">压缩方法</td></tr>
<tr><td>MJPG</td><td>ALL-I</td><td>IPB</td><td>IPB ⬇</td></tr>
<tr><td>当选择 MOV 格式时可选。不使用任何帧间压缩，一次压缩一帧并进行记录，因此压缩率低。仅适用于 4K 画质的视频</td><td>当选择MOV格式时可选。一次压缩一帧进行记录，便于在计算机上编辑</td><td>一次高效地压缩多帧进行记录。由于文件尺寸比使用ALL-I时更小，在存储空间相同的情况下，可以录制更长时间的视频</td><td>当选择 MP4 格式时可选。由于短片以比使用IPB时更低的比特率进行记录，因而文件尺寸更小，并且可以与更多回放系统兼容</td></tr>
<tr><td>24.00P</td><td colspan="4">选择“启用”选项，将以 24.00 帧 / 秒的帧频录制 4K 超高清、全高清、高清画质的视频</td></tr>
<tr><td>高帧频</td><td colspan="4">选择“启用”选项，可以在高清画质下，以 119.9 帧 / 秒或 100.0 帧 / 秒的高帧频录制短片</td></tr>
</table>

设置 4K 视频录制

在许多手机都可以录制 4K 视频的今天，4K 基本上是许多中高端相机的标配，以佳能 EOS 5D Mark Ⅳ为例，在 4K 视频录制模式下，用户可以录制最高帧频为 30fps、无压缩的超高清视频。

不过佳能 EOS 5D Mark Ⅳ的 4K 视频录制模式采集的是图像传感器的中心像素区域，并非全部像素，所以在录制 4K 视频时，拍摄视角会变得狭窄，约等于 1.74 倍的镜头系数。这就提示我们在选购以视频录制功能为主要卖点的相机时，画面是否有裁剪是一个值得比较的参数。例如，佳能 EOS R5 相机就可以录制无裁剪的 4K 视频，如图 4-34 所示。

❶ 在“**短片记录画质**”菜单中选择“**短片记录尺寸**”选项

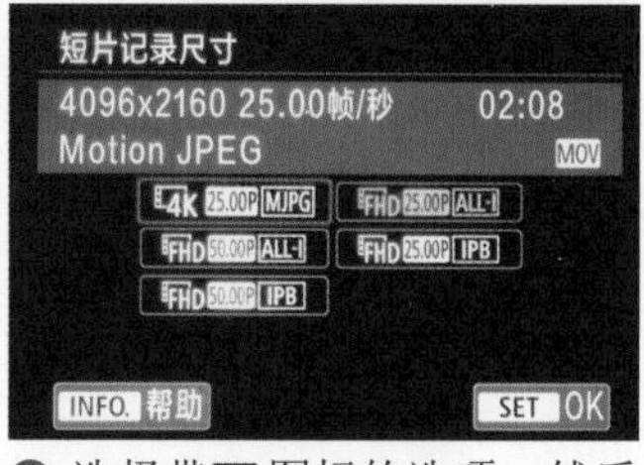

❷ 选择带4K图标的选项，然后点击SET OK图标确定

FHD/HD画质视频的取景范围

4K画质视频的取景范围

图 4-34

用佳能相机录制视频时自动对焦模式的开启方式

佳能这几年发布的相机均具有视频自动对焦模式，即当视频中的对象移动时，能够自动对其进行跟焦，以确保被拍摄对象在视频中的影像是清晰的。

但此功能需要通过设置“短片伺服自动对焦”菜单选项来开启。下面以佳能 EOS 5D Mark Ⅳ为例，讲解其开启方法，如图 4-35 所示。

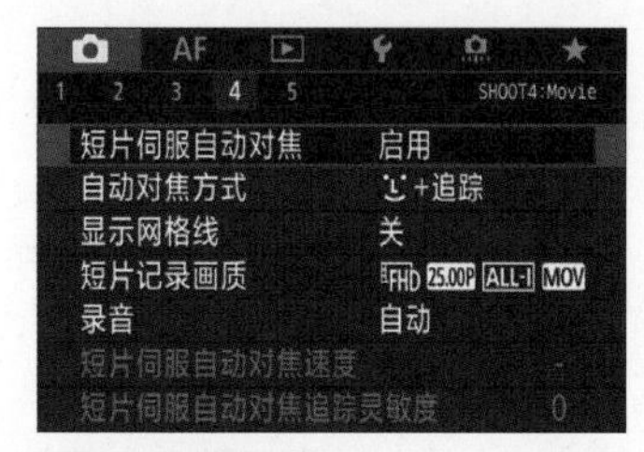

❶在**拍摄菜单4**中选择“**短片伺服自动对焦**”选项

❷选择“**启用**”或“**关闭**”选项，然后点击SET OK图标确定

图 4-35

提示：该功能在与某些镜头搭配使用时，发出的对焦声音可能被采集到视频中。如果发生这种情况，建议外接指向性麦克风。

将“短片伺服自动对焦”菜单设置为“启用”，即可使相机在拍摄视频期间，即使不半按快门，也能根据被摄对象的移动状态不断调整对焦，以保证始终对被摄对象进行对焦。

但在使用该功能时，相机的自动对焦系统会持续工作，当不需要跟焦被摄对象，或者将对焦点锁定在某个位置时，即可通过按下赋予了“暂停短片伺服自动对焦”功能的自定义按键来暂停该功能。

图 4-36 ～图 4-38 所示为笔者拿着红色玩具小车不规律地运动时，相机是能够准确跟焦的。

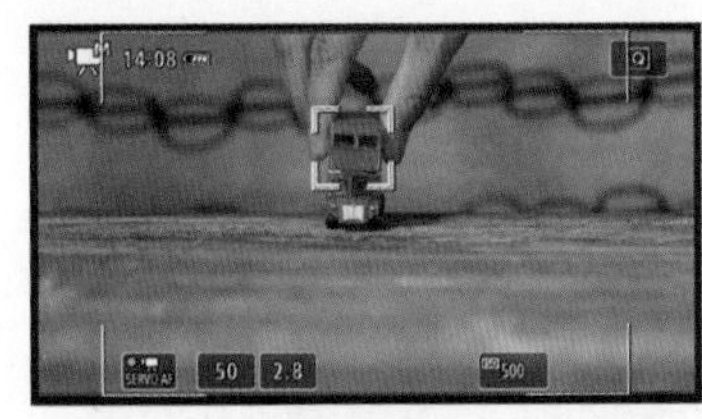
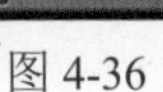

图 4-36

图 4-37

图 4-38

如果将“短片伺服自动对焦”菜单设置为“关闭”，那么只有通过半按快门、按下相机背面的 AF-ON 按钮，或者在屏幕上点击对象时，才能够进行对焦。

如图 4-39 和图 4-40 所示，第 1 次对焦于左上方的安全路障，如果不再次点击其他位置，对焦点会一直锁定在左上方的安全路障。若点击右下方的篮球焦点，焦点会重新对焦在篮球上。

图 4-39

图 4-40

用佳能相机录制视频时的对焦模式详解

选择对焦模式

在拍摄视频时，有两种对焦模式可选择，一种是 ONE SHOT 单次自动对焦（图 4-41），另一种是 SERVO 伺服自动对焦。

设置自动对焦模式

图 4-41

ONE SHOT 单次自动对焦模式适合拍摄静止的被摄对象，当半按快门按钮时，相机只实现一次对焦，合焦后，自动对焦点将变为绿色。SERVO 伺服自动对焦模式适合拍摄移动的被摄对象，只要保持半按快门按钮，相机就会对被摄对象持续对焦，合焦后，自动对焦点为蓝色。

使用 SERVO 伺服自动对焦模式时，如果配合使用下方将要讲解的“ゞ+ 追踪”“自由移动 AF( )”对焦方式，只要对焦框能跟踪并覆盖被摄对象，相机就能够持续对焦。

三种自动对焦模式详情

除非以固定机位拍摄风光、建筑等静止的对象，否则，拍摄视频时的对焦模式都应该选择 SERVO 伺服自动对焦。此时，可以根据要选择的对象或对焦需求，选择三种不同的自动对焦方式，如图 4-42 所示。在实时取景状态下按下Q按钮，点击左上角的自动对焦方式图标，然后在屏幕下方选择需要的选项。

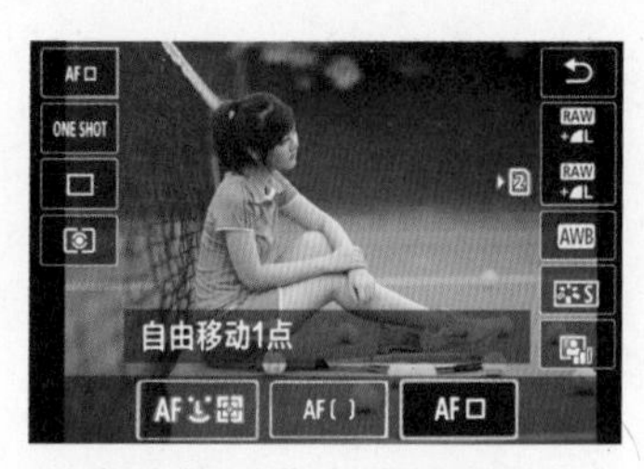

▲ 在速控屏幕中选择AFᵕ̈⁚⁚（ᵕ̈+追踪）模式的状态

▲ 在速控屏幕中选择AF( )（自由移动多点）模式的状态

▲ 在速控屏幕中选择AF □（自由移动1点）模式的状态

图 4-42

大家也可以按下面展示的操作方法切换不同的自动对焦模式，如图 4-43 所示，下面详解不同模式的含义。

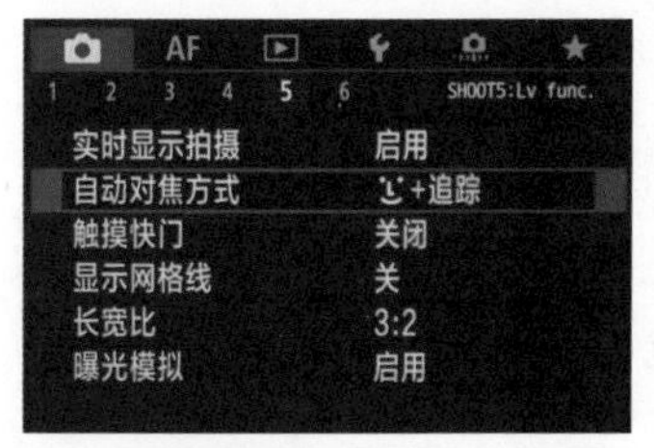

❶ 在**拍摄菜单5**中选择“**自动对焦方式**”选项

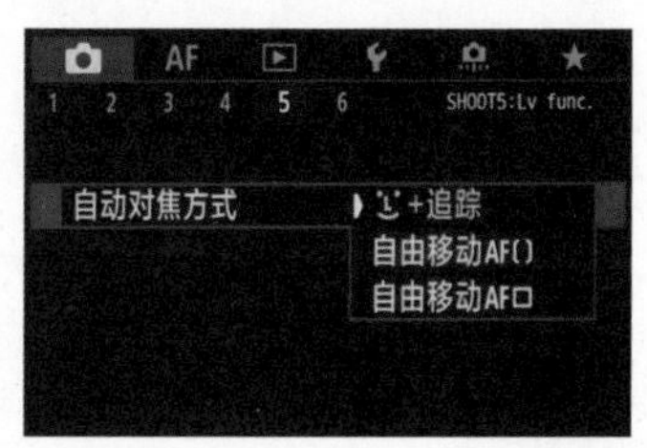

❷ 选择一种对焦模式

> 提示：由于佳能 EOS 5D Mark IV的液晶监视器可以实现触屏操作，因此在选择对焦区域时，也可以直接点击液晶监视器屏幕选择对焦位置。

图 4-43

① ᵕ̈ + 追踪

如图 4-44 所示，在此模式下，相机优先对被摄人物的脸部进行对焦。即使在拍摄过程中被摄人物的面部发生了移动，自动对焦点也会移动以追踪面部。当相机检测到人的面部时，会在要对焦的脸上出现⁚⁚（自动对焦点）。如果检测到多个面部，将显示‹ ›，使用多功能控制钮※将‹ ›框移动到目标面部上即可。如果没有检测到面部，相机会切换到自由移动 1 点模式。

ᵕ̈+ 追踪模式的对焦示意

图 4-44

② 自由移动 AF( )

如图 4-45 所示，在此模式下，相机可以采用两种模式对焦，一种是以最多 63 个自动对焦点对焦，这种对焦模式能够覆盖较大的区域；另一种是将液晶监视器分割成 9 个区域，摄影师可以使用多功能控制钮※选择某一个区域进行对焦，也可以直接在屏幕上通过点击不同的位置来进行对焦。默认情况下，相机自动选择前者。可以按下※或SET按钮，在这两种对焦模式间切换。

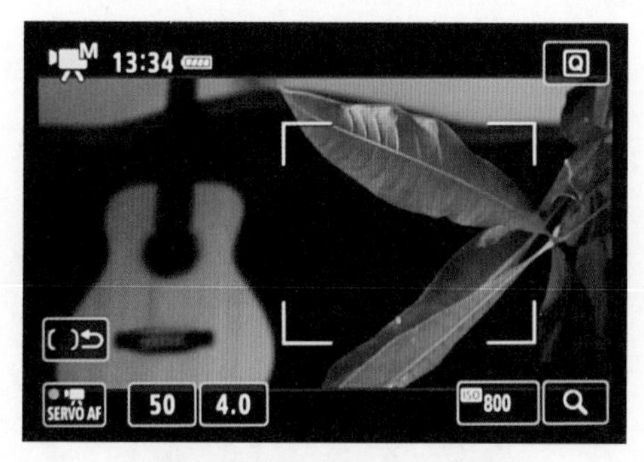

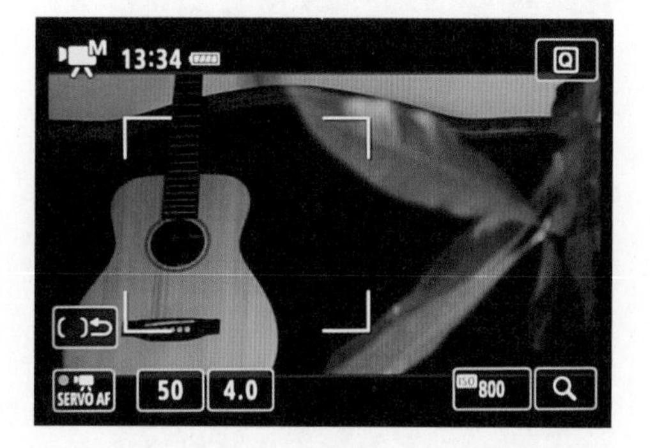

自由移动AF( )模式的对焦示意

图 4-45

③ 自由移动 AF □

如图 4-46 所示，在此模式下，液晶监视器上只显示 1 个自动对焦点。在拍摄过程中，使用多功能控制钮※将该自动对焦点移至要对焦的位置，当自动对焦点对准被摄对象时半按快门即可。也可以直接在屏幕上通过点击不同的位置来进行对焦。如果自动对焦点变为绿色并发出提示音，表明合焦正确；如果没有合焦，对焦点以橙色显示。

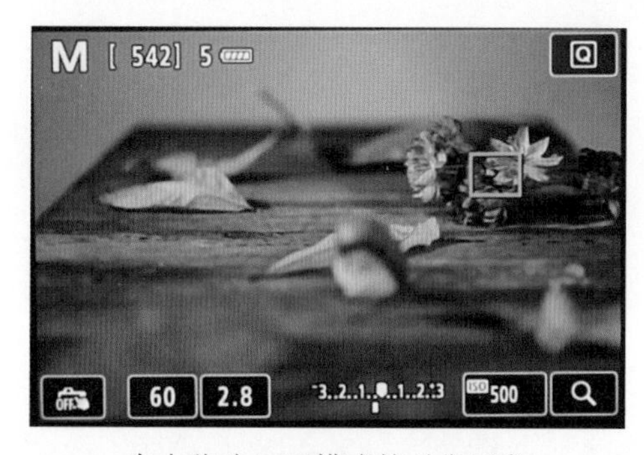

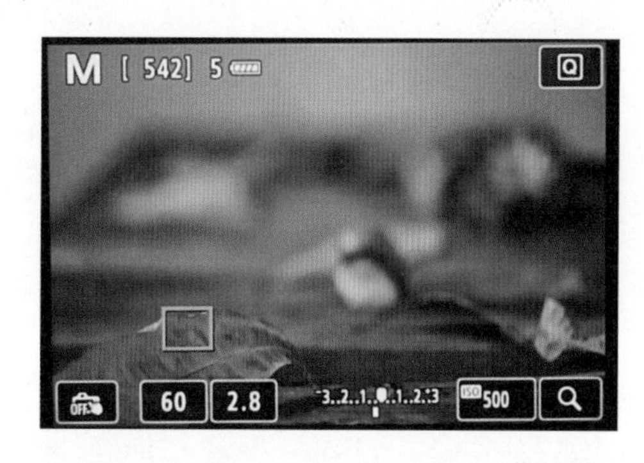

自由移动AF□模式的对焦示意

图 4-46

用佳能相机录制视频时录音参数设置及监听方式

使用相机内置的麦克风可录制单声道声音，通过将带有立体声微型插头（直径为 3.5mm）的外接麦克风连接至相机，则可以录制立体声，然后配合“录音”菜单中的参数设置，可以实现多样化的录音控制。

录音 / 录音电平

选择“自动”选项，相机将会自动调节录音音量；选择“手动”选项，则可以在“录音电平”界面中将录音音量的电平调节为 64 个等级之一，适用于高级用户；选择“关闭”选项，将不会记录声音，如图 4-47 所示。

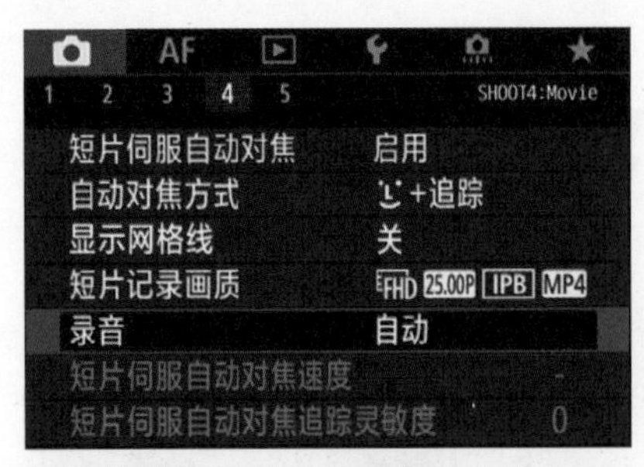

❶ 在**拍摄菜单4**中选择“**录音**”选项

❷ 选择不同的选项，即可进入修改参数界面

图 4-47

风声抑制 / 衰减器

将“风声抑制”设置为“启用”，则可以降低户外录音时的风声噪声，包括某些低音调噪声（此功能只对内置麦克风有效）；在无风的场所录制时，建议选择“关闭”选项，以便能录制到更加自然的声音。

在拍摄前即使将“录音”设定为“自动”或“手动”，如果有非常大的声音，仍然可能导致声音失真。在这种情况下，建议将“衰减器”设置为“启用”。

监听视频声音

在录制需要现场声音的视频时，监听视频声音非常重要，而且这种监听需要持续整个录制过程。

在使用收音设备时，有可能因为没有更换电池，或者其他未知因素，导致现场声音没有被录入视频。

有时现场可能有很低的噪声，这种声音是否会被录入视频，一个确认方法就是在录制时监听，另外也可以通过回放来核实。

将配备有直径 3.5mm 微型插头的耳机，连接到相机的耳机端子（图 4-48）上，即可在拍摄短片期间听到声音。

耳机端子

图 4-48

如果使用的是外接立体声麦克风，可以听到立体声声音。要调整耳机的音量，按Q按钮并选择∩，然后转动◎调节音量。

注意：如果要对视频进行专业的后期处理，那么现场即使有均衡的低噪声也不必过于担心，利用后期处理软件可以将这样的噪声轻松去除。

用索尼相机录制视频时的简易流程

下面以SONY α7 Ⅳ相机为例，讲解拍摄视频的简单流程，如图4-49 ～ 图4-51所示。

选择合适的曝光模式

图 4-49

在拍摄前，可以先进行对焦

图 4-50

按下红色的MOVIE按钮即可开始录制

图 4-51

（1）设置视频文件格式及“记录设置”。

（2）切换相机的照相模式为S或M挡或其他模式。

（3）通过自动或手动的方式对主体进行对焦。

（4）按下红色MOVIE按钮开始录制视频，录制完成后，再次按下红色的MOVIE按钮。

在视频拍摄模式下，相机屏幕会显示若干参数，了解这些参数的含义，有助于摄影师快速调整相关参数，以提高录制视频的效率、成功率及品质，如图4-52所示。

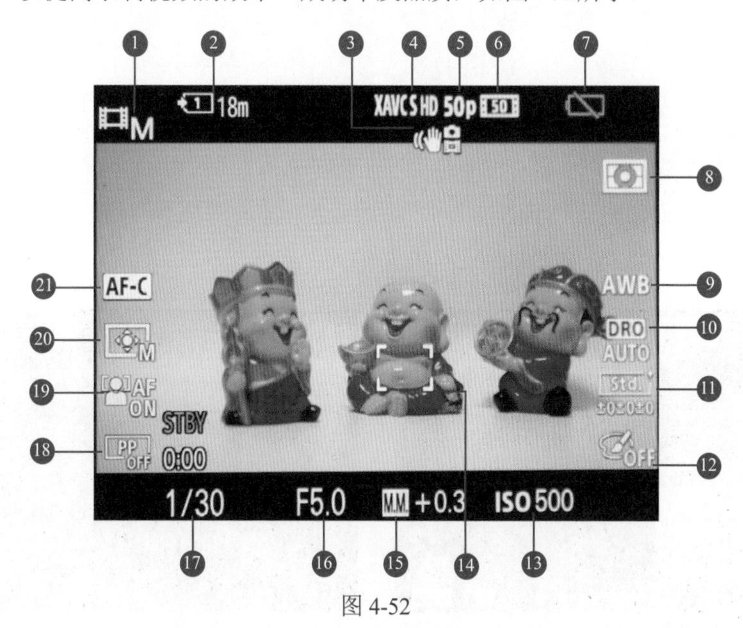

图 4-52

❶ 照相模式
❷ 动态影像的可拍摄时间
❸ SteadyShot关/开
❹ 动态影像的文件格式
❺ 动态影像的帧速率
❻ 动态影像的记录设置
❼ 剩余电池电量
❽ 测光模式
❾ 白平衡模式
❿ 动态范围优化
⓫ 创意风格
⓬ 照片效果
⓭ ISO感光度
⓮ 对焦框
⓯ 曝光补偿
⓰ 光圈值
⓱ 快门速度
⓲ 图片配置文件
⓳ AF模式人脸/眼睛优先
⓴ 对焦区域模式
㉑ 对焦模式

虽然流程看上去很简单，但实际上在这个过程中涉及若干知识点，希望深入研究的读者，建议选择更专业的摄影摄像类图书进行学习。

用索尼相机录制视频时视频格式、画质的设置方法

设置文件格式（视频）

在“文件格式”菜单中可以选择以下3个选项，如图4-53所示。

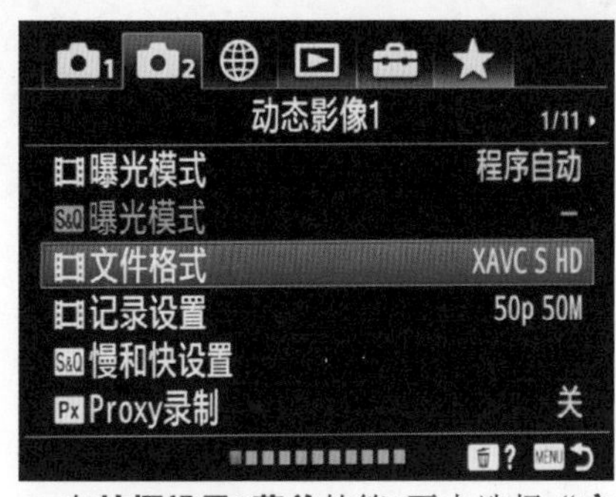

❶ 在**拍摄设置2菜单**的第1页中选择“**文件格式**”选项

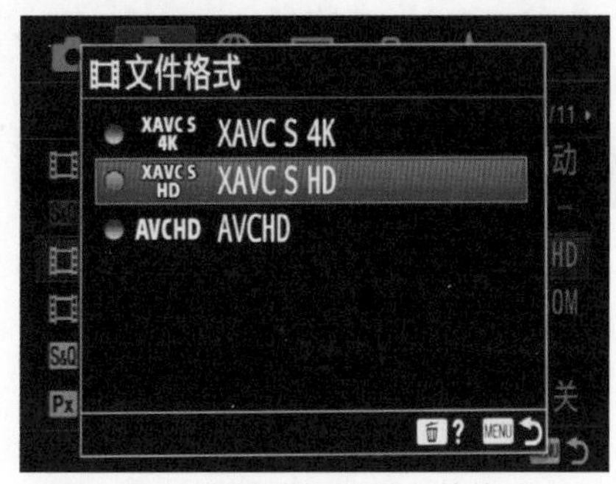

❷ 按▼或▲方向键选择所需文件格式

图 4-53

- XAVC S 4K：以 4K 分辨率记录 XAVC S 标准的 25fps 视频。
- XAVC S HD：记录 XAVC S 标准视频。
- AVCHD：以 AVCHD 格式录制 50 i 视频。

设置“记录设置”

在“记录设置”菜单中可以选择录制视频的帧速率和影像质量，如图4-54所示，以SONY α7RIV微单相机为例，视频记录尺寸如表4-4所示。

❶ 在**拍摄设置2菜单**的第1页中选择“**记录设置**”选项

❷ 按▼或▲方向键选择所需选项

图 4-54

表 4-4

文件格式：XAVC S 4K	平均比特率	记录
25P 100M	100Mbps	录制 3840×2160 （25P）尺寸的最高画质视频
25P 60M	60Mbps	录制 3840×2160 （25P）尺寸的高画质视频

文件格式：XAVC S HD	平均比特率	记录
50P 50M	50Mbps	录制 1920×1080（50P）尺寸的高画质视频
50P 25M	25Mbps	录制 1920×1080（50P）尺寸的高画质视频
25P 50M	50Mbps	录制 1920×1080（25P）尺寸的高画质视频
25P 16M	16Mbps	录制 1920×1080（25P）尺寸的高画质视频
100P 100M	100Mbps	录制 1920×1080（100P）尺寸的视频，使用兼容的编辑设备，可以制作更加流畅的慢动作视频
100P 60M	60Mbps	录制 1920×1080（100P）尺寸的视频，使用兼容的编辑设备，可以制作更加流畅的慢动作视频
文件格式：AVCHD	平均比特率	记录
50i 24M（FX）	24Mbps	录制 1920×1080（50i）尺寸的高画质视频
50i 17M（FH）	17Mbps	录制 1920×1080（50i）尺寸的标准画质视频

用索尼相机录制视频时设置视频对焦模式的方式

在拍摄视频时，有两种对焦模式可选择，一种是连续自动对焦，另一种是手动对焦。

在连续自动对焦模式下，只要保持半按快门按钮，相机就会对被摄对象持续对焦，合焦后，屏幕将点亮◉图标。

当利用自动对焦功能无法对想要的被摄对象合焦时，建议改用手动对焦模式。

在拍摄视频时，可以根据需要按图4-55所示选择对焦方式，按图4-56所示从5种自动对焦区域模式中选择一种，不同的对焦模式解释如下。

在拍摄待机状态，按Fn按钮，然后按▲▼◀▶方向键选择对焦模式，转动前/后转盘选择所需对焦模式

图 4-55

在拍摄待机状态，按Fn按钮，然后按▲▼◀▶方向键选择对焦区域，按控制拨轮中央按钮进入详细设置界面，然后按▲或▼方向键选择对焦模式。当选择了自由点模式时，按◀或▶方向键选择所需选项

图 4-56

- 广域自动对焦区域[◻]：选择此对焦模式后，在执行对焦操作时，相机将通过智能判断系统，决定当前拍摄的场景中哪个区域应该最清晰，从而利用相机可用的对焦点针对这一区域进行对焦。
- 区自动对焦区域[◻]：使用此对焦模式时，先在液晶显示屏上选择想要对焦的区域，对焦区域内包含数个对焦点。在拍摄时，相机自动在所选对焦区域范围内选择合焦的对焦框。此模式适合拍摄动作幅度不大的题材。

- 中间自动对焦区域[·]：使用此对焦模式时，相机始终使用位于屏幕中央区域的自动对焦点进行对焦。此模式适合拍摄主体位于画面中央的题材。
- 自由点自动对焦区域：选择此对焦模式时，相机只使用一个对焦点进行对焦操作，而且摄影师可以自由确定此对焦点所处的位置。拍摄时使用多功能选择器的上、下、左、右键，可以将对焦框移动至被摄主体需要对焦的区域。此对焦模式适合拍摄需要精确对焦，或者对焦主体不在画面中央位置的题材。
- 扩展自由点自动对焦区域：选择此对焦模式时，摄影师可以使用多功能选择器的上、下、左、右键选择一个对焦点。与自由点模式不同的是，摄影师所选的对焦点周围还分布一圈辅助对焦点，若拍摄对象暂时偏离所选对焦点，相机会自动使用周围的对焦点进行对焦。此对焦模式适合拍摄可预测运动趋势的对象。

用索尼相机录制人像视频时的对焦设置方法

当录制以人为主要对象的视频时，建议按下面的操作进行参数设置，以确保当主角或摄影师移动时，相机能够始终将焦点锁定在人物面部。

下面的讲解以 SONY α7 Ⅳ相机为例，虽然不同的相机菜单位置会有区别，但操作思路是基本相同的，因此如果读者使用的不是 SONY α7 Ⅳ相机，也可以按相同的原理进行操作。

（1）选择“对焦——人脸 / 眼部 AF——AF 人脸 / 眼睛优先”菜单，开启人脸面部识别，如图 4-57 ①所示。

（2）选择“设置——触摸操作——拍摄期间的触摸功能”菜单，开启“触碰跟踪”功能，如图 4-57 ②所示。

❶ 在**对焦菜单**的第3页中选择“**人脸/眼部AF**”选项，然后选择“**AF人脸/眼部优先**”选项

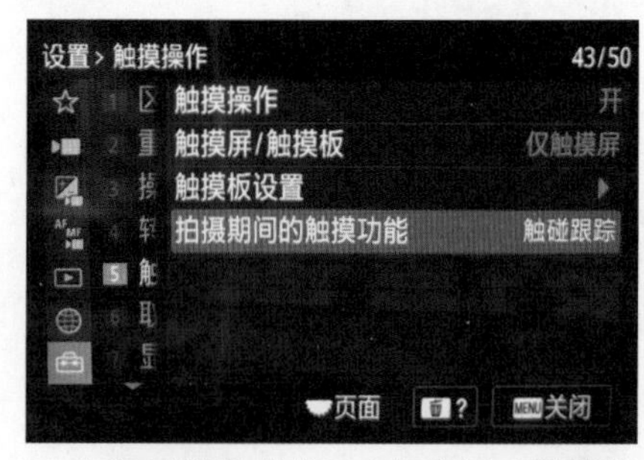

❷ 在**设置菜单**的第5页中选择“**触摸操作**”选项，然后选择“**拍摄期间的触摸功能**”选项

图 4-57

（3）将对焦模式设置为 AF-C 连续自动对焦。

（4）根据拍摄对象移动的范围，选择自动对焦区域模式。如果拍摄的是口播类视频，而且人物居中，可以选择“中间自动对焦区域[·]”模式。

（5）拍摄时，通过触碰屏幕，使被拍摄主体的面部出现焦点跟踪框，如图 4-58 所示。当移动相机时，相机将持续跟踪，如图 4-59 所示。

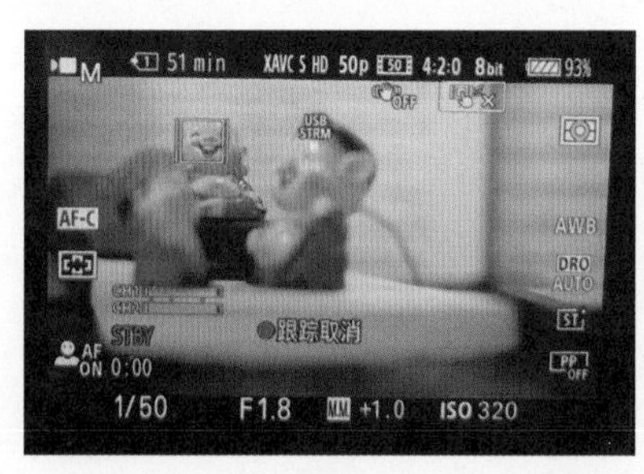

图 4-58

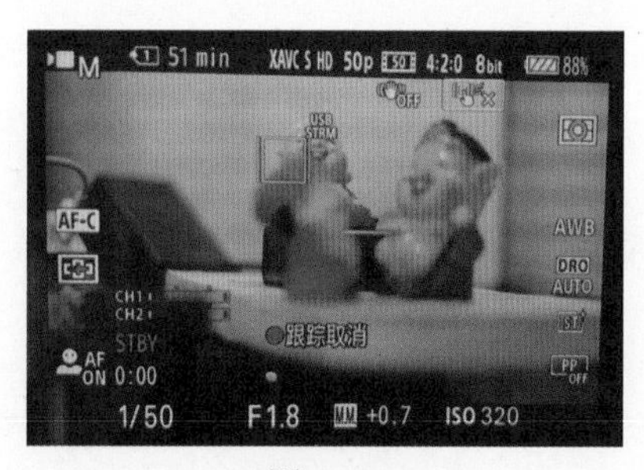

图 4-59

用索尼相机录制视频时设置录音参数并监听现场声音

设置录音

以SONY α7 Ⅳ微单相机例，在录制视频时，可以通过“录音”菜单设置是否录制现场的声音，如图4-60所示。

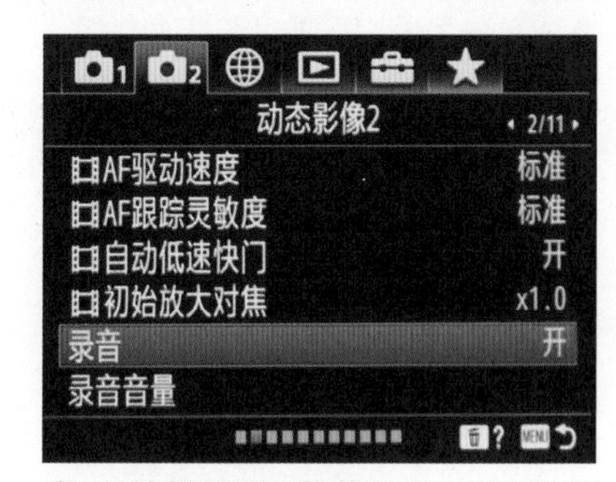

❶ 在**拍摄设置2菜单**的第2页中选择“**录音**”选项

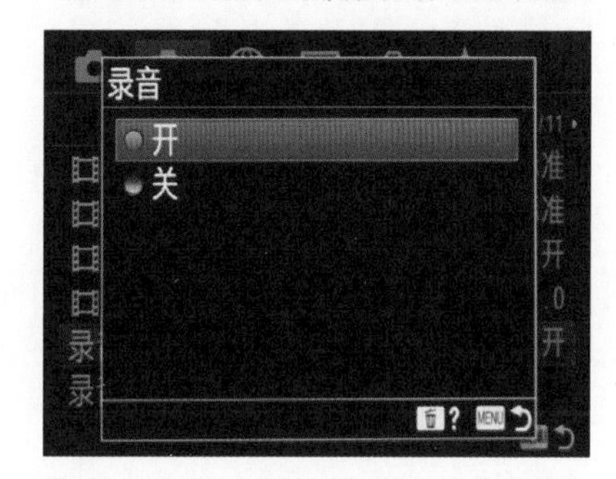

❷ 按▾或▴方向键选择“**开**”或“**关**”选项，然后按控制拨轮中央按钮

图 4-60

设置录音音量

当开启录音功能时，可以通过“麦克风”菜单设置录音的等级，如图4-61所示。

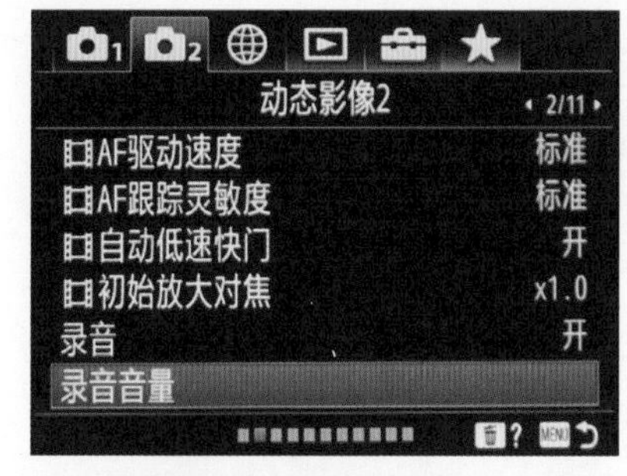

❶ 在**拍摄设置2菜单**的第2页中选择“**录音音量**”选项

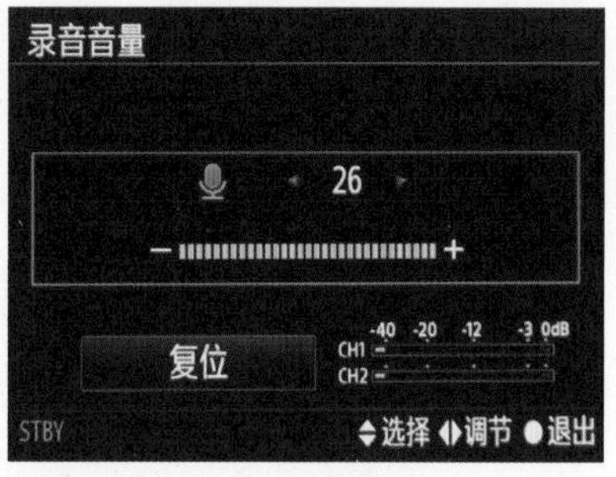

❷ 按◂或▸方向键选择所需等级，然后按控制拨轮中央按钮确定

图 4-61

当录制现场声音较大的视频时，设置较低的录音电平可以记录具有临场感的音频。

当录制现场声音较小的视频时，设置较高的录音电平可以记录容易听取的音频。

减少风噪声

选择“开”选项，可以减弱通过内置麦克风进入的室外风声噪声，包括某些低音调噪声；在无风的场所进行录制时，建议选择“关”选项，以便录制到更加自然的声音，如图 4-62 所示。

此功能对外置麦克风无效。

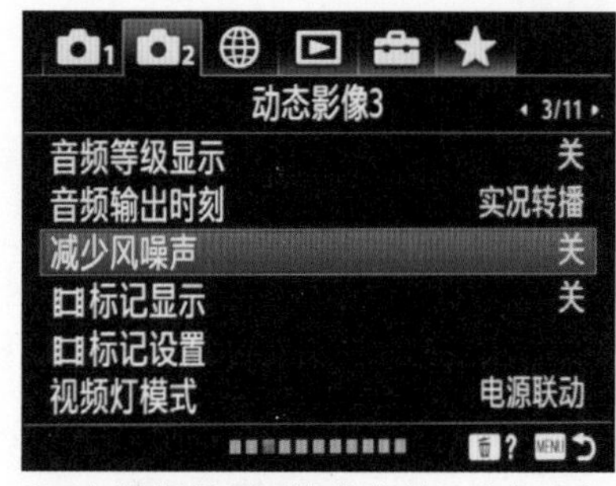

❶ 在**拍摄设置2菜单**的第3页中选择“**减少风噪声**”选项

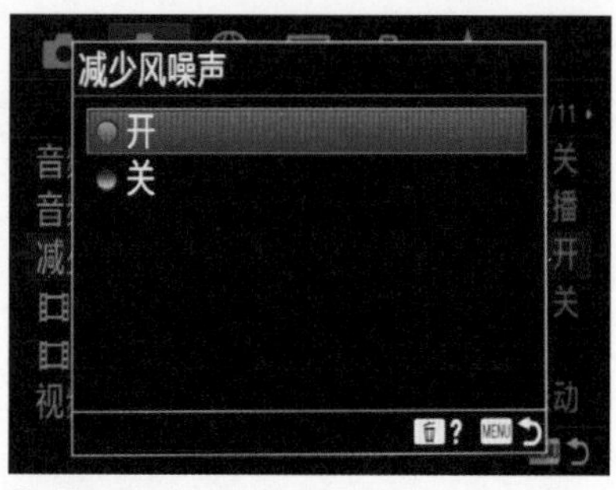

❷ 按▼或▲方向键选择“**开**”或“**关**”选项，然后按控制拨轮中央按钮

图 4-62

第5章 让视频更好看的美学基础

摄影构图与摄像构图的异同

在当前的视频时代，许多摄影师并非纯粹地拍摄静态照片，还会拍摄各类视频。因此，笔者认为有必要对摄影构图与摄像构图的异同进行阐述，以便读者在掌握本书讲述的知识后，除了可以应用到照片拍摄活动中，还能够灵活地运用到视频拍摄领域。

相同之处

两者的相同之处在于，视频画面也需要考虑构图，而在考虑构图手法时，应用到的知识也与静态的摄影构图没有区别。在欣赏优秀的电影作品、电视剧时，将其中的一个静帧抽取出来欣赏，其美观度不亚于一张用心拍摄的静态照片。图5-1所示为电影《妖猫传》的一个画面，不难看出来，导演在拍摄时使用了非常严谨的对称式构图。

图 5-1

这也就意味着，本书虽然主要讲解的是静态摄影构图，但其中涉及的构图法则、构图逻辑等理论知识，也完全可以应用于视频拍摄。

不同之处

由于视频是连续运动的画面，所以构图时不仅要考虑当前镜头的构图，还需要统合考虑前后几个镜头，从而形成一个完整的镜头段落，以这个段落来表达某一主题，所以如果照片是静态构图，那么视频可以称为动态构图。

例如，要表现一幢大楼，如果采用摄影构图，通常以广角镜头来表现。如果拍摄视频，首先以低角度拍摄建筑的局部，再从下往上摇镜头，则更能表现其雄伟气派，因为这样的镜头类似于人眼的观看方式，所以更容易让人有身临其境的感觉。

在拍摄视频时，需要撰写分镜头脚本，以确定每一个镜头表现的景别及要重点突出的内容，不同镜头之间相互补充，然后通过一组镜头形成完整的作品。

也正因如此，在拍摄视频的过程中，要重点考虑的是一组镜头的总体效果，而不是某一个静帧画面的构图效果，要按局部服从整体的原则来考虑构图。

当然，如果有可能，每一个镜头的构图都非常美观是最好的，但实际上，这很难保证，因此不能按静态摄影构图的标准来要求视频画面的构图效果。

另外，在拍摄静态照片时，会运用竖画幅、方画幅构图，除非用于上传至抖音、快手等短视频平台，通常在拍摄视频时，不太可能使用这两种画幅进行构图。

5 个使画面简洁的方法

画面简洁的一个重要目的就是力求突出主体。下面介绍 5 个常用的使画面简洁的方法。

仰视以天空为背景

如果拍摄现场太过杂乱，而光线又比较均匀，可以用稍微仰视的角度进行拍摄，以天空为背景，营造比较简洁的画面，如图 5-2 所示。

图 5-2

可以根据画面的需求，适当调亮画面或压暗画面，使天空过曝成为白色或变为深暗色，以得到简洁的背景，这样主体在画面中会更加突出。

俯视以地面为背景

如果拍摄环境中的条件限制太多，没有合适的背景，也可以以俯视的角度进行拍摄，将地面作为背景，从而营造出比较简单的画面，如图 5-3 所示。使用这种方法时可以因地制宜，例如，在水边拍摄时，可以将水面作为背景；在海边拍摄时，可以将沙滩作为背景；在公园拍摄时，可以将草地作为背景。

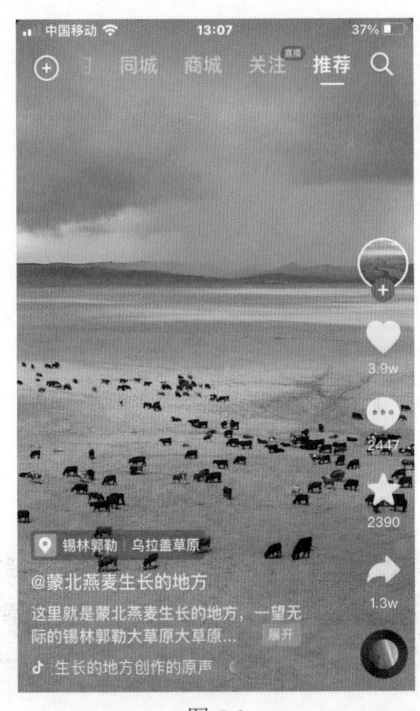

图 5-3

如果俯视拍摄时元素也显得非常多且杂乱，要注意使用手机的长焦段或给相机安装长焦镜头，只拍摄局部特写。

找到纯净的背景

要想使画面简洁，背景越简单越好。由于手机不能营造比较浅的景深，即背景不可能虚化得非常明显。

为了使画面看起来干净、简洁，最好选择比较简单的背景，可以是纯色的墙壁，也可以是结构简单的家具，或者画面内容简单的装饰画等。背景越简单，被摄主体在画面中就越突出，整个画面看起来也就越简单、明了，如图 5-4 所示。

此时，一定把握简洁的度，视频不同于照片，在短视频平台发布的视频中，过于简单的画面对观众的吸引力较弱。

图 5-4

故意使背景过曝或欠曝

如果拍摄的环境比较杂乱、无法避开，可以利用调整曝光的方式来达到简化画面的目的。根据背景的明暗情况，可以考虑使背景过曝成为一片浅色或欠曝成为一片深色。

要让背景过曝，就要在拍摄时增加曝光；反之，应该在拍摄时降低曝光，让背景成为一片深色，如图 5-5 所示。

图 5-5

使背景虚化

利用朦胧虚化的背景，可以有效突出主体，增强视频画面的电影感。目前大部分手机均有人像模式、大光圈模式和微距模式，可以使用这些模式虚化背景。

如果使用的是相机，则可以用大光圈或长焦距来获得漂亮的虚化效果。

此外，近距离拍摄主体，或让主体与背景拉开距离，可以增强虚化效果，如图 5-6 所示。

图 5-6

9 种常用的构图法则

构图法则是经过实践检验的视觉美学定律，无论是拍摄照片还是拍摄视频，只要在拍摄过程中遵循这些构图法则，就能够使视频画面的视觉美感得到大幅度提升，下面介绍 9 种常用的构图法则。

三分法构图

三分法构图是黄金分割构图法的简化版，以 3×3 的网格对画面进行分割，主体位于任意一条三分线或交叉点上，都可以得到突出表现，并且给人以平衡、不呆板的视觉感受，如图 5-7 所示。

图 5-7

现在大多数手机、相机都有网格线辅助构图功能，可以帮助创作者进行三分法构图。

散点式构图

散点式构图看似随意，但一定要注意点与点的分布要匀称，不能出现一边很密集，另一边很稀疏的情况，否则画面会给人一种失重的感觉。

使用散点式构图时，点与点之间要有一定的变化，如大小对比、颜色对比等，否则画面会显得很呆板。

这种构图形式常用于拍摄花卉、灯、糖果等静物题材，如图 5-8 所示。

水平线构图

水平线构图能使画面在左右方向产生视觉延伸效果，增加画面的视觉张力，获得宽阔、安宁、稳定的画面效果。在拍摄时，可根据拍摄对象的具体情况，安排、处理画面的水平线位置。

例如，图 5-9 ～图 5-11 所示的 3 张照片就是根据画面所要表达的重点不同，使用了 3 种不同高度的水平线构图方式。

如果想着重表现地面景物，可将水平线安排在画面的上 1/3 处，避免天空在画面中所占比例过大。

反之，如果天空中有变幻莫测、层次丰富、光影动人的云彩，可将画面的表现重点集中于天空，此时可调整画面水平线，将其放置在画面的下 1/3 处，从而使天空在画面中所占的比例较大。

除此之外，还可以将水平线放置在画面的中间位置，以均衡对称的画面形式呈现出开阔、宁静的画面效果，此时地面与天空各占画面的一半。

当使用这种构图法则时，通常要配合横画幅拍摄。

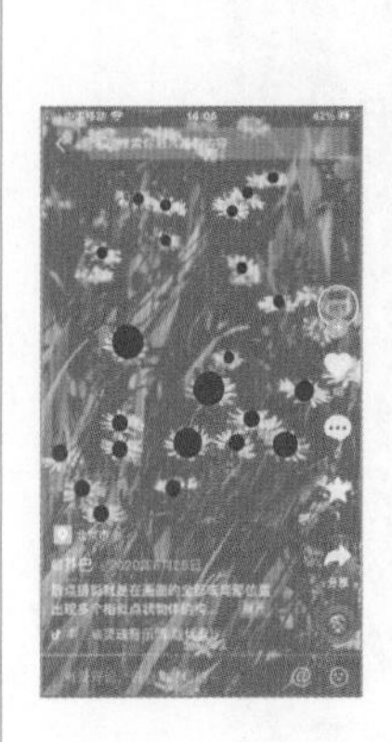

图 5-8

图 5-9

图 5-10

图 5-11

垂直线构图

与水平线构图类似，垂直线构图能使画面在上下方向产生视觉延伸效果，可以加强画面中垂直线条的力度和形式感，给人以高大、威严的视觉感受。摄影师在构图时可以通过单纯截取被摄对象的局部来获得简练的由垂直线构成的画面效果，使画面呈现出较强的形式美感。

为了获得和谐的画面效果，不得不考虑线条的分布与组成。在安排垂直线时，不要让它们将画面割裂，这种构图形式常用来表现树林和高楼林立的画面，如图 5-12 所示。

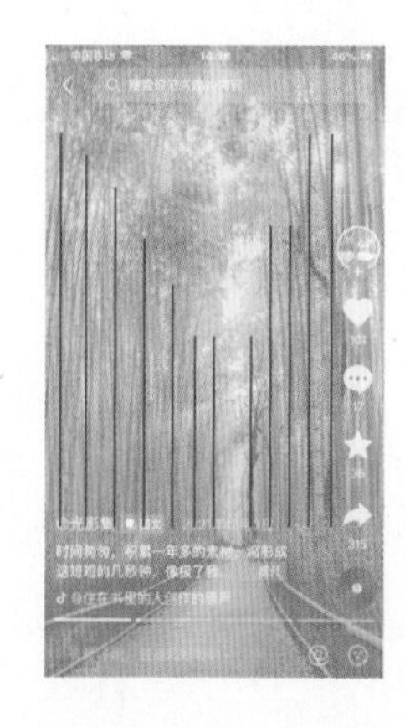

图 5-12

斜线构图

斜线构图能使画面产生动感，并沿着斜线的两端方向产生视觉延伸效果，增强画面的延伸感。另外，斜线构图打破了与画面边框相平行的均衡形式，与其产生势差，从而突出和强调斜线部分。

使用手机拍摄时握持姿势比较灵活，因此为了使画面中出现斜线，也可以斜着拿手机进行拍摄，使原本水平或者垂直的线条在手机屏幕的取景画面中变成一条斜线，如图 5-13 所示。

对称构图

对称构图是指画面中的两部分景物以某根线为轴，轴两侧的事物在大小、形状、距离和排列等方面相互平衡、对等的一种构图形式，如图 5-14 所示。

图 5-13

图 5-14

通常采用这种构图形式来表现拍摄对象上下（左右）对称的画面，有些对象本身就有上下（左右）对称的结构，如鸟巢、国家大剧院等就属于自身结构是对称形式的。因此，摄影中的对称构图实际上是对生活中对称美的再现。

还有一种对称式构图是由主体与反光物体中的虚像形成的，这种画面给人一种协调、平静和秩序感。

框式构图

框式构图是借助被摄物自身或被摄物周围的环境，在画面中制造出框形的构图形式，从而将观赏者的视点“框”在主体上，使其得到观赏者的特别关注，如图 5-15 所示。

“框”的选择主要取决于其是否能将观赏者的视点“框取”在主体物之上，而并不一定非得是封闭的框状，除了使用门、窗等框形结构，树枝、阴影等开放的、不规则的“框”也常常被应用到框式构图中。

透视牵引构图

透视牵引构图能将观赏者的视线及注意力有效地牵引、聚集在画面中的某个点或线上，形成一个视觉中心。它不仅对视线具有引导作用，还可大大加强画面的视觉延伸性，增强画面的空间感，如图 5-16 所示。

图 5-15

图 5-16

画面中相交的透视线条形成的角度越大，画面的视觉空间效果越显著，因此拍摄时的镜头视角、拍摄角度等都会对画面透视效果产生相应的影响。例如，镜头视角越广，越可以将前景更多地纳入画面中，从而加大画面最近处与最远处的差异对比，获得更大的画面空间深度。

曲线构图

S 形曲线构图是指通过调整拍摄的角度，使拍摄的景物在画面中呈现 S 形曲线的构图手法，如图 5-17 所示。由于画面中存在 S 形曲线，因此其弯曲所形成的线条变化能够使观众感到趣味无穷，这也正是 S 形构图照片的美感所在。

如果拍摄的题材是女性人像，可以利用合适的摆姿使画面中出现漂亮的 S 形曲线。

在拍摄河流、道路时，也常用 S 形曲线构图手法来表现河流与道路蜿蜒向前的感觉，如图 5-18 所示。

图 5-17

图 5-18

依据不同光线的方向特点进行拍摄

善于表现色彩的顺光

当光线照射方向与手机或相机拍摄方向一致时，这时的光线即为顺光，图 5-19 所示为顺光示意图，图 5-20 所示为在顺光下拍摄的视频画面。

顺光示意图

图 5-19

在顺光照射下，景物的色彩饱和度很高，拍出来的画面通透、颜色亮丽。

对多数视频创作新手来说，建议先从顺光开始练习拍摄，因为使用顺光能够降低出错的概率。

顺光可以拍出颜色亮丽的画面，因顺光面没有明显的阴影或投影，所以很适合拍摄女性，使女性脸上没有阴影，尤其是用手机自拍时，这种光线比较好掌握。

顺光也有不足之处，即顺光照射下的景物受光均匀，没有明显的阴影或者投影，不利于表现景物的立体感与空间感，画面比较呆板乏味。

为了弥补顺光的缺点，需要让画面层次更加丰富。例如，使用较小的景深突出主体；或者在画面中纳入前景来增加画面层次感；或者利用明暗对比的方式，即以深暗的主体景物搭配明亮的背景或前景，或者以明亮的主体景物搭配深暗的背景。

图 5-20

善于表现立体感的侧光

当光线照射方向与手机拍摄方向呈 90° 角时，这种光线即为侧光，图 5-21 所示为侧光示意图及示例效果。

侧光是风光摄影中运用较多的一种光线，这种光线非常适合表现物体的层次感和立体感。因为在侧光照射下，景物的受光面在画面上构成明亮的部分，而背光面形成暗部，明暗对比明显。

景物处在这种光照条件下，轮廓比较鲜明，纹理也很清晰，立体感强。用这个方向的光线进行拍摄最容易出效果，所以很多摄影爱好者都用侧光来表现建筑物、大山的立体感。

逆光环境的拍摄技巧

逆光是指从被摄景物背面照射过来的光，被摄主体的正面处于阴影中，而背面为受光面。图 5-22 所示为逆光示意图及示例效果。

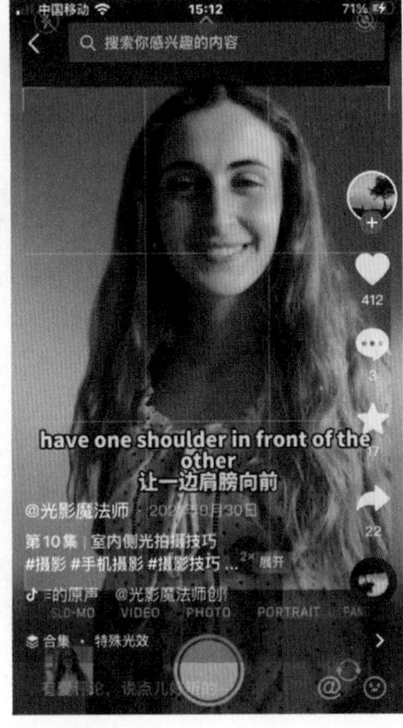

侧光示意图

图 5-21

逆光示意图

图 5-22

在逆光下拍摄景物，如果让主体曝光正常，较亮的背景则会过曝；如果让背景曝光正常，那么主体往往很暗，缺少细节，形成剪影。在逆光下拍摄剪影是最常见的拍摄方法。

考虑到拍摄视频的目的是“叙事”，因此拍摄没有细节的剪影并不适合。

在拍摄时无论是使用手机还是使用相机，要确保被拍摄主体曝光基本正常。此时，即使背景有过曝的情况，也是可以接受的。

如果需要拍摄剪影素材，测光位置应选择背景相对明亮的位置，点击手机屏幕中的天空部分即可。使用相机拍摄时，要对准天空较亮处测光，再按下曝光锁定按钮开始拍摄。

若想使剪影效果更明显，可以在手机或相机上减少曝光补偿。

依据光线性质表现不同风格的画面

用软光表现唯美风格的画面

软光实际上就是没有明确照射方向的光，如阴天、雾天、雾霾天的天空光，或者添加柔光罩的灯光等。

在这种光线下拍摄的画面没有明显的受光面、背光面和投影关系，在视觉上明暗反差小，影调平和，适合拍摄写实的画面，如图5-23所示。

图 5-23

在室内拍摄视频时，通常要使用有大面积柔光罩的灯具的原因也在于此。

拍摄人像时常用散射光表现女性柔和、温婉的气质和嫩滑的皮肤质感。

用硬光表现有力度的画面

当光线没有经过任何介质散射或反射，直接照射到被摄物体上时，这种光线就是硬光，其特点是明暗过渡区域较小，给人以明快的感觉，如图5-24所示。

直射光的照射会使被摄物体产生明显的亮面、暗面与投影，因而画面会表现出强烈的明暗对比，从而增强景物的立体感。

这种光线非常适合拍摄表面粗糙的物体，特别是在塑造被摄主体“力”和“硬”的气质时，可以发挥直射光的优势。

在室内拍摄视频时，要注意观察天气与拍摄场地，如果万里无云，并且在中午前后拍摄，则光线较硬，会使视频画面有明显的明暗对比。

图 5-24

如果在阴天或早上、傍晚时分拍摄，则光线会柔和许多。

如何用色彩渲染画面的情感

让画面更有冲击力的对比色

在色彩圆环上位于相对位置的色彩即为对比色，如图5-25所示。在一张照片中，如果同时出现具有对比效果的色彩，会使画面产生强烈的色彩对比，给人留下深刻的印象。

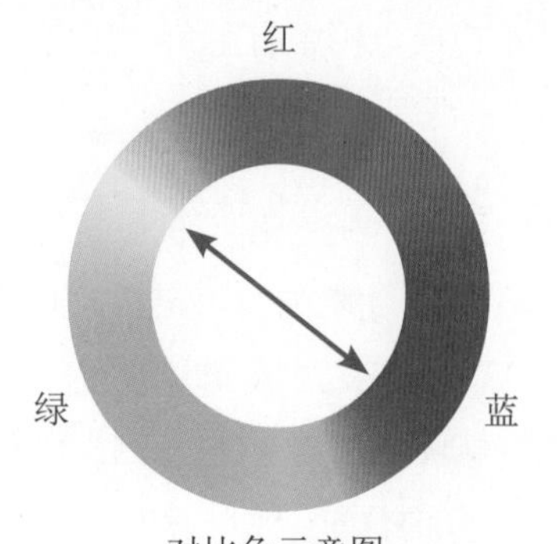

对比色示意图

图 5-25

无论是拍摄照片还是拍摄视频，通过色彩对比来突出主体是常用的手法之一。

无论是利用天然的、人工布置的，还是通过后期软件进行修饰，都可以通过明显的色彩对比突出主体对象。

在对比色搭配中，最明显也最常用的是冷暖对比。一般在画面中暖色会给人向前的感觉，冷色则给人后退的感觉，这两者结合在一起就会产生纵深感，并使画面具有视觉冲击力。

例如，在实际拍摄过程中，可以在以蓝色为主色调的场景中，安排黄色的被拍摄主体；在以青色为主色调的场景中，安排洋红色的被拍摄主体。

确保画面有主色调

无论是照片还是视频中的某一个静帧画面，都应该具有一种明显的色彩倾向，这种色彩即称为主色调，例如，画面可以整体偏蓝或偏红、偏暖或偏冷，如图 5-26 所示。

图 5-26

如同小说或电影中有主角、配角一样，如果一个画面中没有统一的有倾向性的主色调，画面就会显得杂乱无章，让观众的眼睛无所适从。

要让照片拥有主色调，可以按照下面的方法进行操作。

- 选择画面大部分具有同一色调的景物，如绿草地、蓝色的墙、黑色的衣服等。总之，只让一种颜色占据画面的绝大部分。
- 在某种有颜色的光线下进行拍摄，如在黄色、红色的灯光下拍摄，这样的光线具有染色的作用，能够使画面具有统一的光线色。
- 利用拍摄软件或后期处理软件中的滤镜，使画面具有某一种颜色。

第 6 章

实用运营技巧快速涨粉

抖音考查视频互动率的底层逻辑

视频互动率是指一条视频的完播率，以及评论、点赞和转发量。这些数据反映了观众对视频的喜好程度，以及与视频创作者的互动频次。

最直观的体现就是视频播放界面显示出来的各项数字，如图 6-1 所示。

图 6-1

很显然，像这样点赞量达到 223.5 万的视频，一定是播放量达到数千万的爆款视频，而新手发布的视频，各项数据基本为 200 ～ 500。

通过分析视频互动数据，各条视频的质量高下立现。

用 5 个方法提升视频完播率

认识视频完播率

如果希望一条视频获得更多的流量，必须关注完播率数据指标。那么，什么是完播率呢？

某条视频的完播率就是指“看完”这条视频的人占所有“看到”这条视频的人的比值。

随着短视频运营的精细化，关注不同时间点的完播率其实更为重要，如“5 秒完播率”“10 秒完播率”等。

将一条视频所有时间点的完播率汇总起来后，就会形成一条曲线，即“完播率曲线”。点击曲线上的不同位置，就可以显示当前时间点的完播率，即“看到该时间点的观众占所有观众的百分比”，如图 6-2 所示。

图 6-2

如果该条视频的"完播率曲线(你的作品)"整体处于"同时长热门作品"的完播率曲线(蓝色)上方，则证明这条视频比大多数热门视频都更受欢迎，自然也会获得更多的流量倾斜。相反，如果该曲线处于蓝色曲线下方，则证明完播率较低，需要找到完播率大幅降低的时间点，并对内容进行改良，争取留住观众，整体提升完播率曲线。

下面介绍 4 种提高视频完播率的方法。

缩短视频

对抖音平台而言，视频时间长短并不是判断视频是否优质的指标，长视频也可能是"注了水"的，而短视频也可能是满满的"干货"，所以视频时间长短对平台来说没有意义，完播率对平台来说才是比较重要的判断依据。

在创作视频时，10s 能够讲清楚的事情，能够表现清楚的情节，绝对不要拖成 12s，哪怕多 1s，完播率数据也可能会下降 1%。

因果倒置

所谓因果倒置，其实就是倒叙，这种表述方法无论是在短视频中还是在电影中都十分常见。

例如，很多电影刚开始就是一个气氛非常紧张的情节，例如某个人被袭击，然后采取字幕的方式将时间向回调几年或某一段时间，再从头开始讲述这件事情的来龙去脉。

在创作短视频时，同样可以使用这种方法。短视频刚开始时首先抛出结果，如图 6-3 所示的"一条视频卖出快 200 万元的货，抖音电商太强大了"。把这个结果（或效果）表述清楚以后，充分调动粉丝的好奇心，然后再从头讲述。

图 6-3

将标题写满

很多粉丝在观看视频时，并不会只关注画面，也会阅读这条视频的标题，从而了解这条视频究竟讲了哪些内容。

标题越短，粉丝阅读标题时所花费的时间就越少；反之，标题字数过多，就会让粉丝花费更多的时间。此时，如果制作的视频本身只有几秒钟，那么粉丝阅读完标题后，可能这条视频就已经播完了。由此可见，采用这种方法也能够大幅度提高完播率，如图 6-4 所示。

图 6-4

表现新颖

无论是现在正在听的故事还是正在看的电影，里面发生的事情可能在其他的故事或电影中已经听过或看过了。

那么为什么人们还会去听、去看呢？就是因为他们的画面风格是新颖的。

在创作一条短视频时，一定要思考是否能够运用更新鲜的表现手法或画面创意来提高视频完播率。

例如，图 6-5 所示即为通过一种新奇的方式来自拍，自然会吸引观众观看。

图 6-5

用 7 个技巧提升视频评论率

用观点引发讨论

在视频中提出观点，引导观众进行评论。例如，可以在视频中这样说：“关于某某某问题，我的看法是这样子的，不知道大家有没有什么别的看法，欢迎在评论区与我进行互动交流。”

在这里，要衡量自己带出的观点或自己准备的那些评论是否能够引起观众讨论。例如，在摄影行业，大家经常会争论摄影前期和后期哪个更重要，那么以此为主题做一期视频，必定会有很多观众进行评论。又例如，佳能相机是否就比尼康相机好？索尼的视频拍摄功能是否就比佳能强大？去亲戚家拜访能否空着手？女方是否应该收彩礼钱？结婚是不是一定要先有房子？中国与美国的基础教育谁更强？这些问题首先是关注度很高，其次本身也没有什么特别标准的答案，因此能够引起大家的广泛讨论。

利用“神评论”引发讨论

首先自己准备几条“神评论”，视频发布一段时间后，利用自己的小号发布这些“神评论”，引导其他观众在这些评论下进行跟帖交流。图 6-6 所示的评论获得了 10.3 万个点赞，图 6-7 所示的评论获得了 58.4 万个点赞。

图 6-6

图 6-7

在评论区开玩笑

在评论区开玩笑是指可以在评论区通过故意说错或算错，引发观众在评论区追评。

图 6-8 和图 6-9 所示的评论区，创作者发表 100×500=50 万的评论，引发了大量追评。

卖个破绽诱发讨论

另外，创作者也可以在视频中故意留下一些破绽。例如，故意拿错什么、故意说错什么或故意做错什么，从而留下一些能够让观众吐槽的点。

因为绝大部分粉丝都以能够为视频纠错而感到自豪，这是证明他们能力的一个好机会。当然，这些破绽不能影响视频主体的质量，包括 IP 人设。

如图 6-10 所示的视频，由于透视问题引起了很多观众的讨论。

如图 6-11 所示的视频，主播故意将“直播间”说成了“直间播”，引发观众在评论区讨论。

图 6-8

图 6-9

图 6-10

图 6-11

在视频里引导评论分享

在视频里引导评论分享是指在视频里通过语言或文字引导观众将视频分享给自己的好友观看。

图 6-12 和图 6-13 所示为一个美容灯的视频评论区，可以看到大量粉丝 @ 自己的好友。

图 6-12

图 6-13

这条视频也因此获得了高达4782条评论、19 万个点赞与 4386 次转发，数据可谓爆表。

在评论区发“暗号”

在评论区发“暗号”是指在视频里通过语言或文字引导粉丝在评论区留下“暗号”。如图 6-14 所示的视频要求粉丝在评论区留下软件名称“暗号”；图 6-15 所示为粉丝在评论区发的“暗号”。

图 6-14

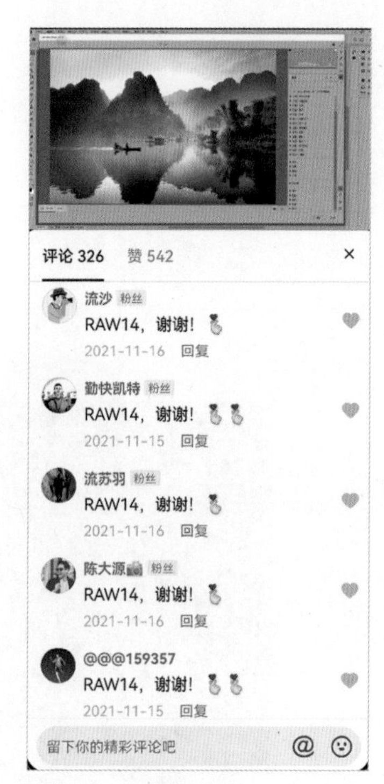

图 6-15

使用此方法不仅获得了大量评论，而且还收集了后续可进行针对性精准营销相关课程的用户信息，可谓一举两得。

在评论区刷屏

创作者也可以在评论区内发布多条评论，如图 6-16 所示。

这种方法有 3 个好处。

（1）自己发布多条评论后，在视频浏览页面评论数就不再是 0，具有吸引粉丝点击评论区的作用。

（2）发布评论时要针对不同的人群进行撰写，以覆盖更广泛的人群。

（3）可以在评论区写下在视频中不方便表达的销售或联系信息，如图 6-17 所示。

图 6-16

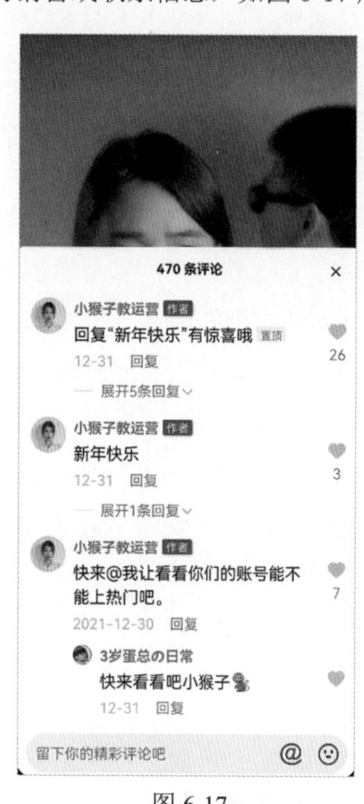

图 6-17

利用疯传 5 大原则提升转发率

什么是视频流量的发动机

任何一个平台的任何自媒体内容，要获得巨量传播，观众的转发可以说是非常重要的助推因素，是内容流量的发动机。

例如，对于以文章为主要载体的公众号来说，阅读者是否会将文章转发到朋友圈，可以决定这个公众号的文章是否能获得“10 万 +”的点赞量，以及涨粉速度是否快。

对于以视频为载体的抖音平台来说，观众是否在视频评论区 @ 好友来观看，以及是否下载这条视频转发给朋友，决定了视频能否获得更多流量，以及能否被更多人看见。

单纯地从传播数据来看，自媒体内容优化标题、内容、封面的根本出发点之一是获得更高的转发率。

什么决定了转发率

为什么有些视频的转发率很高，有些视频则没有几个人转发？这个问题的答案是，媒体内容本身造成了转发率有天壤之别。

无论出于什么样的目的，被转发的永远是

内容本身，所以每一个媒体创作者在构思内容、创作脚本时，无论是以短视频为载体，还是以文字为载体，都要先问自己一个问题："如果我是读者（观众），是否会把这条视频（这篇文章）转发到我的朋友圈，推荐给我的同事或亲朋好友？"

只有在得到肯定的答案后，才值得花更多的时间去进行深度创作。

大众更愿意转发什么样的内容

除了抒发自己的所思所想，每一个创作者的创作内容都是发给大家看的，因此，必须考虑这些人是否会转发自己的内容，以及创作什么样的内容别人才更愿意转发。

关于这个问题的答案，在不同的时代及社会背景下可能有所不同。但也有一些共同原则，沃顿商学院的教授乔纳·伯杰在他的图书《疯传》中列举了一些原则，依据这些原则来创作内容，大概率能获得更高的传播率。

1 让内容成为社交货币

如果将朋友圈当成社交货币交易市场，那么每个人分享的事、图片、文章、评论都会成为衡量这个社交货币价值的重要参数。朋友们能够通过这个参数，对这个人的教养、才识、财富、阶层进行评估，继而得出彼此之间的一种对比关系。

这也是为什么社会上有各种组团AA制，在各大酒店拍照、拍视频的"名媛"。

又例如，当你分享的视频内容是"看看那些被塑料袋缠绕而变得畸形的海龟、被锁住喉咙的海鸟，这都是人类一手造成的。从我做起，不用塑料袋。"大家就会认为你富有爱心，有环保意识。

当你不断分享豪车、名包，大家在认为你有钱的同时，也会认为你的格调不高。

粉丝看到我们创作的内容并判断在分享了这些内容后，能让别人觉得自己更优秀、与众不同，那么这类选题就是值得挖掘的。

2 让内容有情绪

有感染力的内容经常能够激发人们的即时情绪，这样的内容不仅会被大范围谈论，更会被大范围传播，所以需要通过一些情绪事件来激发人们分享的欲望。

研究表明，如果短视频能引发人们5种强烈的情绪：惊奇、兴奋、幽默、愤怒、焦虑，都比较容易被转发。

其中比较明显的是幽默情绪，在任何短视频平台，能让人会心一笑的幽默短视频，比其他类型的短视频至少高35%的转发率。

在所有短视频平台，除了政府大号，幽默搞笑垂直细分类型的账号粉丝量最高。

需要注意的是，这类账号的变现能力并不强。

3 让内容有正能量

国内所有短视频平台对视频的引导方向都是正向的，例如，抖音的宣传口号就是"记录美好生活"，所以正能量内容的视频更容易获得平台的支持与粉丝的认可。

例如，2021年大量关于鸿星尔克的短视频，轻松就能获得几十万甚至过百万的点赞与海量转发，如图6-18所示，就是因为这样的视频是积极的、带有正能量的。

4 让内容有实用价值

"这样教育出来的孩子，长大了也会成为巨婴。""如果重度失眠，不妨听听这三首歌，相信你很快就会入睡。"看到这样的短视频内容，是不是也想马上转发给身边的朋友？要想提高转发率，一个常用的方法就是视频中要有"干货"。

图 6-18

⑤ 让内容有普遍价值

普遍价值泛指那些不分地域，超越宗教、国家、民族，任何有良知与理性的人都认同的理念，例如，爱、奉献、不能恃强凌弱等。

招商银行曾经发布一条标题为“世界再大，大不过一盘番茄炒蛋”的视频，获得过亿播放量与评审团大奖，如图 6-19 所示，就是因为这条视频有普遍价值。视频的内容是一位留学生初到美国，参加一个聚会，每个人都要做一道菜。他选择了最简单的番茄炒蛋，但还是搞不定。于是，他向远在中国的父母求助。父母拍了做番茄炒蛋的视频指导他，因此下午的聚会很成功。他突然意识到，现在是中国的凌晨，父母为了自己，深夜起床，进厨房做菜。

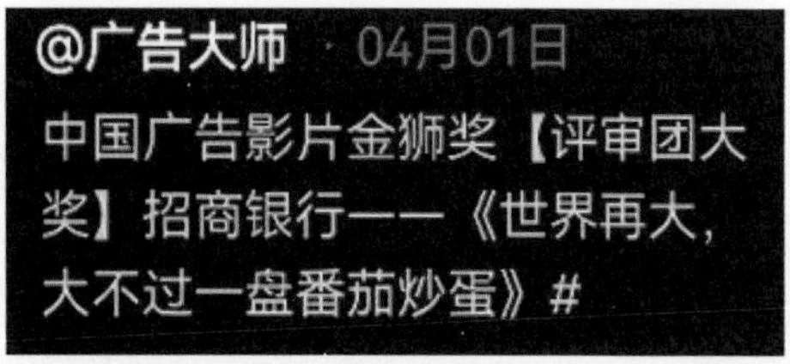

图 6-19

很多人都被这条视频打动，留言区一片哭泣的表情符号。

发布视频的 4 大技巧

发布视频时位置的添加技巧

发布视频时选择添加位置有两点好处。

第一，如果创作者有实体店，可以通过视频为线下的实体店引流，增加同城频道的曝光机会。

第二，通过将位置定位到粉丝较多的地域，可以提高粉丝观看到该视频的概率。例如，通过后台分析发现自己的粉丝多是广东省的，在发布视频时，可以定位到广东省某一个城市的某一个商业热点区域。

在手机端发布视频，可以在“你在哪里”选项内直接输入需要定位的位置。

在计算机后台发布视频，可以在“添加标签”下选择“位置”选项，并输入希望定位的新位置，如图 6-20 所示。

是否开启保存选项

如果没有特别的原因，不建议关闭“允许他人保存视频”选项，因为下载数量也是视频是否优质的一个重量考量数据。计算机端的设置如图 6-21 所示。

图 6-20

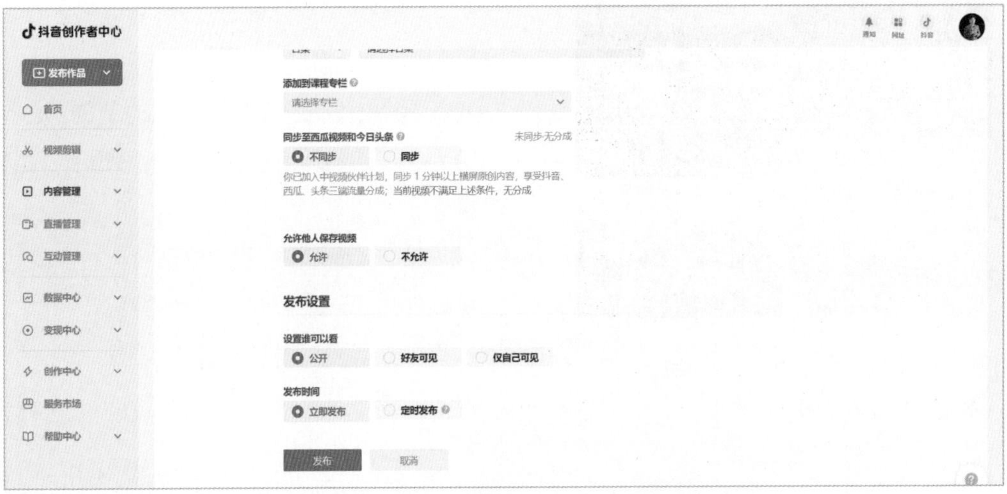

抖音创作者中心
发布作品
首页
视频剪辑
内容管理
直播管理
互动管理
数据中心
变现中心
创作中心
服务市场
帮助中心
添加到课程专栏
请选择专栏
同步至西瓜视频和今日头条
未同步·无分成
不同步
同步
你已加入中视频伙伴计划，同步 1 分钟以上横屏原创内容，享受抖音、西瓜、头条三端流量分成；当前视频不满足上述条件，无分成
允许他人保存视频
允许
不允许
发布设置
设置谁可以看
公开
好友可见
仅自己可见
发布时间
立即发布
定时发布
发布
取消

图 6-21

需要注意的是，在手机端发布视频时需要点击“高级设置”按钮，如图 6-22 所示。

再关闭“允许下载”开关，如图 6-23 所示。

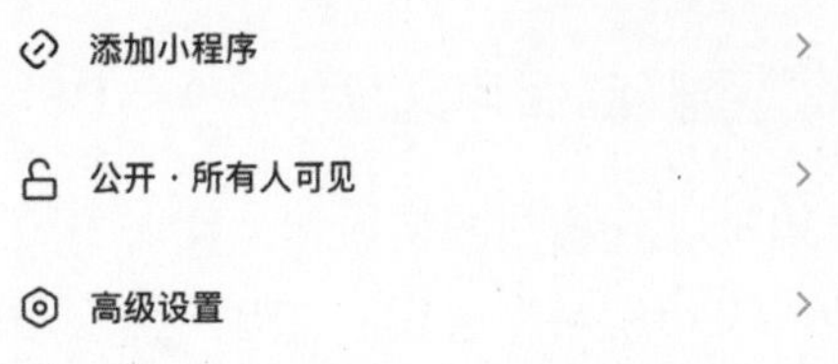

添加小程序

公开 · 所有人可见

高级设置

图 6-22

图 6-23

同步发布视频的技巧

如果已经开通了今日头条与西瓜视频账号，可以在抖音计算机端发布视频时同步到这两个平台，从而使一条视频能够获得更多的流量，如图 6-24 所示。

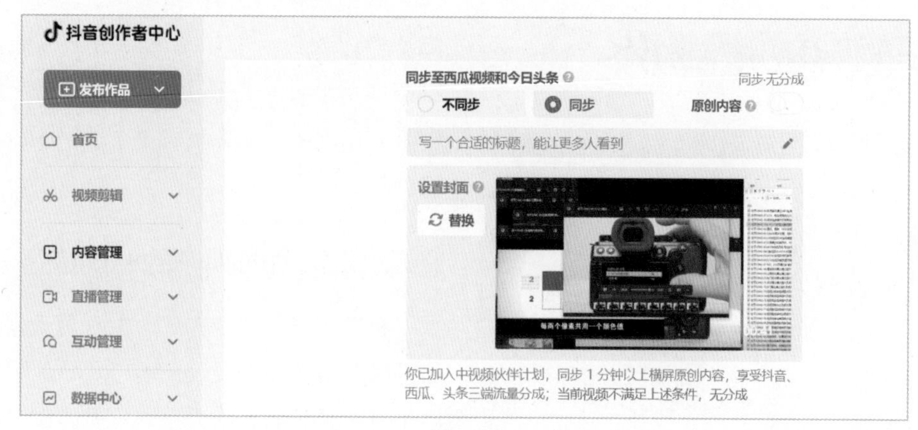

图 6-24

尤其值得一提的是，如果发布的是横画幅的视频，而且时长超过了 1min，那么在发布视频时，如果同步到了这两个平台，还可以获得额外的流量收益。

目前，在手机端已经没有同步发布视频的功能了。

定时发布视频的技巧

如果运营的账号有每天发布视频的要求，而且有大量可供使用的视频，建议使用计算机端的“定时发布”视频功能，如图 6-25 所示。

图 6-25

发布视频的时间可以设定为2h后至7天内。

需要注意的是，手机端不支持定时发布。

找到发布视频的最佳时间

相信读者已经发现了，同一类视频，质量也差不多，在不同的时间发布，其播放、点赞、评论等数据均会有很大的差异。这也从侧面证明了，发布时间对于一条视频的流量是有较大影响的。那么，何时发布视频才能获得更高的流量呢？下面从周发布时间和日发布时间两方面进行分析。

从每周发布视频的时间进行分析

如果可以保证稳定的视频输出，当然最好从周一到周日每天都能发布一条甚至两条视频。但作为个人短视频制作者，这样的视频制作量是很难实现的，因此就需要在一周的时间中有所取舍，在一周中流量较低的那一天可以选择不发或少发视频。

笔者研究了粉丝数量在百万以上的抖音号在一周中发布视频的规律，总结出以下3点经验。

- 周一发布视频频率较低。究其原因，是周一大多数人会开始准备一周的新工作，经过周末的放松后，对娱乐消遣的需求降低。这也是许多公园、博物馆在周一闭馆的原因。
- 周六、周日发布视频频率较高。这是由于大多数人在周末有更多的时间消遣，抖音打开率较高。
- 周三也适合发布视频。经过对大量抖音号发布的频率进行整理后，笔者意外发现很多大号也喜欢在周三发布视频。这可能是因为周三作为工作日的中间点，很多人会觉得过了周三，离休息日就不远了，导致流量也会升高。

需要特别指出的是，这一规律只适合大部分粉丝定位于上班族的账号。如果账号定位是退休人员、全职宝妈、务农人员，则需要按本章后面讲解的视频分析方法，具体分析自己在哪一天发布视频会得到更多的播放量。

从每天发布视频的时间进行分析

相比每周发布视频的时间，每天发布视频的时间其实更为重要。因为在一天的不同时段，用手机刷视频的人数有很大区别。经过笔者对大量头部账号每天发布视频的时间进行分析，总结了以下几点经验。

- 发布视频的时间主要集中在17点～19点，大多数头部抖音账号都集中在17点～19点这一时间段发布视频。其原因在于抖音中的大部分用户都是上班族。而上班族每天最放松的时间就是下班后坐在地铁上或公交车上的时间。此时很多人都会刷一刷抖音上那些有趣的短视频，缓解一天的疲劳。
- 11点～13点也是不错的发布视频的时间。强调一点，抖音上大部分创作者都在17点～19点发布视频，所以相对来说，其他时间段的视频发布量都比较少。但11点～13点这个时间段也算是一个小高峰，会有一些创作者选择在这个时间段发布视频。这个时间段同样是上班族休息的时间，可能有一部分人利用碎片时间刷一刷短视频。
- 20点～22点更适合教育类、情感类、美食类账号发布视频。17点～19点虽然看视频的人多，但大多数都是为了休闲放松。而吃过晚饭后，一些上班族为了提升自己，就会看一些教育类的内容，而且家中的环境也比较安静，更适合学习。晚上也是很好的个人情绪整理时间，因此情感类账号的创作者在此时间段发布视频非常适合。至于美食类账号创作者，则特别适合在22点左右发布视频，因为这是传统的宵夜时间。

用合集功能提升播放量

创作者可以将内容相关的视频做成合集，这样无论用户从哪一条视频进来，都会在视频的下方看到合集的名称，从而进一步点开合集查看合集内的所有视频，如图6-26和图6-27所示。

图6-26

图6-27

这就意味着，每发一期新的视频都有可能带动合集中所有视频的播放量。

要创建合集，必须在计算机端进行操作，下面进行介绍。

在计算机端创作服务平台的管理后台，单击左侧“内容管理”中的“合集管理”按钮，进入合集管理页面，单击右上角的红色“创建合集”按钮。

根据提示输入合集的名称及介绍，并且将视频加入合集后即可完成，如图6-28所示。

图 6-28

利用重复发布引爆账号的技巧

这里的重复发布不是指发布完全相同的视频，而是指使用相同的脚本或拍摄思路，每天重复拍摄、大量发布。

例如，账号“牛丸安口”的创作者每天发布的视频只有两种，一种是边吃边介绍，另一种是边做边介绍，然后通过视频进行带货销售，如图 6-29 所示。

这样的操作模式看起来比较机械、简单，也没有使用特别的运营技巧，但创作者硬是以这样的方式发布了 15 000 多条视频，创造了销售 121 万件的好成绩，如图 6-30 所示。

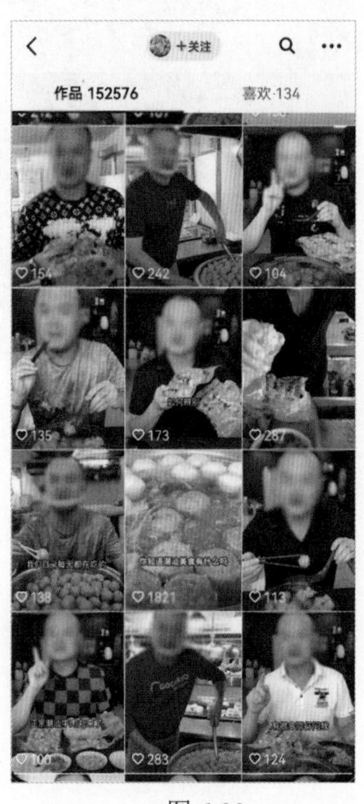

图 6-29　　图 6-30

图 6-31 所示的是另一个账号“@ 蓝 BOX 蹦床运动公园”，其创作者使用的拍摄手法也属于简单重复的类型，甚至视频都没有封面与标题，但也获得了 133 万粉丝，并成功地将这个运动公园推到了好评榜第 5 名的位置，如图 6-32 所示。

图 6-31

图 6-32

通过这两个案例可以看出，对部分创作者来说，经过验证的脚本与拍摄手法，是可以无限次使用的。

理解抖音的消重机制

什么是抖音的消重机制

抖音的消重机制是指创作者发布视频后，抖音通过一定的数据算法，判断这条视频与平台现有的视频是否存在重复。

如果这条视频与平台中已经存在的某条视频重复比例或相似度非常高，就容易被判定为“搬运”，这样的视频得到的推荐播放数量很低。

消重机制首先是为了保护视频创作者的原创积极性与版权，其次是为了维护整个抖音生态的健康度。如果用户不断刷到内容重复的视频，对这个平台的认可度就会大大降低。

抖音消重有几个维度，包括视频的标题、画面、配音及文案。

其中，比较重要的是视频画面比对，即通过对比一定比例的两个或多个视频画面来判断这些视频是否是重复的，视频消重涉及非常复杂的算法，不在本书的讨论范围之内，有兴趣的读者可以搜索视频消重相关文章介绍。

如果一条视频被判定为“搬运”，那么就会显示如图 6-33 所示的审核意见。

需要特别注意的是，由于算法是由计算机完成的，因此有一定的误判概率，如果创作者确定视频为原创，可以进行申诉。

图 6-33

应对抖音消重的两个实用技巧

网络上有大量视频消重处理软件，可以通过镜像视频、增加画面边框、更换背景音乐、叠加字幕、抽帧、改变视频码率、增加片头片尾、改变配音音色、缩放视频画面、改变视频画幅比例等技术手段，应对抖音的消重算法。

如果不是运营着大量的矩阵账号或通过搬运视频赚快钱，那么还是建议以原创视频为主。

对新手来说，可能需要大量视频试错，培养抖音的运营经验。

笔者提供两个能够应对抖音消重机制的视频制作思路。

（1）在录制视频时采用多机位录制。例如，用手机拍摄正面，用相机拍摄侧面。这样一次就可以得到两条画面完全不同的视频。注意，在录制时要使用 1 拖 2 无线麦克风。

（2）绝大多数人在录制视频时，不可能一次成功，基本上都要反复录制多次，可以通过后期，将多次录制的素材视频混剪成为不同的视频。

抖音官方后台视频数据的分析方法

对于自己账号的情况，通过抖音官方计算机端后台即可查看详细数据，从而对目前视频的内容、宣传效果及目标受众具有一定的了解。同时，还可以对账号进行管理，并通过官方课程提高运营水平。下面介绍如何登录抖音官方后台。

（1）在百度中搜索“抖音”，单击带有“官方”标志的超链接即可进入抖音官网，如图 6-34 所示。

图 6-34

（2）单击抖音首页上方的“创作服务平台”按钮。

（3）登录个人账号后，即可直接进入计算机端后台，如图 6-35 所示。默认打开的界面为后台首页，通过左侧的选项栏可选择各项目进行查看。

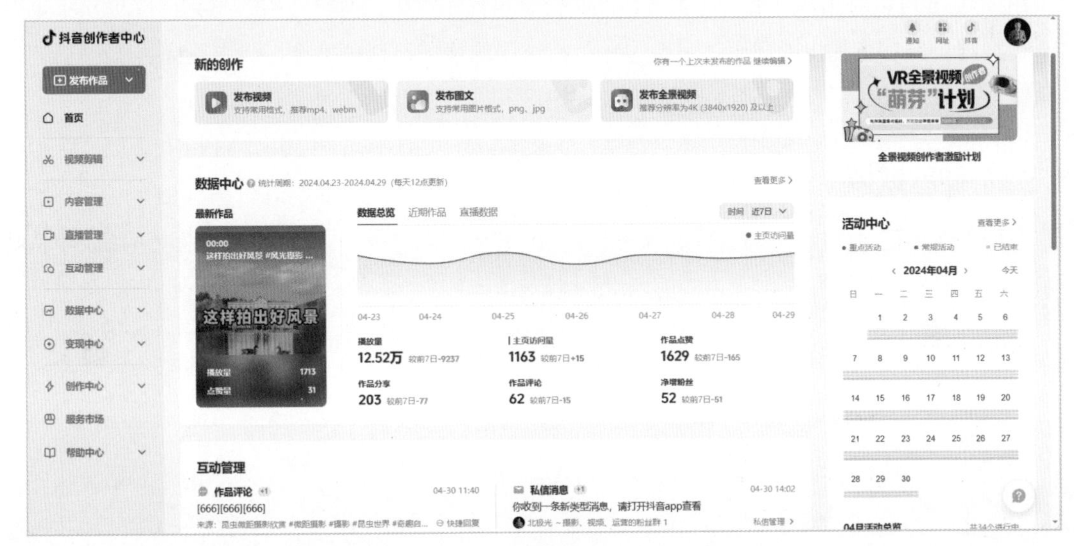

图 6-35

了解账号的昨日数据

在首页中的“数据总览”一栏，可以查看昨日的视频相关数据，包括播放量、主页访问数、作品点赞数、作品分享量、作品评论数、净增粉丝数 6 项数据。

通过这些数据，可以快速了解昨日所发布视频的质量。如果昨日没有新发布的视频，则可以了解已发布视频带来的持续播放与粉丝转化等情况。

从账号诊断找问题

在左侧的功能栏中单击“数据中心”中的“经营分析”按钮，可以显示如图 6-36 所示的界面。

从这里可以看到抖音官方给出的，基于创作者最近 7 天上传视频所得数据的分析诊断报告及提升建议。

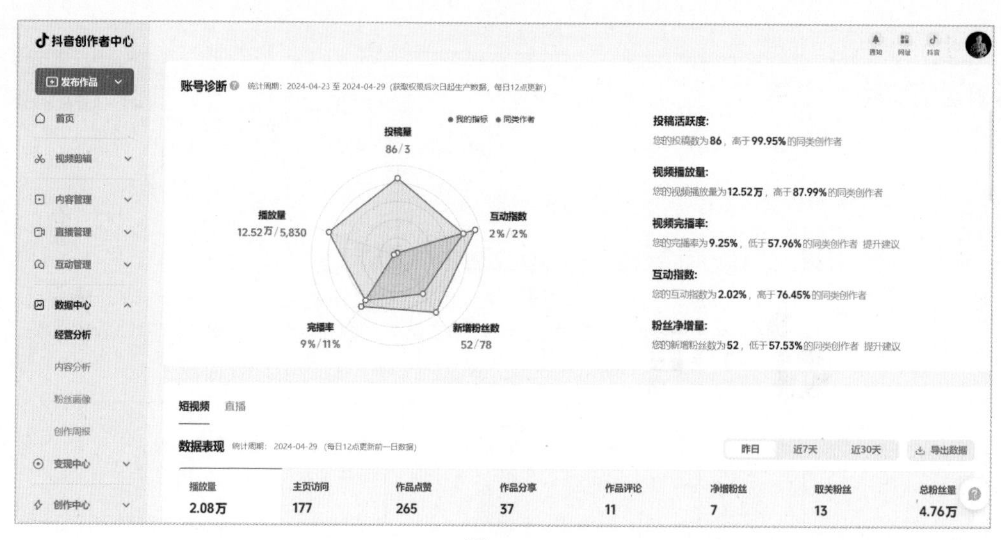

图 6-36

由图 6-36 可以看出，对于当前账号，投稿数量虽然不算低，但互动指数与完播率仍显不足。

可根据抖音官方提出的建议“作品的开头和结尾的情节设计很关键，打造独特的‘记忆点’，并且让观众多点赞、留言。另外，记得多在评论区和观众互动哦”来优化视频。

分析播放数据

在“数据表现”模块，可以昨日、近 7 天和近 30 天为周期，查看账号的整体播放数据，如图 6-37 所示。

图 6-37

如果视频播放量曲线整体呈上升趋势，证明目前视频内容及形式符合部分观众的需求，保持这种状态即可。

如果视频播放量曲线整体呈下降趋势，则需要学习相似领域头部账号的内容制作方式，并在此基础上寻求自己的特点。

如果视频播放量平稳，没有突破，表明创作者需要寻找另外的视频表现形式。

分析互动数据

在“数据表现”模块，可以把昨日、15 天和 30 天作为周期，查看账号的“作品点赞”“作品分享”“作品评论”数据，如图 6-38 ~ 图 6-40 所示，从而客观地了解观众对近期视频的评价。

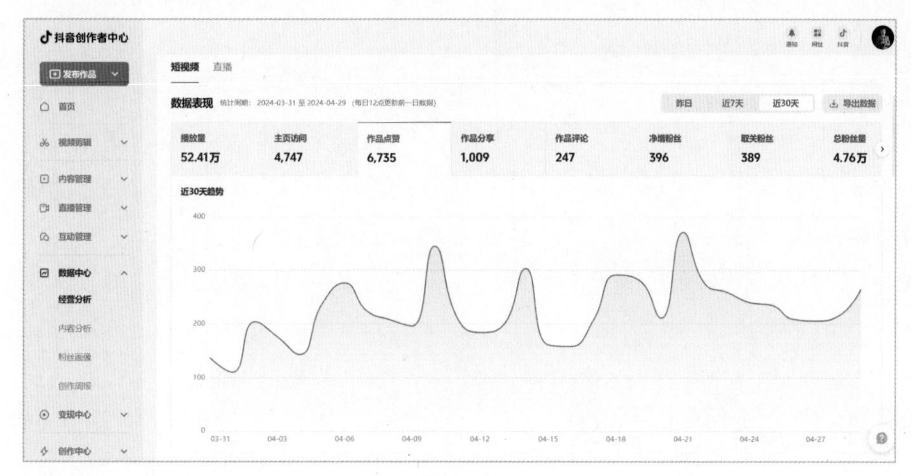

图 6-38

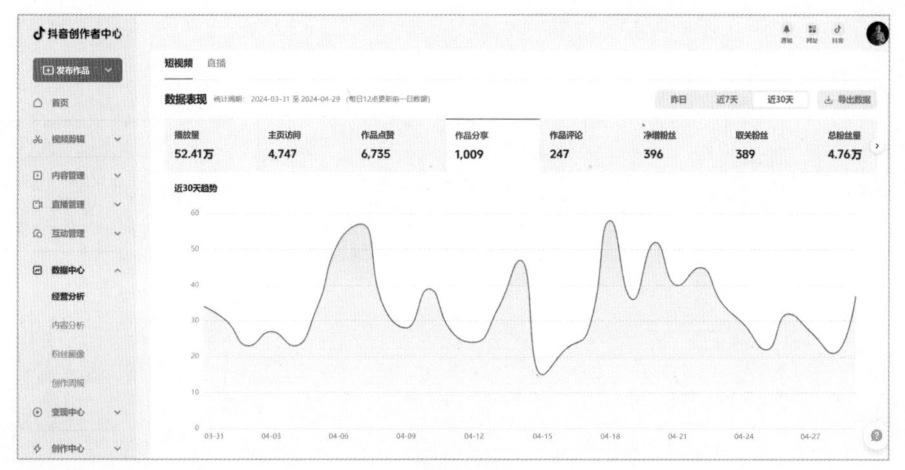

图 6-39

图 6-40

在这3个互动数据指标中，“作品分享”参考价值最高，“作品点赞”参考价值最低。

对粉丝来说，分享的参与度较高，能够被分享的视频通常是对粉丝有价值的。而点赞操作因为过于容易，所以从数值上来看，往往比其他两者高。

从数据来看，粉丝净增量与分享量相近，而与点赞数量相去较远。这也证明有价值的视频才更容易被分享，也更容易吸粉，所以本书中关于提升视频价值的内容值得每一位创作者深入研究。

利用作品数据分析单一视频

如果说“数据总览”重在分析视频内容的整体趋势，那么“作品数据”就是用来对单一视频进行深度分析的。

在页面左侧单击“作品数据”按钮，显示如图6-41所示的数据分析页面。

近期作品总结

单击“数据分析”的“内容分析”按钮，在“投稿分析”中可以选择作品的体裁和“发布时间”总结作品。

可以在“投稿概览”中看到选定作品体裁和特定时间段的作品概况。

在“投稿表现”中，可以看到视频的播放量、5s完播率、2s跳出率、平均播放时长情况，单击柱状图可以查看视频封面，如图6-42～图6-45所示。

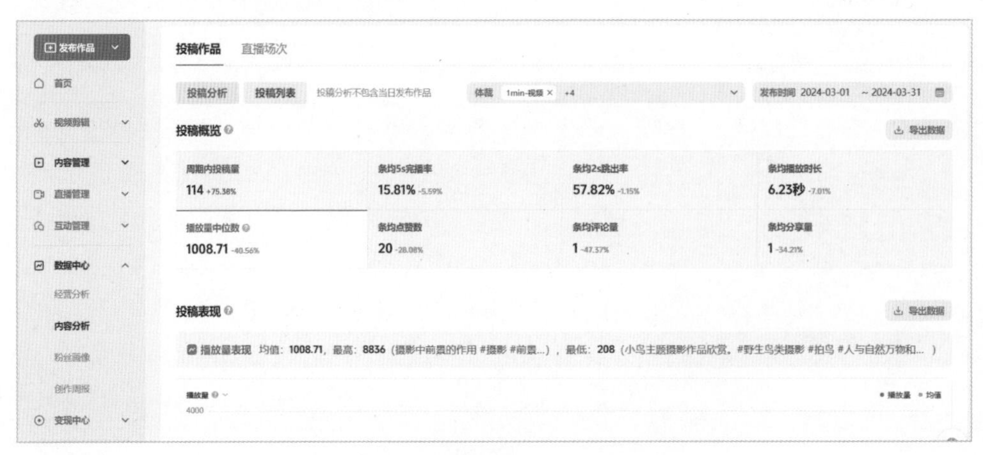

图6-41

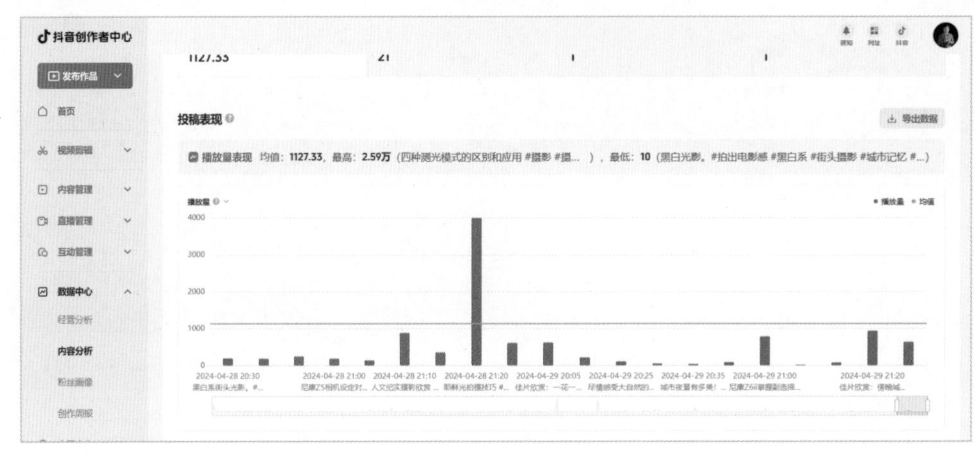

图6-42

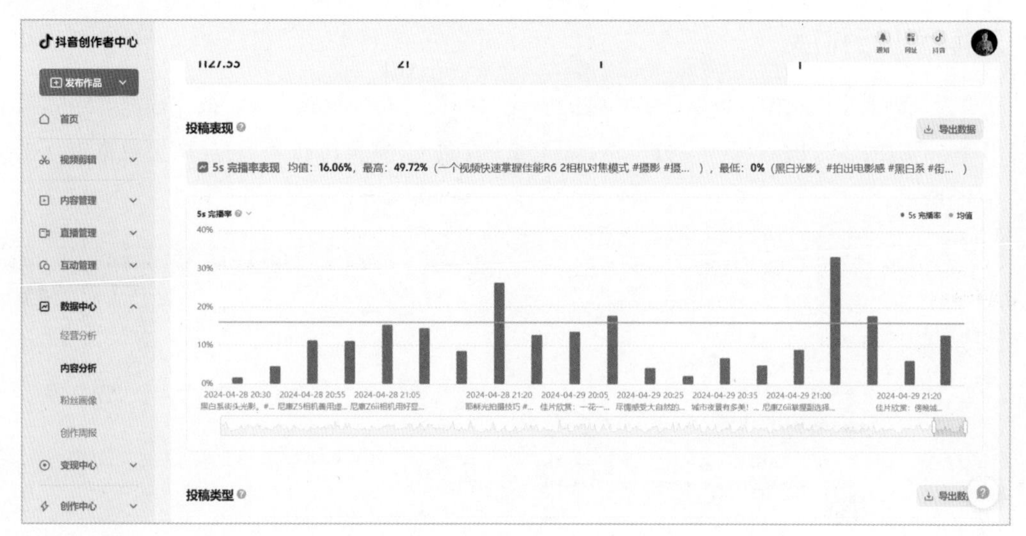

图 6-43

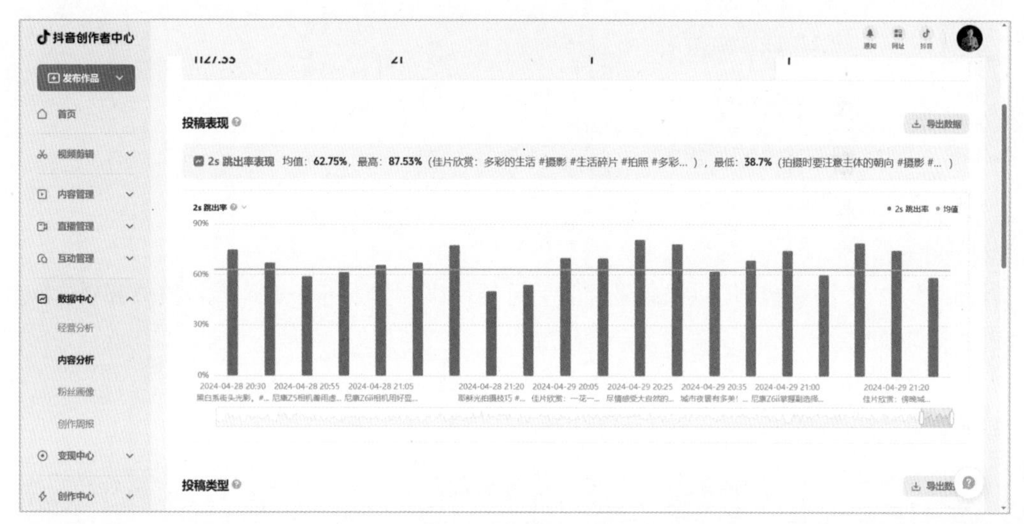

图 6-44

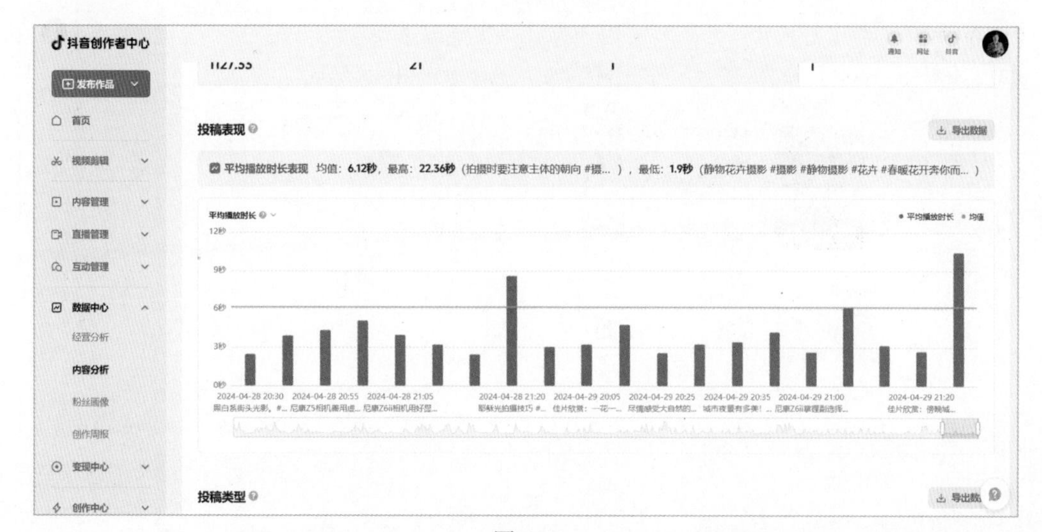

图 6-45

对作品进行排序

在“投稿列表”模块中，可以选定体裁和特定时间段发布的视频作品，按完播率、5s 完播率、2s 跳出率、平均播放时长、点赞量、分享量、评论量、收藏量、主页访问量、粉丝增量数据进行排序，如图 6-46 所示。

图 6-46

以便创作者从中选择出优质视频进行学习总结，或者作为抖音千川广告投放物料、DOU+广告投放吸粉视频。

查看单一作品数据

在“投稿列表”模块中，选择需要进一步分析的视频，单击表格右侧“分析详情”按钮，显示如图 6-47 所示的界面。

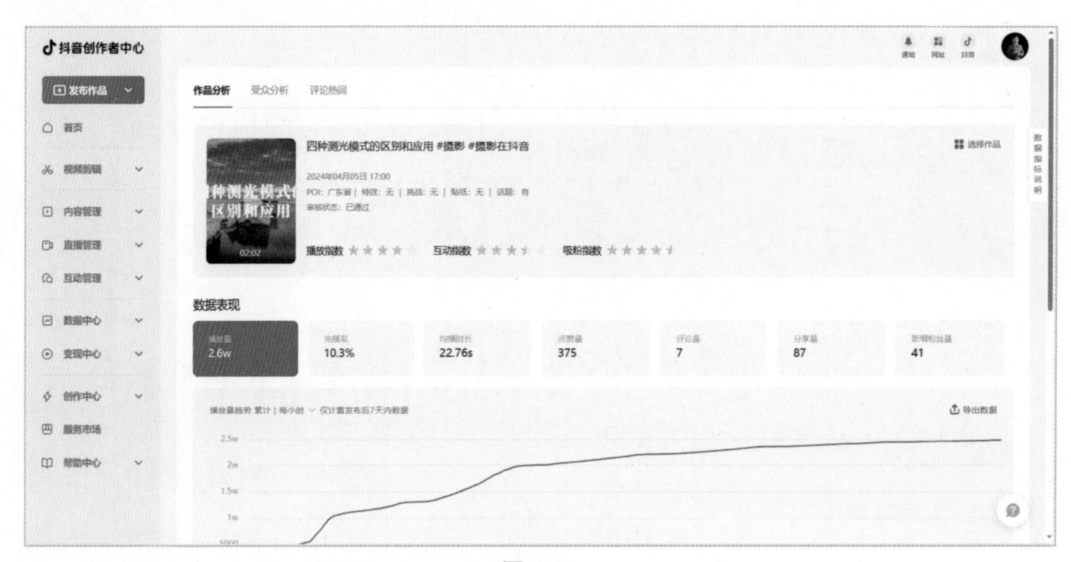

图 6-47

在其中可以进一步分析播放量、完播率、均播时长、点赞量、评论量、分享量、新增粉丝量等数据。

在“播放量趋势”模块中，建议选择“新增”或“每天”选项，如图 6-48 所示，以直观地分析当前视频在最近一段时间的播放情况。多观察此类图表，有助于对视频的生命周期有更进一步的理解。

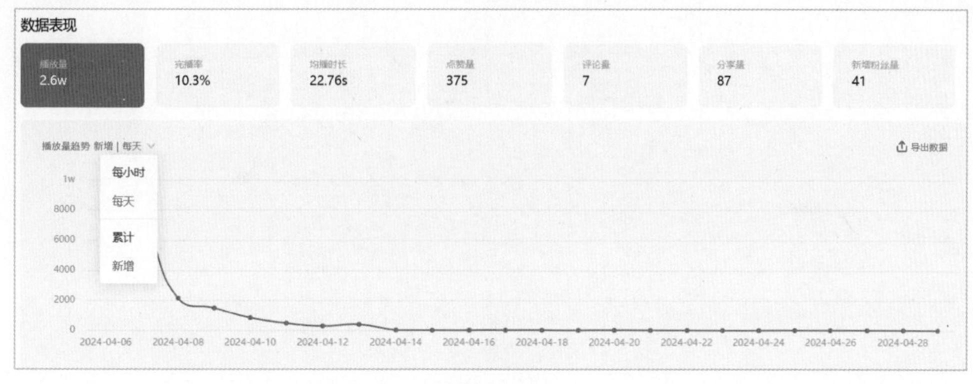

图 6-48

向下拖动页面，可看到如图 6-49 所示的“观看分析”图表，分析当前视频的观众跳出情况。

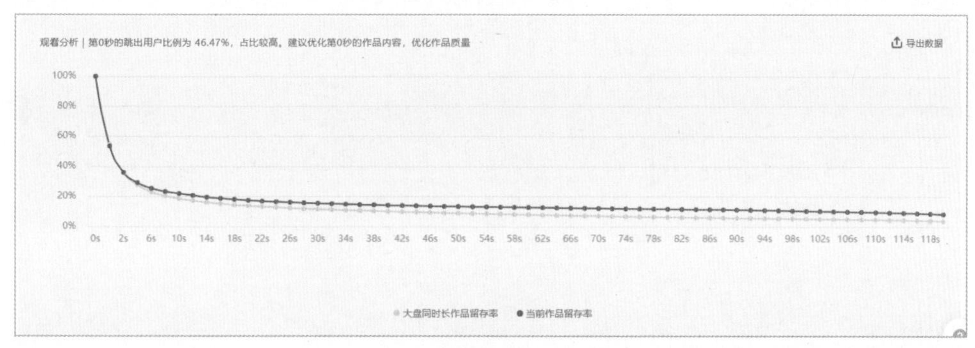

图 6-49

需要指出的是，虽然系统提示“第 2 秒的跳出用户比例为 15.01%，占比较高。建议优化第 2 秒的作品内容，优化作品质量”，但实际上，这个跳出率并不算高。这里显示的系统提示，只是一个以红色“秒数”为变量而自动生成的提示语句，实际参考意义不大。

只有当第 2 秒的跳出用户比例超过 50%，并且曲线起伏幅度较大时，此曲线才有一定的参考意义。

通过“粉丝画像”更有针对性地制作内容

作为视频创作者，除了需要了解内容是否吸引人，还需要了解吸引到了哪些人，从而根据主要目标受众，有针对性地优化视频。

通过“创作服务平台”中的“粉丝画像”模块，可以对粉丝的性别、年龄、所在地域及观看设备等数据进行统计，以便创作者了解视频的粉丝都是哪些人。

单击页面左侧的“粉丝画像”按钮，显示如图 6-50 所示的页面。

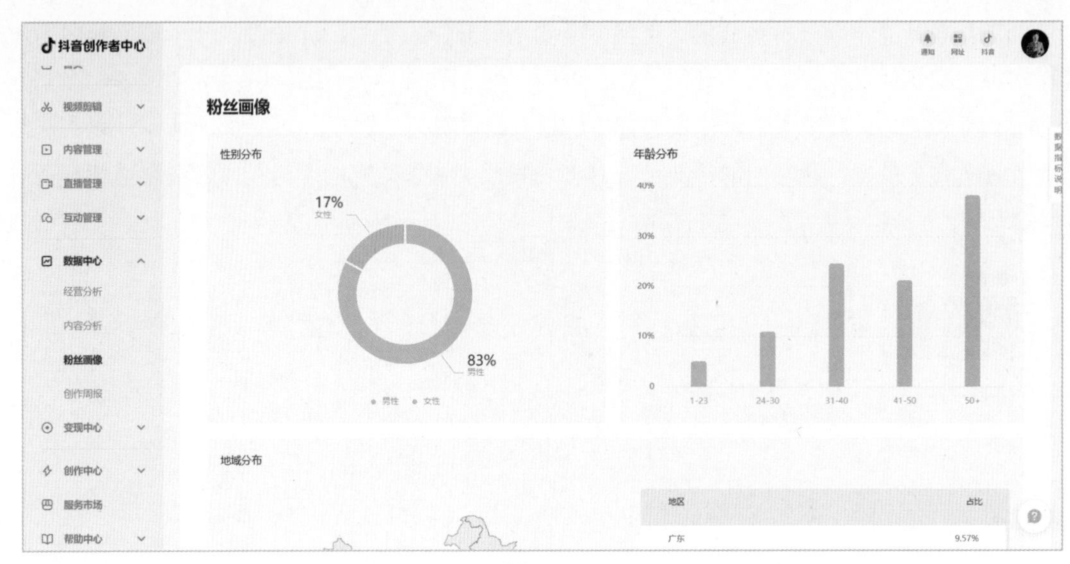

图 6-50

地域分布数据

通过地域分布数据，可以了解粉丝大多处于哪些省份，如图 6-51 所示，从而避免在视频中出现主要受众完全不了解或没兴趣的事物。

图 6-51

以图 6-51 为例，此账号的主要粉丝在广东、江苏、四川、山东、北京等地。

发布视频时，首先要考虑地理位置可以定位在上述地区。其次，视频中涉及的内容要考虑上述地区的天气、人文等特点。如果创作者与主要粉丝的聚集地有时差，也要考虑到。

性别与年龄数据

从图 6-50 中可以看出，此账号的受众主要为中老年男性。因为在性别分布中，男性观众占据了 83%。在年龄分布中，31 ～ 40 岁、41 ～ 50 岁及 50 岁以上的观众加在一起，其数量接近 85%。

因此，在制作视频内容时，就要避免使用过于流行、新潮的元素，因为中老年人往往对这些事物不感兴趣，甚至有些排斥。

通过手机端后台对视频相关数据进行分析

每一个优秀的内容创作者都应该是一个优秀的数据分析师，通过分析整体账号及单一视频的数据为下一步创作找准方向。

本节讲解如何通过手机端查找单一视频的相关数据及分析方法。

找到手机端的视频数据

在手机端查看视频数据的方法非常简单。

浏览想要查看数据的视频，点击界面下方的“数据分析”按钮，如图 6-52 所示。进入如图 6-53 所示页面即可进入查看作品数据详情。

图 6-52

图 6-53

查看视频概况

在“作品数据详情”选项卡中可以快速了解视频相关数据概况，不仅能够看到如图 6-53 所示的播放分析，还能看到互动分析和观众分析，如图 6-54 和图 6-55 所示。

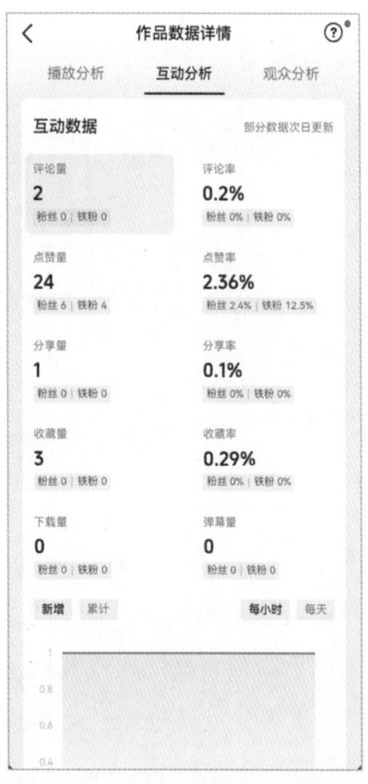

图 6-54

图 6-55

在这里需要特别关注两个数据。第一个是5s完播率，这个数据表明，无论视频时长有多长，5s完播率都是抖音重点考核的数据之一，创作者一定要想尽各种方法确保自己的视频在5s之内观众能留下来。

第二个是脱粉量，这个数值越高，代表该视频吸引新粉丝的能力越弱。

找到与同类热门视频的差距

在“播放分析”页面的下半部分有“视频跳出分析”，其中有“时段分析”和“时长分布”两种分析，如图6-56和图6-57所示。“时长分布”这条曲线能够揭示当前视频与同领域相同时长的热门视频在不同时间段的观众留存对比。

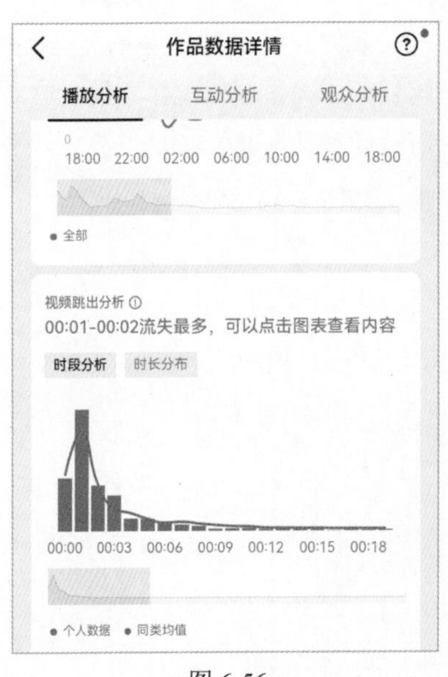

图 6-56

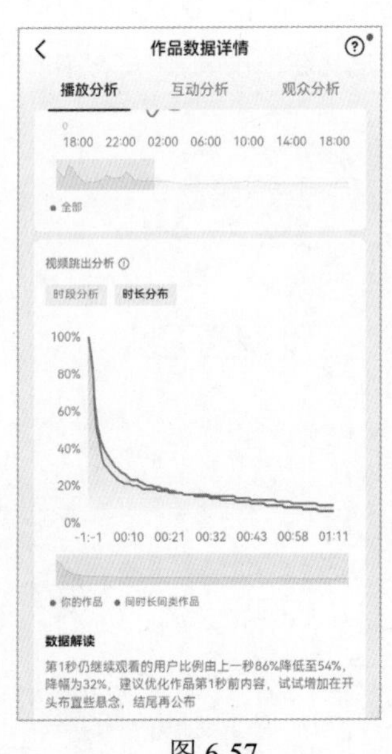

图 6-57

一般有以下3种情况。

- 如果蓝色曲线整体在红色曲线之上，则证明当前视频比同类热门视频更受欢迎，那么只要总结出该视频的优势，在接下来的视频中继续发扬，账号成长速度就会非常快。
- 如果蓝色曲线与红色曲线基本重合，则证明该视频与同类热门视频质量相当，如图6-57所示。接下来要做的就是继续精进作品。

- 如果蓝色曲线在红色曲线之下，则证明视频内容与热门视频有较大差距，同样需要对视频进行进一步打磨，如图 6-58 所示。

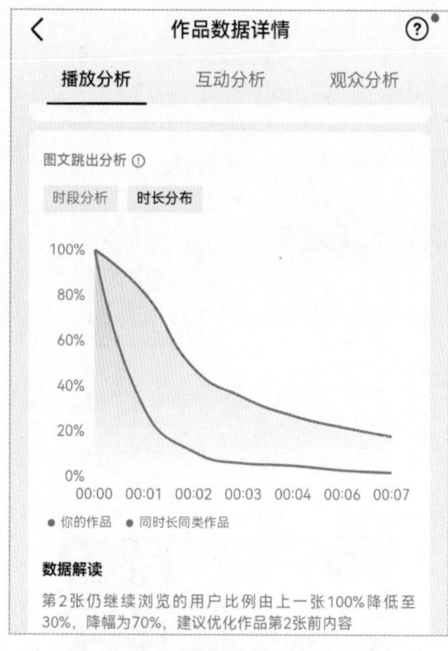

图 6-58

具体来说，根据曲线线形不同，产生差距的原因也有区别。如果在视频开始的第 2 秒，观众留存率就已经低于热门视频，则证明视频开头没有足够的吸引力。此时，可以通过快速抛出视频能够解决的问题，指出观众痛点，或者优化视频开场画面来增加视频的吸引力，进而提升观众的留存率。

如果曲线在视频中段或中后段开始低于热门视频的观众留存率，则证明观众虽然对视频选择的话题感兴趣，但因为“干货”不足，或者没有击中问题核心，导致观众流失，如图6-59所示。

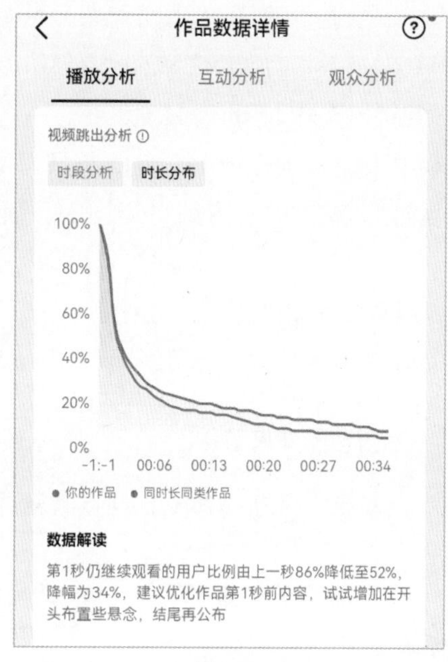

图 6-59

第7章 玩转抖音图文计划获得更大流量

什么是抖音图文

抖音图文是一种只需发图并编写配图文字，即可获得与视频相同推荐流量的内容创作形式，视觉效果类似于自动翻页的PPT。

对于不擅长制作视频，但擅长撰写文字的内容创作者来说，抖音图文大大降低了创作门槛。

在抖音中搜索“抖音图文来了”，即可找到相关话题，如图7-1所示。

图 7-1

点击话题后，可以查看官方认可的示范视频，按同样的方式进行创作即可。

在这个话题页面中，可以看到图文活动的基本要求，如图7-2所示。

- 带“#抖音图文来了”话题。
- 要求图片不低于4张。
- 添加详实有用的文字描述，最好不低于200字。

可以说这个要求并不算高，只要有一定的文字创作能力，都可以轻松做到。

图 7-2

抖音为什么推出图文计划

许多创作者都不太关心平台的政策。例如，抖音曾经对无货源小店持默许态度，但最近又宣布了不支持无货源小店。又如，抖音曾经很排斥PPT式翻页视频，但最近又开始大力扶持图文创作。

虽然这些规则的确立过程和创作者没太大关系，似乎创作者能做的就是不断地调整自己的创作思路，紧跟平台政策。

如果创作者能够理解平台每一项政策的推出逻辑，就能够站在更高处，预判平台的下一步，从而对即将到来的流量红利做好分一杯羹的准备。

以图文扶持政策为例，抖音推出这个计划的目的其实是抢夺以图文为主的平台流量，包括小红书、微信公众号、微博等。事实也证明，这是一步妙棋。

截至 2022 年 9 月，抖音的多个图文话题总播放量已经突破 1300 亿，而支持如此高播放量的，正是一大批图文创作者。

抖音不仅丰富了平台的内容形式，还拉拢了一大批图文创作者。可以预想，只要图文与视频的竞争仍在，图文计划就将一直持续。所以，每个创作者都应该掌握抖音图文的创作要点。

抖音图文创作内容方向推荐

抖音图文的内容有明确的官方导向，即有些内容即便是制作成为图文视频也无法获得推荐或较大的流量，而有些内容可以。笔者分析抖音官方的图文伙伴计划（图 7-3）规则后，总结出了以下规则。

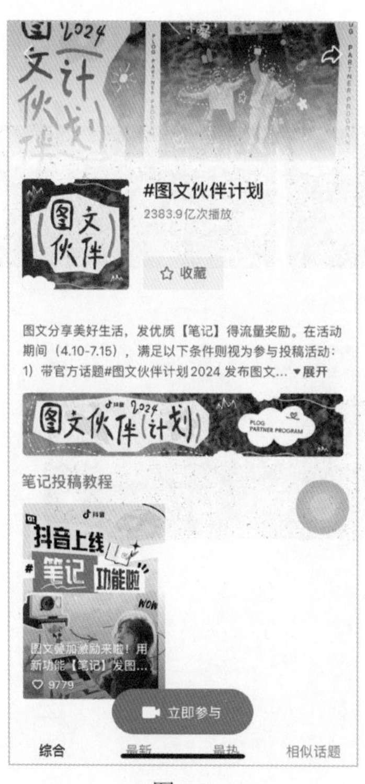

图 7-3

抖音推荐的内容方向

抖音推荐的内容基本是小红书的主要内容，因此基本符合当下年轻人群向往的生活方式，主要有穿搭 & 美妆、潮流运动 & 健身、美食 & 旅行、艺术 & 绘画、居家，以及亲子、汽车、阅读与情感心理。

抖音不推荐的内容方向

抖音不推荐的内容方向包括最新款手机测评、无任何主题的自拍照、楼市政策解读、明星八卦动态等。

抖音图文创作图片使用标准

既然是图文创作，那么很显然在创作时图片起到了决定性的作用。抖音有一套自己的图片质量判断标准，笔者分析抖音官方的图文伙伴计划规则后，总结出了以下规则。

抖音认可的图片类型

原创的真实拍摄的内容，并且保留了真实感，图片清晰明亮、光线适中，效果类似于图 7-4 所示的图片。

图 7-4

抖音不认可的图片类型

- 纯粹的商品图、大字报。
- 色调过暗或过曝，影响观看。
- 图片滤镜过重，导致内容变色、失真。
- 使用马赛克遮挡面部。
- 画面歪斜，无清晰的主体。
- 背景杂乱或背景破坏整体美观度，如图7-5所示。
- 多张图片为单一视角、姿势，缺少多样性。

图 7-5

抖音图文创作图片数量控制

抖音图文的整体播放类似于一一翻页的PPT，在播放时，手机界面下方会以数量等同于图片张数的短线或长线条来指示当前图文内容的图片数量。

如图7-6所示的3条图文内容中，图片最多的达到了56张，最少的是两张，但获得的点赞量与转发数量均非常高，可见只要选题好、内容好，就有可能获得很高的推荐量，与图片的数量没有特别直接的关系。

抖音图文创作图片来源

用于制作抖音图文内容的图片，可以是照片，也可以是手绘作品，还可以是手机或屏幕截图，甚至笔者见过将视频的关键画面转换成为图片，以大量图片制作图文内容的极端案例。如图7-7所示的图文内容使用的图片数量高达百张，并获得了209.8万个赞与42万的收藏量。

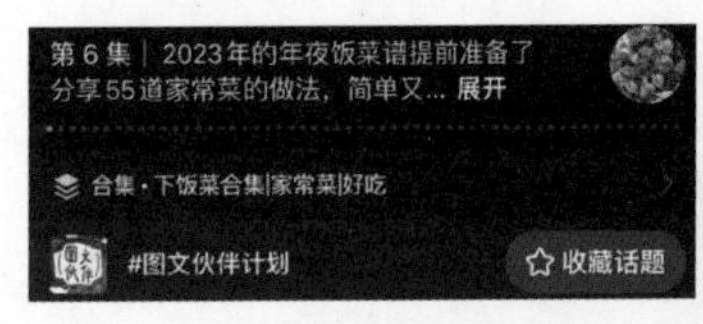

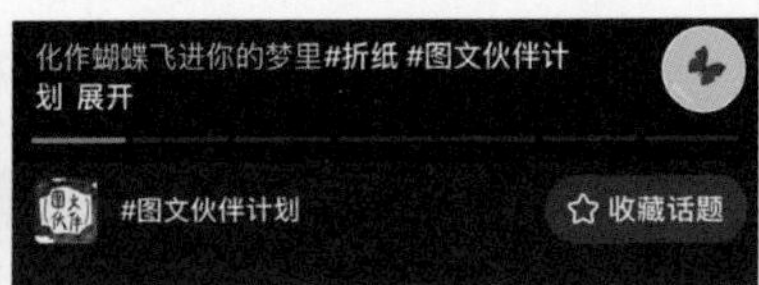

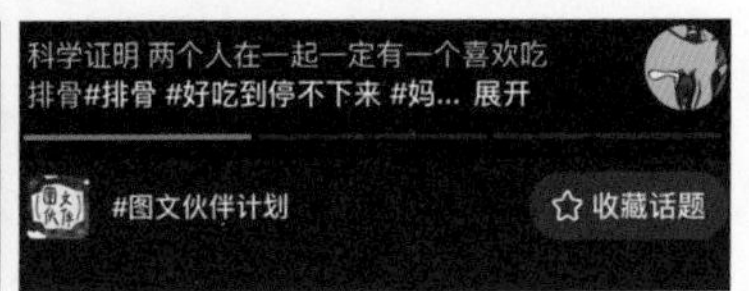

图 7-6

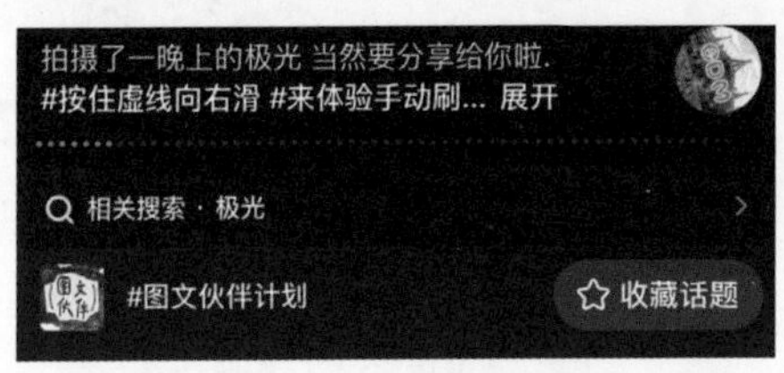

图 7-7

图7-8和图7-9所示的案例是纯粹的手绘图案及折纸教程，同样都获得了很高的点赞、转发与收藏数据。

在制作图文内容时，一定不要将图片限定在照片的范畴，只有这样才能使图文制作更灵活，内容更丰富。

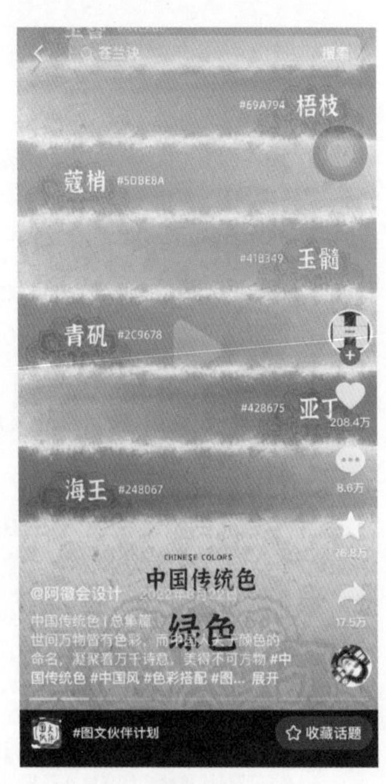

图 7-8

图 7-9

抖音图文创作照片资源库

如果在制作抖音图文内容时要使用照片，除了自己动手拍摄可用的图片素材，对大部分顾忌拍摄技术难度、时间成本、购买正版图片成本的创作者来说，直接使用无版权图片是更好的方案，下面介绍几个笔者经常使用的网站。

① Pexels

Pexels 网站上的图片可以商用，虽然该网站支持中文搜索，但精确度并不高，所以建议通过英文进行搜索。网址：http://www.pexels.com。

② Unsplash

Unsplash 也是一个常用的无版权图片网站，图片质量比 Pexels 网站上的还要高一点，但有时加载速度和图片下载速度比较慢。网址：http://www.unsplash.com。

③ Pixabay

在 Pixabay 网站上，除了可以下载照片，还可以下载免费插画、矢量图、免费视频，网站上每张图片都标注了使用权限，使用时要注意。网址：https://pixabay.com/zh/Altphotos。

④ Altphotos

Altphotos 是一个由国外摄影爱好者创建的免费图库，图片质量非常高。网址：https://altphotos.com/。

⑤ Foodiesfeed

Foodiesfeed 是一个以美食为主题的图库，包括甜品、水果、咖啡等。网址：https://www.foodiesfeed.com/。

⑥ 其他素材网站

其他素材网站如表 7-1 所示。

表 7-1

网站	网址
Colorhub	https://www.colorhub.me/
Stocksnap	https://stocksnap.io/
VisualHunt	http://www.visualhunt.com
FindA.Photo	http://www.chamberofcommerce.org/findaphoto/
Cupcake	http://www.cupcake.nilssonlee.se
Photostockeditor	https://photostockeditor.com/

抖音图文创作文字标准

文字内容是抖音图文的重要组成部分，起到了对图片进行说明的作用。

创作者在撰写文字时一定要注意，虽然抖音的机器人目前无法通过文字判断内容的优劣，但如果一条图文内容要突破10万流量池获得更高的播放量，则会进入人工审核环节。

此时文字内容的优劣一目了然，因此如果凭借着优质选题、图片获得了较高的流量，在人工审核环节由于文字内容不过关而被停止推荐，是一件很可惜的事。

抖音认可的文字类型

文字详实有用，图文相关。文字主体内容从对事物的真实测评、攻略分享和个人经验心得等方面展开，排版清晰，段落分明，可读性强，如图7-10和图7-11所示。

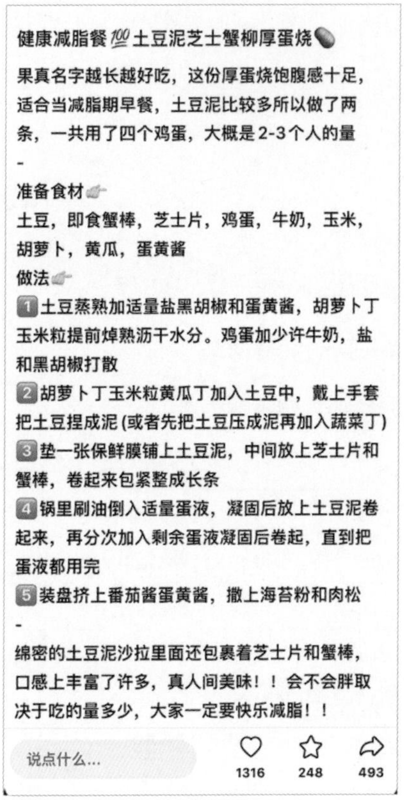

健康减脂餐💯土豆泥芝士蟹柳厚蛋烧🥔

果真名字越长越好吃，这份厚蛋烧饱腹感十足，适合当减脂期早餐，土豆泥比较多所以做了两条，一共用了四个鸡蛋，大概是2-3个人的量

-

准备食材👉

土豆，即食蟹棒，芝士片，鸡蛋，牛奶，玉米，胡萝卜，黄瓜，蛋黄酱

做法👉

1️⃣土豆蒸熟加适量盐黑胡椒和蛋黄酱，胡萝卜丁玉米粒提前焯熟沥干水分。鸡蛋加少许牛奶，盐和黑胡椒打散

2️⃣胡萝卜丁玉米粒黄瓜丁加入土豆中，戴上手套把土豆捏成泥（或者先把土豆压成泥再加入蔬菜丁）

3️⃣垫一张保鲜膜铺上土豆泥，中间放上芝士片和蟹棒，卷起来包紧整成长条

4️⃣锅里刷油倒入适量蛋液，凝固后放上土豆泥卷起来，再分次加入剩余蛋液凝固后卷起，直到把蛋液都用完

5️⃣装盘挤上番茄酱蛋黄酱，撒上海苔粉和肉松

-

绵密的土豆泥沙拉里面还包裹着芝士片和蟹棒，口感上丰富了许多，真人间美味！！会不会胖取决于吃的量多少，大家一定要快乐减脂！！

说点什么... 1316 248 493

图7-10

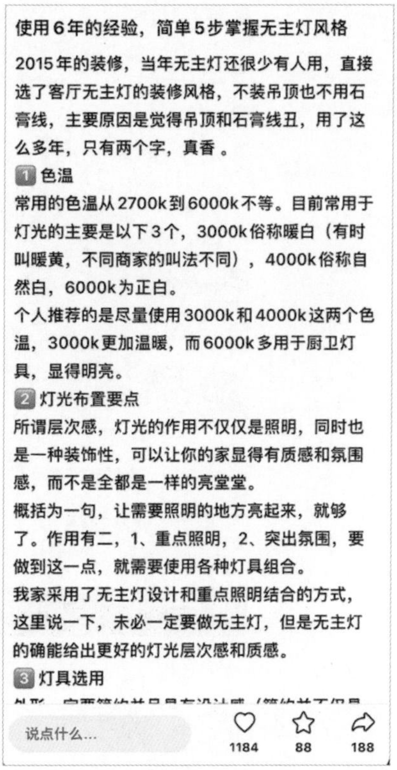

使用6年的经验，简单5步掌握无主灯风格

2015年的装修，当年无主灯还很少有人用，直接选了客厅无主灯的装修风格，不装吊顶也不用石膏线，主要原因是觉得吊顶和石膏线丑，用了这么多年，只有两个字，真香。

1️⃣色温

常用的色温从2700k到6000k不等。目前常用于灯光的主要是以下3个，3000k俗称暖白（有时叫暖黄，不同商家的叫法不同），4000k俗称自然白，6000k为正白。

个人推荐的是尽量使用3000k和4000k这两个色温，3000k更加温暖，而6000k多用于厨卫灯具，显得明亮。

2️⃣灯光布置要点

所谓层次感，灯光的作用不仅仅是照明，同时也是一种装饰性，可以让你的家显得有质感和氛围感，而不是全都是一样的亮堂堂。

概括为一句，让需要照明的地方亮起来，就够了。作用有二，1、重点照明，2、突出氛围，要做到这一点，就需要使用各种灯具组合。

我家采用了无主灯设计和重点照明结合的方式，这里说一下，未必一定要做无主灯，但是无主灯的确能给出更好的灯光层次感和质感。

3️⃣灯具选用

说点什么... 1184 88 188

图7-11

抖音不认可的文字类型

- 图文无关或主题无关的凑字数文字。
- 情感鸡汤、搞笑段子内容。
- 非个人真实经验分享。
- 摘抄网络段子、广告文案。
- 导流卖货等营销内容。

在这里强调一下，切不可以自作聪明，将自己的QQ号、微信号或其他导流联系方式，以文字变体、文字谐音等形式写在文本中。

原因是当一条内容流量超过一定值时，会有人工审核介入，此时文字变体、文字谐音等将无所遁形。

抖音图文创作文字数量控制

在创作图文内容时，要注意控制文字的数量。

抖音是一个以视频为主的平台，观众的耐心都非常有限，长的文字虽然能够让内容看上去更值得收藏，但同时也会大大降低图文内容的完播率。

大部分观众在看到长文字时，第一反应是短时间内看不完，所以有的人会直接滑走，也有少部分人在看过头部内容后认为有用，会收藏起来，以后慢慢看。

如果文字内容的目的是宣传某一产品或服务，无论是直接滑走，还是少部分观众收藏起来慢慢看，都会导致宣传效果大打折扣。

建议创作者控制文字数量，以手机一屏能够完全显示为佳。

图 7-12 和图 7-13 所示为一屏完全显示及两屏才能完全显示的示例。

在丽江距离城区 20 公里的地方竟然可以拍到璀璨的银河～这里是玉湖 号称雪山脚下第一村 在玉龙雪山山麓.前两天带着狗子去奔赴了一趟雪山星辰。可以凌晨 3 点去拍星空然后等待日出和日照金山～

交通：建议自驾或者骑电动车也可以

门票：免费 湖边可以骑马 自由选择

环境：这里背靠雪山 所以温度较低 务必穿点厚衣服 这个季节因为下了好几场雨 草开始绿了

拍照：利用广角拍出银河的广阔 加上湖面的倒影）构图可能性就多了很多 白天拍狗子的时候用长焦压缩背景 让雪山看起来更高

设备：建议单反/微单 24 105的神器镜头 很方便拍摄

就餐：自带干粮这边属于核心地带 防火期不能用明火#春日图文伙伴计划 #春日游玩计划 #春日好去处 #每一帧都是热爱 #旅行推荐官 #五一去哪儿玩 @DOU+小助手 @抖音小助手

4-15

138 条评论

有爱评论，说点好听的～

说点什么...　859　129　390

图 7-12

使用 6 年的经验，简单 5 步掌握无主灯风格

2015 年的装修，当年无主灯还很少有人用，直接选了客厅无主灯的装修风格，不装吊顶也不用石膏线，主要原因是觉得吊顶和石膏线丑，用了这么多年，只有两个字，真香 。

1 色温

常用的色温从 2700k 到 6000k 不等。目前常用于灯光的主要是以下 3 个，3000k 俗称暖白（有时叫暖黄，不同商家的叫法不同），4000k 俗称自然白，6000k 为正白。

个人推荐的是尽量使用 3000k 和 4000k 这两个色温，3000k 更加温暖，而 6000k 多用于厨卫灯具，显得明亮。

2 灯光布置要点

所谓层次感，灯光的作用不仅仅是照明，同时也是一种装饰性，可以让你的家显得有质感和氛围感，而不是全都是一样的亮堂堂。

概括为一句，让需要照明的地方亮起来，就够了。作用有二，1、重点照明，2、突出氛围，要做到这一点，就需要使用各种灯具组合。

我家采用了无主灯设计和重点照明结合的方式，这里说一下，未必一定要做无主灯，但是无主灯的确能给出更好的灯光层次感和质感。

3 灯具选用

外形一定要简约并且具有设计感（简约并不仅是简单，做工，质感都是重要的考量面），能跟软装搭配，材质可以是金属和木质，棉麻。色彩尽量为白色和木色或者相近的暖色，冷色调（蓝，绿）较难搭配。某些方面北欧风格的灯具和日式风是可以通用

3 安装

有关轨道灯的安装选择注意以下方面。并且尽量选择 cob 封装的。轨道灯可以不做吊顶，安装在轨道条上，线是浅槽埋在天花板里面的。

客厅使用的轨道灯。6 盏，一边 3 盏，单只 18w。单边 3 米轨道。

4 客厅灯光

客厅没有使用主灯，使用轨道射灯进行区域重点照明。落地灯辅助照明，这是入住前后的几张，轨道灯的可以让整个屋子的灯光更有层次和质感，避免吸顶灯整个大平光的无趣。用的 4000k，也可选择 3000k 显得更温暖

轨道灯的使用一个是使用直射照明，另外也可通过副光斑和墙面反射照明。

使用直射灯光突出画，同时副光斑的过渡非常柔和，显得很有层次。轨道射灯的选择也要注意，好的射灯不是一个手电筒，只是中间亮，看主副光斑的过渡，好的射灯过渡柔和

#春日图文伙伴计划 #春日家居灵感集 #抖音图文

说点什么...

1184　88　189

图 7-13

抖音图文创作文字编排技巧

在创作图文内容时，由于抖音没有提供文字排版格式化功能，因此为了使大段文字看上去排列整齐、层次分明、重点清晰，就需要学会使用表情符号。

（1）用符号划分段落，如图 7-14 所示。

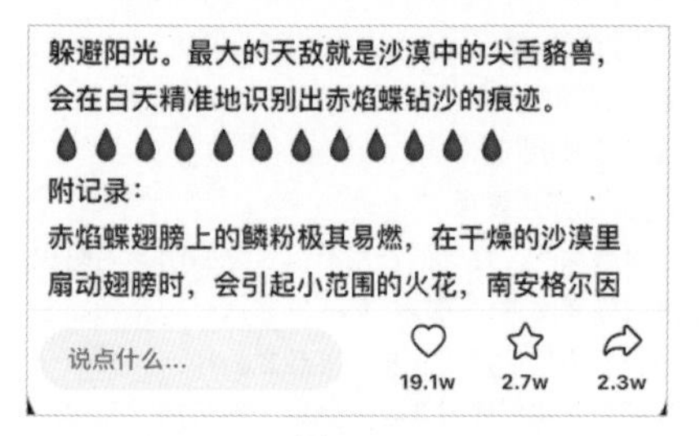

图 7-14

（2）把小符号放在标题的前面，起到指示的作用，如图 7-15 所示。

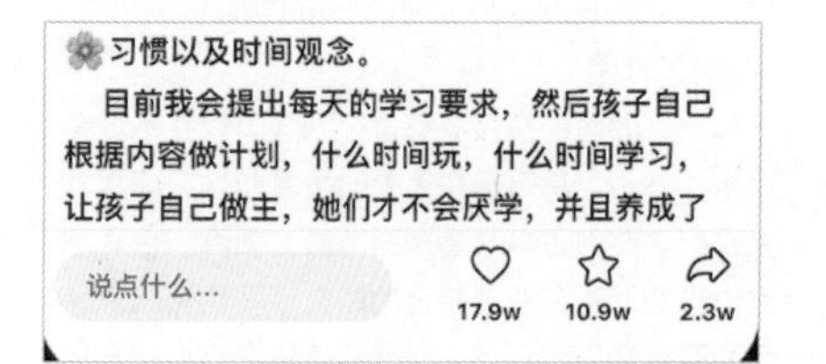

图 7-15

（3）用数字小符号让操作步骤看上去更清晰，如图 7-16 所示。

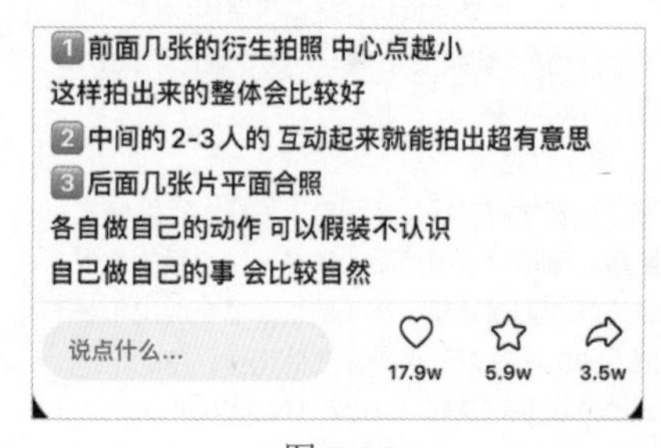

图 7-16

创作者可以在文字中添加贴合语意的小符号，使文本看上去表达方式更灵活，更符合网络时代的表达习惯。如图 7-17 所示，右侧文本段落最左侧的小头像其实是“姐妹们”的意思，第二行的马形符号其实是“马上行动”的意思。

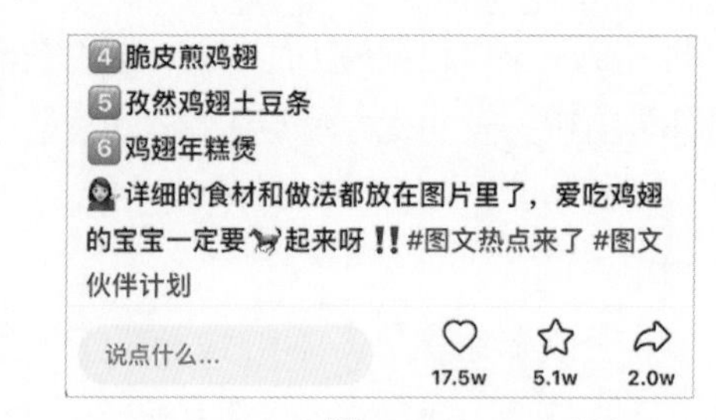

图 7-17

还可以利用小符号来形成分段的效果，作用相当于每段前空两格，如图 7-18 所示。

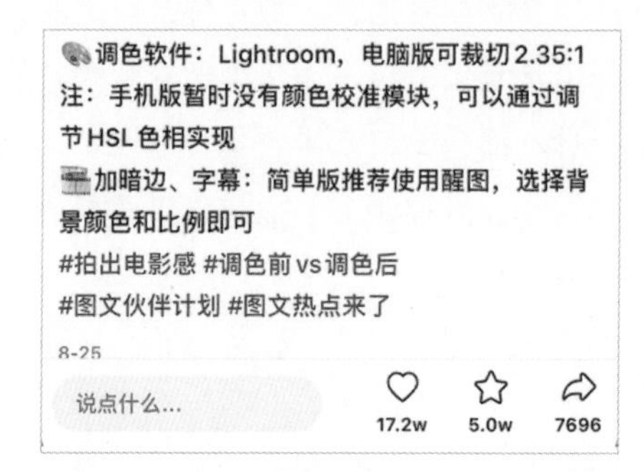

图 7-18

想要加入这样的小符号，方法也很简单。只需在输入文字时选择表情符号即可，系统默认内置的符号有数百个之多，并支持搜索，如图 7-19 所示。

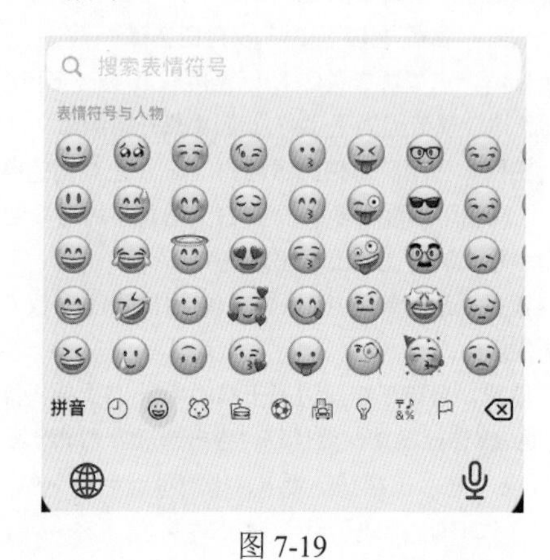

图 7-19

抖音图文创作文字设计技巧

与前面讲过的文字编排不同，这里提到的文字设计是指将文字设计在图片上，形成图文混排的效果，如图 7-20 和图 7-21 所示。

图 7-20

图 7-21

在图文类内容中，最常见的是简单地给图片添加说明性文字，文字本身由于没有任何设计，因此无法提升图文内容的质量。说明性文字比较适合内容本身是汇总说明类，创作者也没有设计经验的情况，如图 7-22 和图 7-23 所示。

图 7-22

图 7-23

笔者更推荐创作者适当地设计文字，使文字不仅起到内容说明的作用，而且还能够提升内容的视觉效果，如图 7-24 和图 7-25 所示。

当然，这无疑增加了工作量与难度，因此适合内容更新量不大，但每更一条均是精品的创作者。

要制作这样的图片，可以使用 MIX、黄油相机、美图等 APP，这些 APP 都提供大量文字样式，可以直接套用。

图 7-24

图 7-25

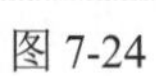

第 8 章 利用DOU+助力短视频创作

什么是 DOU+

短视频平台都有一个“流量池”的概念。以抖音为例，最小的流量池为 300 次播放，这 300 次播放的完播率、点赞数和评论数达到要求后，才会将该视频放入 3000 次播放的流量池。

于是就有可能出现这样的情况，自己认为做得还不错的视频，播放量却始终上不去，抖音也不会给这个视频提供流量。

此时可以花钱买流量，让更多的人看到自己的视频，这项花钱买流量的服务就是 DOU+，要做好短微创业，DOU+ 是必须要掌握的。

DOU+ 的 9 大功能

内容测试

有时花费了大量人力、物力制作的视频，发布后却只有几百的播放量。这时创作者会充满疑问，不清楚是因为视频内容不被接受，还是因为播放量不够，导致评论、点赞太少，甚至会怀疑自己的账号被限流了。此时可以通过投放 DOU+，花钱购买稳定的流量，并通过点赞、关注的转化率来测试内容是否符合观众的口味。

选品测试

使用 DOU+ 进行选品测试的思路与进行内容测试的思路相似，都是通过稳定的播放量来获取目标观众的反馈。内容测试与选品测试的区别则在于关注的“反馈”不同。内容测试关注的是点赞、评论、关注数量的“反馈”，选品测试关注的则是收益的“反馈”。

带货推广

带货广告功能是 DOU+ 的主要功能之一，使用此功能可以在短时间内使带货视频获得巨量传播，此类广告视频的下方通常有“广告”两个字，如图 8-1 所示。

图 8-1

常用方法是，批量制作出风格与内容不同的若干条视频，同时进行付费推广，选出效果好的视频，再以较大金额对其进行付费推广。

助力直播带货

直播间有若干种流量来源，其中比较稳定的就是付费流量，只要通过 DOU+ 为直播间投放广告，就可以将直播间推送给目标受众。

在直播间场景设计与互动转化做好的前提下，就能够以较少的奖金量，获得源源不断的免费自然流量，从而获得很好的收益。

快速涨粉

对新手来说，涨粉并不是一件很容易的事。想快速涨粉，除了尽快提高自己的短视频制作水准，还有个更有效的方法，就是利用 DOU+ 买粉丝。

从图 8-2 所示的订单上面可以看出来，100 元投放涨粉 72 个，平均每个粉丝的成本约是 1.39 元。

互动数据

72	22	2
新增粉丝数	点赞次数	分享次数
1	49	
评论次数	主页访问量	

转化数据

72	1.39
转化次数	转化成本

图 8-2

为账号做冷启动

通过学习前面各章，相信读者都应该了解了账号标签的重要性。

对于新手账号来说，要通过不断发布优质视频，才能够使账号的标签不断精准，最终实现每次发布视频时，抖音都能够将其推送给创作者规划中的精准粉丝。

这一过程的确比较漫长。如果新账号需要快速打上精准标签，可以使用 DOU+ 的投放相似达人功能，如图 8-3 所示。

图 8-3

利用付费流量撬动自然流量

通过为优质视频精准投放 DOU+，可以快速获得大量点赞与评论，而这些点赞与评论，可以提高视频的互动数据，当这数据达到推送至下一级流量池的标准时，则可以带来较大的自然流量。

为线下店面引流

如果投放 DOU+ 时，将目标选择为“按商圈”或“按附近区域”，则可以使指定区域的人看到视频，从而通过视频将目标客户精准引流到线下实体店。

获得潜在客户线索

对于蓝 V 账号，如果在投放 DOU+ 时，将目标选择为“线索量”，则可以通过精心设计的页面，引导潜在客户留下联系方式，然后通过一对一电话或微信沟通来进行成交转化。

在抖音中找到 DOU+

在开始投放之前，首先要找到 DOU+，并了解其基本投放模式。

从视频投放 DOU+

在观看视频时，点击界面右侧的 3 个点图标，如图 8-4 所示。

图 8-4

在打开的菜单中点击“上热门”图标，即可进入 DOU+ 投放页面，如图 8-5 所示。

图 8-5

从创作中心投放 DOU+

除上述方法外，还可以按下面的方法找到 DOU+ 投放页面。

（1）点击抖音 APP 右下角“我”按钮，点击右上角 3 条杠。

（2）选择“创作者服务中心”菜单命令。如果是企业蓝 V 账号，此处显示的是“企业服务中心”。

（3）在图 8-6 和图 8-7 所示的广告投放页面设置所需参数。

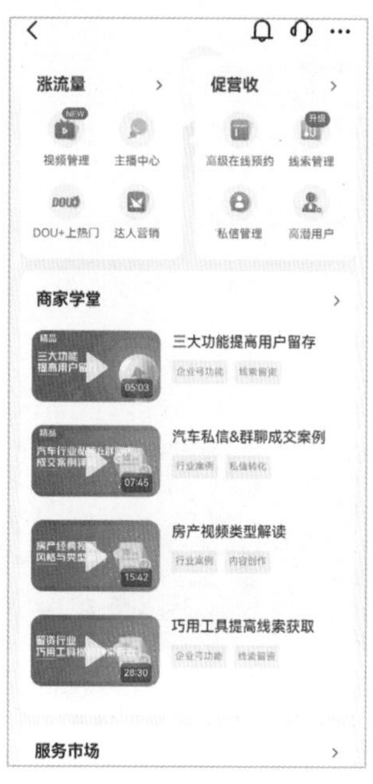

图 8-6

图 8-7

关于各参数的含义及使用技巧，将会在后面的章节中一一讲解。

单视频投放和批量视频投放

当按前文所述“从视频投放DOU+”的方法进入DOU+投放页面时，可以选择单视频投放，也可以批量选择多视频进行投放。

单视频投放DOU+

单视频投放只需要选中需要投放的一条视频即可，如图8-8所示。

图8-8

这些选项的具体含义与选择思路，将会在后面的章节中一一讲解。

批量视频投放DOU+

在投放单视频时，向右滑动视频列表，可以在最右方看到“全部视频”选项，如图8-9所示。

图8-9

点击后，可以在视频列表中选择视频，选择时注意查看选择点赞较多的视频，如图8-10所示。

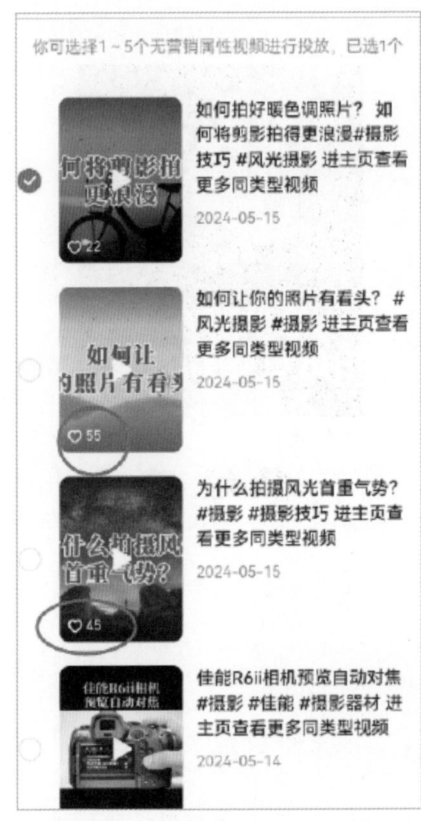

图8-10

两种投放方式的异同

单视频 DOU+ 投放的针对性明显增强。

批量 DOU+ 投放的优势则在于，当不知道哪个视频更有潜力时，可以通过较低金额的 DOU+ 投放进行检验。

此外，如果经营有矩阵账号，就可以非常方便地对其他账号内的视频进行广告投放。

如何选择投放 DOU+ 的视频

选择哪一条视频

投放 DOU+ 的根本目的是撬动自然流量，所以正确的选择方式是择优投放。只有优质短视频才能通过 DOU+ 获得更高的播放量，从而使账号的粉丝量及带货数据得到提升。

这里有一个非常关键的问题，即短视频并不是创作者认为好，通过投放 DOU+ 就能够获得很好的播放量。同理，有些创作者可能并不看好的短视频通过投放 DOU+，反而有可能获得不错的播放量。这种“看走眼”挑错视频的情况，对于新手创作者来说尤其普遍。要解决这个问题，除了看播放、互动数据，还有一个比较好的方法是使用批量投放工具，对 5 条视频进行测试，从而找到对平台来说是优质的短视频，然后进行单视频投放。如果对一次检测不是很放心，还可以将第一次挑出来的优质视频与下一组 4 条视频组成一个新的批量投放订单进行测试。

图 8-11 和图 8-12 所示为笔者分两次投放的订单，从中可以看出来两次批量投放都是同一条视频取得最高播放量，这意味着这条视频在下一次投放就应该成为重点。

DOU+上热门

订单详情

现在选择相机，看单反还是微单#摄影器材

共5个视频

展开

总数据 详细数据

加热素材	订单状态	消耗金额	播放量	点赞量	评论
总计	投放完成	201	11,775	464	1
	投放完成	35.43	2,126	115	0
	投放完成	121.77	7,050	258	1
	投放完成	0	0	0	0
	投放完成	43.73	2,596	90	0
	投放完成	0.07	3	1	0

图 8-11

图 8-12

选择什么时间的视频

在通常情况下，应该选择发布时间在一周内，最好是在 3 天内的视频，因为这样的视频有抖音推送的自然流量，广告投放应该在视频尚且有自然流量的情况下进行，从而使两种流量相互叠加，但这并不意味着老的视频不值得投放 DOU+，只要视频质量好，没有自然流量的老视频，也比有自然流量的劣质视频投放效果好。

选择投放几次

如果 DOU+ 投放效果不错，预算允许的情况下，可以对短视频进行第二轮、第三轮的 DOU+ 投放，直至投放效果降低至投入产出平衡线以下。

选择什么时间投放

选择投放时间的思路，与选择发布视频的时间是一样的。都应该在自己的粉丝活跃时间里。以笔者运营的账号为例，发布的时间通常是周一到周五的晚上的八九点、中午午休时间，以及周末的白天。

深入了解“我想要”选项

在确定 DOU+ 投放视频后，接下来需要进行各项参数的详细设置。首先要考虑的就是“我想要”的投放目标。

“我想要”的账号中有“账号经营”“视频加热”“获取客户”“商品推广”“直播间推广”五个标签。每个标签对应着更详细的二级选项“更想获得什么”，在“更想获得什么”中有更加具体的内容。

账号经营

账号经营是指通过对视频的加热，让更多的人看到视频。选择“账号经营”标签后，在“更想获得什么”选项中会出现“点赞评论量”“粉丝量”“主页浏览量”“头像点击”“展示给粉丝”“视频播放量”6 个选项，如图 8-13 和图 8-14 所示。

图 8-13

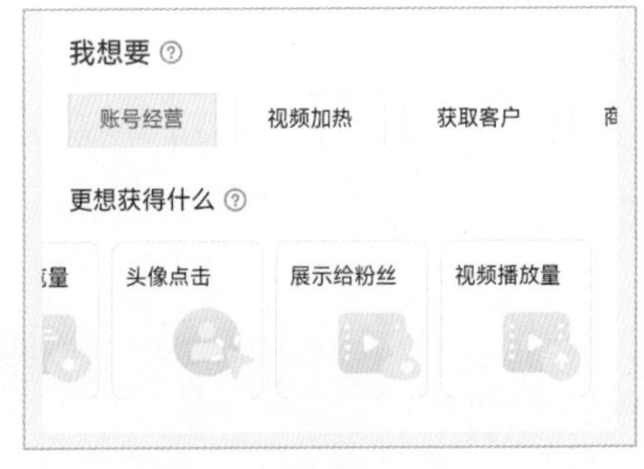

图 8-14

1 点赞评论量

点赞评论量是指对视频感兴趣的观看者，将通过点赞评论来互动。如果想让自己的视频被更多人看到，如制作的是带货视频，建议选择“点赞评论量”选项。这时有些朋友可能会有疑问，投 DOU+ 的播放量不是根据花钱多少决定的吗？为何还与选择哪一种“我想要”的投放目标有关？

不要忘记，在花钱买流量的同时，如果这条视频的点赞和评论数量够多，系统会将该视频放入播放次数更多的流量池中。

例如，投了 100 元 DOU+，增加 5000 次播放，在这 5000 次播放中如果获得了几百次点赞或者几十条评论，那么系统就很有可能将这条视频放入下一级流量池，从而让播放量进一步增长。

对于带货类短视频，关键在于让更多的人看到，提高成交单数。至于看过视频的人会不会成为你的粉丝，其实并不重要。

② 粉丝量

粉丝量是指通过推广视频，精准获取对视频、账号感兴趣的观看者。新手账号建议选择“粉丝量”选项。

一是通过不断增长的粉丝提高自己的信心，并让账号“门面”好看一些。

二是只有粉丝量增长到一定程度，自己的视频才有基础播放量。

③ 主页浏览量

主页浏览量是指对视频感兴趣的观看者，将进入主页，观看更多的精彩内容。如果账号主页已经积累了很多优质内容，并且运营初期优质内容还没有完全体现其应有的价值，可以选择提高主页浏览量，让观众有机会发现该账号以前发布的优质内容，进一步成为账号的粉丝，或者进入账号的店铺产生购买行为。

④ 头像点击

“头像点击”是指推广视频，吸引对视频感兴趣的观看者点击账号的头像，这对于直播账号来说是非常必要的，若账号正在直播，观看者点击头像之后可直接进入直播间，增加直播间的人数。

⑤ 展示给粉丝

“展示给粉丝”是指将视频仅推荐给账号的粉丝，加强与现有粉丝群体的互动和曝光，让粉丝能够看到账号分布的内容，这样可以提升粉丝粘性，增加粉丝之间的互动率，比如点赞、评论和分享，精准实现账号成长与运营。

⑥ 视频播放量

“视频播放量”侧重于推送给对视频感兴趣的观看者，提升视频的播放量。此项投放功能有助于吸引新粉丝，加速账号成长，提升内容创作者的影响力。

视频加热

视频加热是指通过加热视频，更高效地获得点赞、评论等互动数据。需要注意的是，播放量未达标，差额部分会补偿赠款。在更详细的二级选项“更想获得什么”选项中会出现“互动质量高”和“互动数量多”两个选项，如图8-15所示。

图 8-15

① 互动质量高

互动质量高是指把视频精准推送给对该类作品更感兴趣的观看者，以获得更优质的点赞、评论等数据，提升播放时长、完播率。良好的互动数据为创作者提供了宝贵的反馈，理解受众偏好，进而调整创作方向，持续产出受欢迎的内容。

② 互动数量多

互动数量多是指把视频广泛推送给更喜欢互动的视频观看者，以获得更多的点赞、评论等数据。对于商业视频或品牌宣传账号而言，高互动数量不仅能提升品牌形象，还能直接促进产品或服务的转化率，因为互动往往伴随着更高的关注度和信任度。

获取客户

获取客户是指将想要推广的产品或服务曝光给更多潜在客户，提升客户效率。在更详细的二级选项“潜在客户的收集方式”中会出现“抖音私信”“落地页”和“联系电话”选项。这三项都是通过视频左下角设置的私信组件吸引客户，高效获取客户线索。

商品推广

商品推广是指通过短视频推广商品，精准获取对商品感兴趣的人群。在更详细的二级选项“更想获得什么”可以选择“商品曝光”选项，推送带有购物车商品的短视频，让更多的人看到该视频。

直播间推广

直播间推广是指通过推广直播间，精准地获取对直播间感兴趣的人群，在更详细的二级选项“更想获得什么”选项中会出现“直播间人气”“直播间涨粉”“观众打赏”和“观众互动”选项。这 4 个选项细分的落脚点在于吸引更多的观众进入直播间并关注直播间，通过点击直播间互动组件，产生互动行为。

“投放时长”选项设置思路

了解起投金额

在“投放时长”选项中可选择投放时间最短为“2 小时”，最长为“30 天”，如图 8-16 和图 8-17 所示。

图 8-16

图 8-17

选择不同的时间时，起投的金额也并不相同。

如果投放时长选择的是 2 小时至 3 天，则最低投放金额为 100 元。如果选择的是 4 天或 5 天，则起投金额为 300 元。

如果选择的是 6 天至 10 天，则每天起投金额上涨 60 元，即选择 10 天时，最低起投金额为 600 元。

从第 11 天开始，起投金额变化为 770 元，并每天上涨 70 元，直至 30 天时，最低起投金额上涨至 2100 元。

设置投放时间思路

选择投放时间的主要思路与广告投放目的与视频类型有很大关系。

例如，一条新闻类的视频，那么自然要在短时间内大面积推送，这样才能获得最佳的推广效果，所以要选择较短的时间。

如果所做的视频主要面向的是上班族，而他们刷抖音的时间集中在 17 ～ 19 点这段在公交或者地铁上的时间，或者是 21 点以后这段睡前时间，那么就要考虑所设置的投放时长能否覆盖这些高流量时间段。

如果要投放的视频是带货视频，则要考虑大家的下单购买习惯，例如，对于宝妈来说，14 ～ 16 点、21 点后是宝宝睡觉的时间，也是宝妈集中采购时间，投放广告时一定要覆盖这一时间段。

在通常情况下，笔者建议至少将投放时间选择为 24 小时，以便于广告投放系统将广告视频精准推送给目标人群。时间设置短，流量不精准，广告真实获益也低。

如何确定潜在兴趣用户

“潜在兴趣用户”选项中包含两种模式，分别为系统智能推荐、自定义定向推荐。

系统智能推荐

若选择“系统智能推荐”选项，则系统会根据视频的画面、标题、字幕、账号标签等数据，查找并推送此视频给有可能对此视频感兴趣的用户，然后根据互动与观看数据反馈判断是否要进行更大规模的推送。

这一选项适合于新手，以及使用其他方式粉丝增长缓慢的创作者。

选择此选项后，DOU+ 系统会根据“投放目标”“投放时长”，以及“投放金额”推测出一个预估转化数字，如图 8-18 所示，但此数据仅具有参考意义。

图 8-18

如果视频质量较好，则最终获得的转化数据以及播放数据，会比预计的数量高，图 8-19 和图 8-20 所示为两个订单，可以看出最终获得的播放量均比预计数量高。

图 8-19

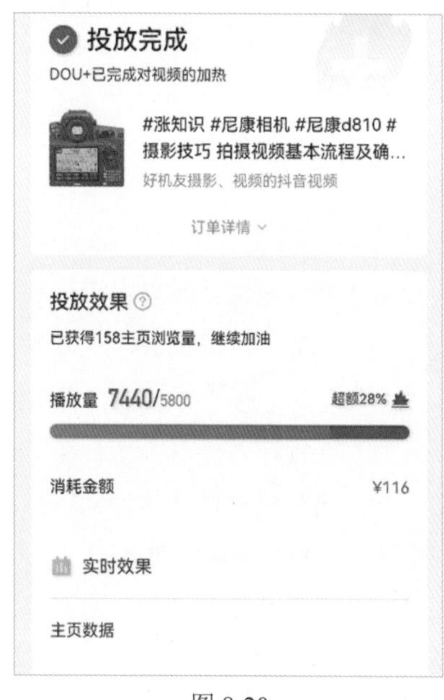

图 8-20

超出的这一部分可以简单理解为 DOU+ 对于优质视频的奖励。

这也印证了前文曾经讲过的，要选择优质视频投放 DOU+。

自定义定向推荐

如果创作者对于视频的目标观看人群有明确定义，可以选择“自定义定向推荐”选项，如图 8-21 所示，从而详细设置视频推送的目标人群类型。

图 8-21

其中包含对性别、年龄、地域和兴趣标签共 4 种细分设置，基本可以满足精确推送视频的需求。

以美妆类带货视频为例，如果希望通过 DOU+ 获得更高的收益，可以将“性别”设置为“女”；“年龄”设置在 18 ～ 30 岁（可多选）；“地域”设置为“全国”；“兴趣标签”可以设置为“美妆”“娱乐”“服饰”等。

此外，如果视频所售产品价格较高，还可以将“地域”设置为一线大城市。

如果对自己的粉丝有更充分的了解，知道他们经常去的一些地方，可以选择“按附近区域”进行投放。

例如，在图 8-22 所示的示例中，由于笔者投放的是高价格产品广告，因此，选择的是一些比较高端的消费场所，如北京的 SKP 商场附近、顺义别墅区的祥云小镇附近等。这里的区域可以是当地的，也可以是全国范围的，而且可以添加的数量多达几十个，这样可以避免锁定区域过小、人群过小的问题。

图 8-22

通过限定性别、年龄、地域，可以较为精准地锁定目标人群，但这里也需要注意，由于人群非常精准，意味着人数也会减少不少，此时，会出现在规定的投放时间内，预算无法全部花完的情况。

如果希望为自己的线下店面引流，也可以“按商圈”进行设置，或“按附近区域”设置半径为 10 km，就可以让附近的 5000 个潜在客户看到引流视频。

需要注意的是，增加限制条件后，流量的购买价格也会上升。

例如，所有选项均为“不限”，则 100 元可以获得 5000 次播放量，如图 8-23 所示。

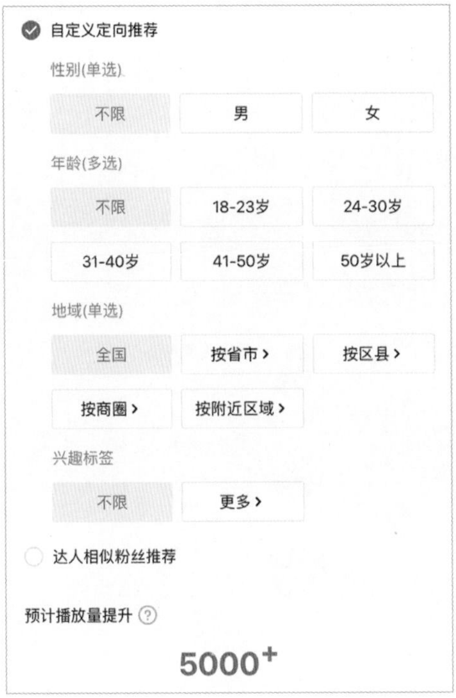

自定义定向推荐
性别(单选)
不限 男 女
年龄(多选)
不限 18-23岁 24-30岁
31-40岁 41-50岁 50岁以上
地域(单选)
全国 按省市 › 按区县 ›
按商圈 › 按附近区域 ›
兴趣标签
不限 更多 ›
达人相似粉丝推荐
预计播放量提升
5000+

图 8-23

在限制“性别”和“年龄”后，100 元只能获得 4000 次左右播放量，如图 8-24 所示。

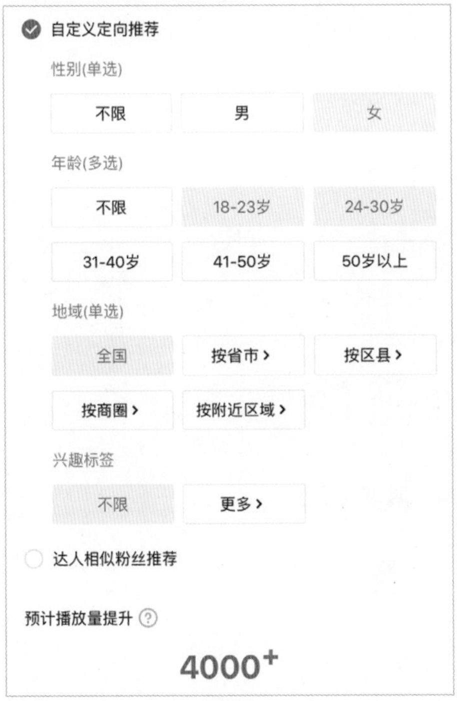

自定义定向推荐
性别(单选)
不限 男 女
年龄(多选)
不限 18-23岁 24-30岁
31-40岁 41-50岁 50岁以上
地域(单选)
全国 按省市 › 按区县 ›
按商圈 › 按附近区域 ›
兴趣标签
不限 更多 ›
达人相似粉丝推荐
预计播放量提升
4000+

图 8-24

对“兴趣标签”进行限制后，100 元就只能获得 2500 次播放量，如图 8-25 所示。

图 8-25

为了获得最高性价比，如果只是为了涨粉，不建议做过多限制。

如果是为了销售产品，而且对产品潜在客户有充分了解，那么可以做各项限制，以追求更加精准的投放。

另外，读者也可以选择不同模式分别投 100 元，然后计算不同方式的回报率，即可确定最优配置。

包括 DOU+ 在内的抖音广告投放是一个相对专业的技能，因此许多公司会招聘专业的投手来负责广告投放。

投手的投放经验与技巧，都是使用大量资金不断尝试、不断学习获得的，所以，薪资待遇也通常不低。

深入理解“达人相似粉丝”选项

“达人相似粉丝”只是“自定义定向推荐”中的一个选项，如图 8-26 所示，但由于功能强大，且新手按此选项投放时容易出现问题，因此，此选项单独进行讲解。

图 8-26

利用达人相似为新账号打标签

新手账号的一大成长障碍就是没有标签，如果通过每天发视频，使账号标签逐渐精准起来，这个过程会比较漫长。

可以借助投达人相似的方式为新账号快速打上标签。

只需要找到若干个与自己的账号赛道相同、变现方式相近、粉丝群体类似的账号，分批、分时间段投放 500 ～ 1000 元 DOU+，则可以快速使自己的账号标签精准起来。

同样道理，对于一个老账号，如果经营非常不理想，又由于种种原因不能放弃，也可以按此方法强行纠正账号的标签，但代价会比新账号打标签大不少。

利用达人相似查找头部账号

“达人相似粉丝”这一选项还有一个妙用，即可以通过该功能得知各垂直领域的头部大号。

选择其中一些与自己视频内容接近的大号并关注他们，可以学到很多内容创作的方式和方法。

点击“更多”按钮后，点击“添加”按钮，即可在列表中选择各垂直领域，并在右侧出现该领域的达人，如图 8-27 所示。

图 8-27

利用达人相似精准推送视频

将自己创作的视频推送给同类账号，从而快速获得精准粉丝或提升视频互动数据，是达人相似最重要的作用。

在选择达人时，除了选择官方推荐的账号，更主要的方式是输入达人账号名称进行搜索，从而找到在页面没有列出的达人，如图 8-28 所示。

图 8-28

并不是所有抖音账号都可以作为相似达人账号被选择，如果搜索不到，证明该账号的粉丝互动数据较差。

达人相似投放 3 大误区

❶ 依据粉丝数量判断误区

许多新手投放达人相似时以为选择的达人粉丝越多越好，这绝对是一大误区。

这里有 3 个问题，首先，不知道这个达人的粉丝是不是刷过来的，如果是刷过来的那投放效果就会大打折扣；其次，不知道这个达人的粉丝是否精准；最后，由于粉丝积累可能有一个长期的过程，那么以前的老粉丝没准兴趣已经发生了变化，虽然没取关，但兴趣点转移了。所以不能完全依据粉丝量来投放达人，一定要找近期起号的相似达人。

在投放之前，要查看达人账号最近有没有更新作品，如果更新了则看看下面的评论是什么样的，有些达人的评论是一堆互粉留言，这样的达人是肯定不可以对标投放的。

❷ 账号类型选择误区

新手在选择投放相似达人时，都会以为只能够找与自己赛道完全相同的达人进行投放，例如，做女装的找女装相似达人账号，做汽车的找汽车相似达人账号。

其实，这是一个误区。女装账号完全可以找美妆、亲子类达人账号做投放，因为关注女装、美妆、亲子类账号的人群基本上相同。同样道理，做汽车账号完全可以寻找旅游、摄影、数码类达人账号进行投放，因为，关注这些账号的也基本是同一批人。

❸ 账号质量选择误区

新手投放达人相似时，通常会认为选择的相似达人账号越优质，投放效果越好。

实际上恰恰相反，由于新手账号的质量通常低于优质同类账号，因此，除非新手账号特色十分鲜明，且无可替代。否则，关注同类优质大号的粉丝，不太可能愿意再关注一个内容一般的新手账号。

选择相似达人账号时，应该选择与自己的账号质量相差不多，或者还不如自己的账号，从而通过 DOU+ 投放产生虹吸效应，将相似达人账号的粉丝吸引到自己的账号上来。

小店随心推广告投放

小店随心推与 DOU+ 上热门属于 DOU+ 广告投放体系，两者的区别是，选择投放 DOU+ 的视频有购物车，则显示小店随心推，如图 8-29 所示，否则，显示 DOU+ 上热门。

图 8-29

推广套餐

小店随心推有固定的推广套餐，目前，分为三种套餐。

第一种是“商品 | 持续推广套餐”，此套餐可以切换两个档位，第一个档位是投放 299 元、投放 3 天，第二个档位是投放 499 元、投放 5 天，如图 8-30 所示。

图 8-30

第二种是“商品 | 快速推广套餐”，此套餐可以选择具体的“投放时长”和“投放金额，“投放时长”分为 2、6、12、14 小时。“投放金额”分为 100、200、500、1000 元，如图 8-31 所示。

图 8-31

第三种是“内容加热套餐”，前两种套餐的优化目标是商品购买。此套餐的优化目标是“点赞评论”，具体“投放时长”“投放金额”和第二种套餐一样，如图 8-32 所示。

图 8-32

自定义推广

如果感觉以上三个套餐均不能满足要求，可以点击“推广套餐”右侧的“自定义推广”按钮，如图 8-33 所示。

自定义推广可以根据需求具体选择“我希望提升”“投放时长”“投放人群”“投放金额”和“出价方式”，如图 8-34 所示。

“我希望提升”中可以选择“商品购买”“商品支付 ROI”“点赞评论”和“粉丝提升”。

图 8-33

图 8-34

选择“商品购买”可以为商品带来更多订单量，选择“商品支付 ROI”可以优化商品支付的投入产出比。

选择“点赞评论”可以吸引更多人点赞和评论。选择“粉丝提升”可以吸引更多人关注抖音账号。

“投放时长”可以选择 2 小时、6 小时、12 小时、24 小时、3 天、5 天。

“小店随心推”的“投放人群”与“DOU+上热门”一致，可以选择“系统智能投放”，也可以选择“自定义定向投放”，可以根据需求选择地区、性别、年龄、地域、兴趣标签、达人相似粉丝。

“投放金额”可以根据需求进行自定义选取。

“出价方式”是按照转化目标进行出价的。每次成交转化的出价是指愿意为 1 次成交转化所支付的成本。可以选择“自动出价”和“手动出价”。

审核不通过的原因概述

DOU+ 视频是需要审核的，视频内容需要满足抖音平台所发布的各项规则和要求，审核时长一般与当天发布视频的数量有关，一般在 1 ～ 3 h 内审核完成，官方发布的 DOU+ 禁止推广的具体内容有 27 个大方向，除了基本可了解的禁止内容外，有几点需要特别注意。

金融类内容限制主要包括严禁推广非法金融活动和服务，如非法集资、高利贷以及相关违法贷款产品，同时避免涉及正规金融产品的不当宣传，包括但不限于股票配资、外汇交易、

高风险融资和理财投资、数字货币交易、POS机招商等，确保不触碰法律法规红线。

医疗健康领域的内容严格遵守国家医疗广告发布规定，禁止宣传国家明令禁止的疾病治疗广告、器官买卖、违法生育服务及产品，以及未经许可的药品、医疗器械信息。对于存在高风险的医疗行为、药品、保健品推销，如在线诊疗、特定疾病治疗宣传、未经验证的保健品功效声明等，均在禁止之列。

化妆品相关宣传需规避使用未经批准的成分声明，尤其是干细胞疗法、生长因子等敏感内容，同时不得推广具有不确定安全性和效果的产品，确保消费者权益。

动物保护原则下，禁止平台上进行任何活体宠物的交易和促销活动，包括变相的活体宠物盲盒等营销方式，促进动物福利与合法交易环境。

教育板块内容强调符合国家教育方针政策，严禁违规招生、宣传已被取消或不具备官方认证的培训资质，避免触及校外培训敏感领域，特别是对于特殊需求学生的非正规教育干预，以及可能诱导青少年不良行为矫正的非正规教育宣传，保障教育环境的健康发展。

如果想了解更多审核不通过的原因，可以点击抖音APP右下角“我”按钮，再点击右上角3条杠，接下来点击“抖音创作者中心”（企业用户点击“企业服务中心”）按钮，点击“涨流量”中的“DOU+上热门”页面图标，进入图8-35所示界面。点击按钮，进入图8-36所示界面。

继续点击右上角按钮，出现图8-37所示界面，在关键词搜索框输入“审核不通过”文字，点击搜索后出现“DOU+禁止推广内容”词条，如图8-38所示。点击该词条即可查看更多审核不通过的原因。

图8-35

图8-36

图 8-37

图 8-38

DOU+ 上热门投放管理

DOU+ 上热门投放订单查看

先点击抖音 APP 右下角“我”图标，再点击右上角 3 条杠，最后点击“抖音创作者中心”按钮（企业用户点击“企业服务中心”按钮），进入图 8-39 所示的页面。

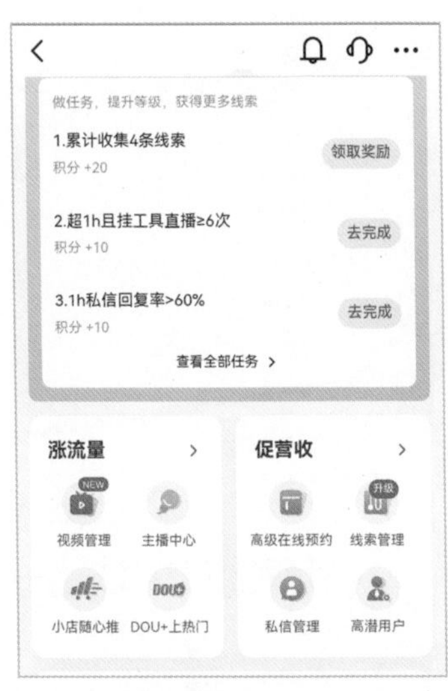

图 8-39

点击“涨流量”中的“DOU+ 上热门”页面图标，进入如图 8-40 所示界面。

图 8-40

再点击右上方的 按钮，进入如图 8-41 所示界面。

最后，点击“投放管理”按钮可以看到投放订单和相关数据。如图 8-42 所示。

图 8-41

图 8-42

点击订单右侧的“续费加热”按钮，即可查看投放订单的“订单详情”。在总数据中可以看到订单投放的“推广效果”“互动数据”“线索数据”“新增粉丝数据”“内容分析”和“观众画像”，如图 8-43 ～ 图 8-45 所示。

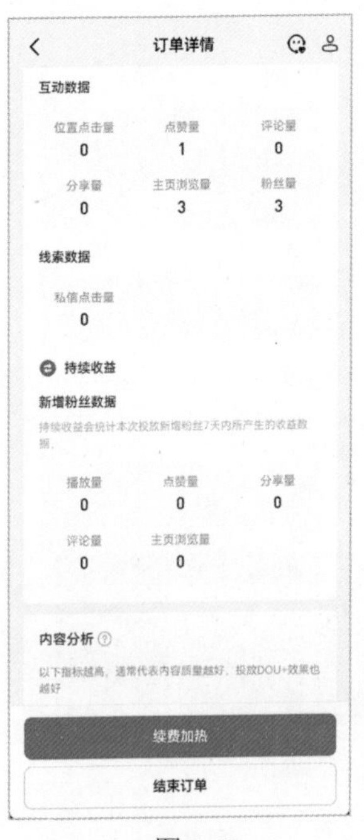

图 8-43

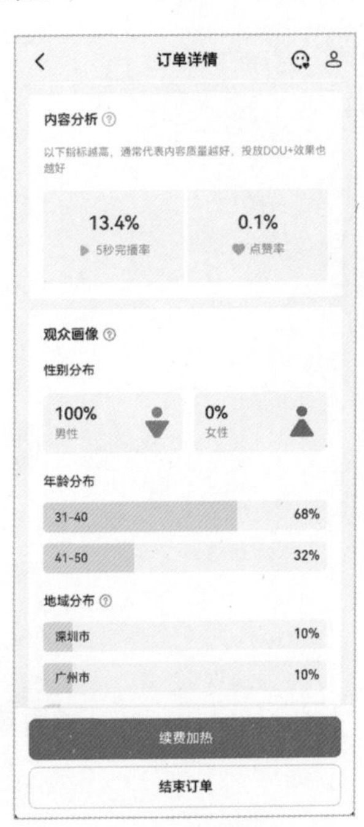

图 8-44

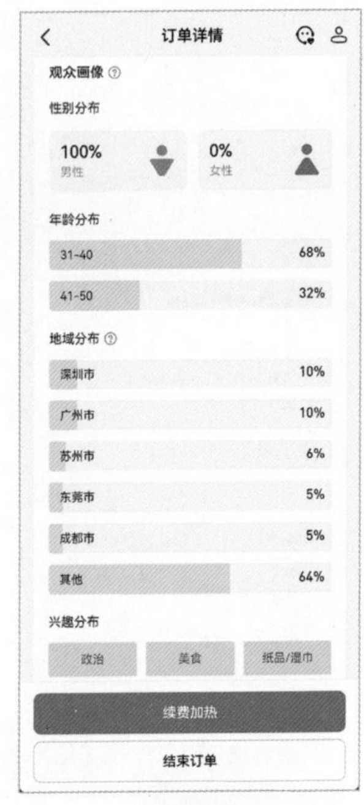

图 8-45

查看 DOU+ 数据中心

在“投放管理”界面点击“查看 DOU+ 数据中心”按钮，即可查看相关数据。

❶ 数据全景

在数据全景中可以看到“数据总览”“投放数据”“转化成本”等相关数据，可以更直观、整体地看到投放情况。如图 8-46 所示。

❷ 作品投放数据

在作品投放数据中可以看到具体单个视频的投放详情。分析单个视频数据风格以便于以后定向推广，如图 8-47 所示。

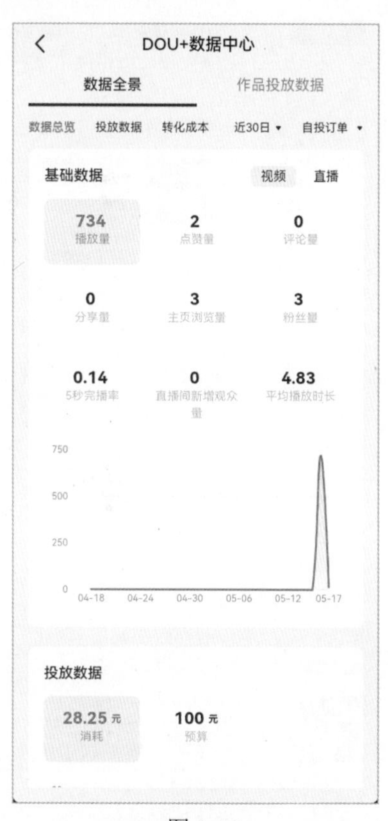

图 8-46

图 8-47

“小店随心推”推广订单管理

在“创作者服务中心”按钮（企业用户点击“企业服务中心”按钮）点击“涨流量”中的“小店随心推”页面图标，进入如图 8-48 所示界面。

点击“订单”按钮，进入订单详情页面，如图 8-49 所示。

点击每个订单后的“查看详情”按钮，即可实时查看审核投放情况，如图 8-50 所示。

图 8-48

图 8-49

图 8-50

如果推广内容中出现了其他广告素材，则审核不会通过。在笔者推广的一条视频中出现了有关索尼相机的商标，所以，此次视频的推广没有通过，如图 8-51 和图 8-52 所示。

图 8-51

图 8-52

如何中止 DOU+ 或小店随心推的投放订单

中止投放的条件

如果要终止投放则要满足以下条件。

（1）消耗高于一定门槛。

（2）审核时间达到上限。

（3）是直播订单但直播间未开播。

（4）投放时长大于预计投放时长，剩余终止次数为 6 次。

如果以上条件有一个未满足，则无法终止投放。

首先创建订单，其次是进行订单审核，审核中和投放之前是无法终止订单的。

如果中止操作成功，未消耗的费用将退还到 DOU+ 账户，退还 DOU+ 账户后还可以再次投放。

如何终止投放中的订单

投放中要随时观察数据，以笔者投放的 DOU+ 上热门订单为例，在投放 2.4 h 时查看到播放量为 22。在投放 6.4 h 的时候查看到播放量为 673，如图 8-53 所示。发现无论是播放数据，还是点赞互动数据都不是很好。

由此判断此次推广效果不是很理想，考虑终止投放中的订单，如图 8-54 所示。终止订单的具体操作方法如下。

在“投放管理”中，点击投放中的订单右侧的“续费加热”按钮，如图 8-55 所示。

进入“订单详情”页面。点击下方的“结束订单”按钮，如图 8-56 所示，点击“确定”按钮，投放终止。

图 8-53

图 8-54

图 8-55

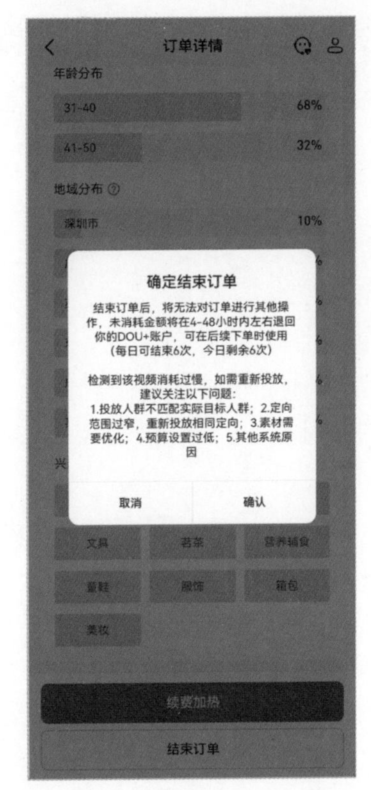

图 8-56

用 DOU+ 推广直播

直播间的流量来源有若干种，其中最稳定的流量来源就是通过 DOU+ 推广获得的付费流量。下面讲解两种操作方法。

用“DOU+ 上热门”推广直播间

先点击抖音 APP 右下角“我”图标，再点击右上角 3 条杠，然后点击“抖音创作者中心”按钮（企业用户点击“企业服务中心”按钮），最后点击“上热门”图标进入“DOU+ 上热门”页面。

在此页面的“我想要”区域，选择“直播间推广”图标，如图 8-57 所示。

在“更想获得什么”区域，可以从“直播间获客”“私信咨询”“组件点击”“直播间人气”“直播间涨粉”“观众打赏”“观众互动”7 个选项中选择一个进行推广。在此，建议新手主播选择“观众互动”，因为，只有直播间的互动率提高了，才有可能利用付费的 DOU+ 流量带动免费的自然流量。如果选择“直播间人气”，有可能出现人气比较高，但由于新手主播控场能力较弱，无法承接较高人气，导致付费流量快速进入直播间，然后快速撤出直播间的情况。

选择“直播间人气”“直播间涨粉”“观众打赏”“观众互动”时，会出现“选择推广直播间的方式”菜单，有 2 个选项可以选择，如图 8-58 所示。

如果选择“直接加热直播间”，DOU+ 会将直播间加入推广流，这意味着目标粉丝在刷直播间时，有可能会直接刷到创作者正在推广的直播间，此时，如果直播间的场景美观程度高，则粉丝有可能在直播间停留，否则，会滑向下一个直播间。

图 8-57

图 8-58

如果选择“选择视频加热直播间”，DOU+会推广在下方选中的一条视频，这种推广与前面讲解过的DOU+推广视频没有区别。当这条视频被粉丝刷到时，会看到头像上的“直播”字样，如图8-59所示，如果视频足够吸引人，粉丝就会通过点击头像，进入直播间。

图 8-59

在“我的推广设置是”区域，可以点击“切换至推荐套餐”，获得更多关于推广设置的参数，如图8-60所示，这些参数前面讲解过，在此不再赘述。

图 8-60

用“小店随心推”推广直播间

先点击抖音APP右下角“我”图标，再点击右上角3条杠，然后点击“抖音创作者中心”按钮（企业用户点击“企业服务中心”按钮），最后点击“小店随心推”图标进入“小店随心推”的管理中心，如图8-61所示。

点击“直播推广”按钮，可以选择当前账号直播间进行推广，如图8-62所示。也可以点击账号右侧“切换账号”按钮，对其他直播间进行推广，如图8-63所示。

图 8-61

图 8-62

图 8-63

“小店随心推”中也有“直接加热直播间”和“选择视频加热直播间”两种加热方式，和“DOU+上热门”不同的是，推广设置中可以选择希望提升的内容。在套餐推广中，可以选择“直播成交”套餐、“ROI提升”套餐、“人气热度”套餐，如图8-64所示。在自定义推广中，可以选择提升“成交”“支付ROI”“下单”“直播加热”“粉丝提升”“商品点击”，如图8-65所示。

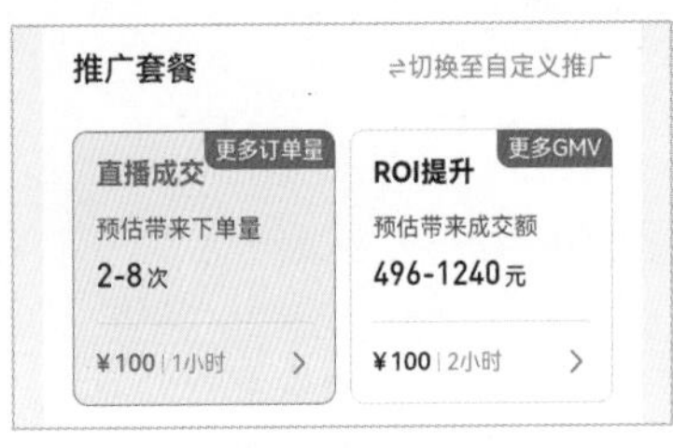

图 8-64

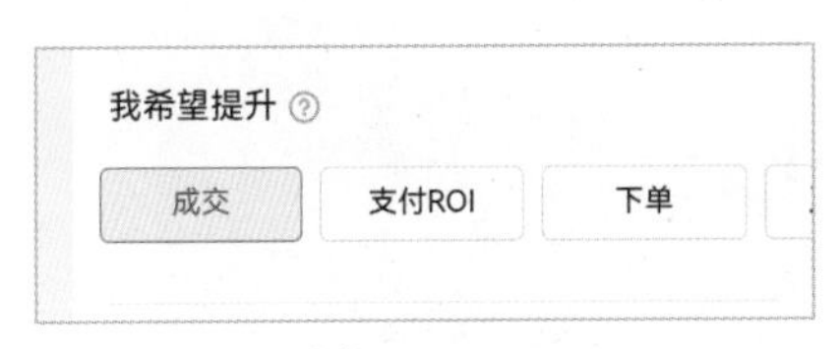

图 8-65

新号投 DOU+ 小心这 5 个坑

无论是否完整学习过 DOU+ 投放理论，许多新手也都或多或少地了解 DOU+ 的作用，因此，有相当一部分人，会在焦虑与着急的心理影响下，开始投放 DOU+。

事实证明多数新手往往会踩中以下 5 个坑中的一个或多个。

主页内容误区

投放 DOU+ 前，一定要确保主页里至少有 30 条以上垂直优质视频，再投 DOU+。

否则，即便视频上热门，用户到主页一看，并没有发现多少有份量的东西，也不会关注。

要明白，DOU+ 是锦上添花，不是雪中送炭。

投放智能推荐误区

一个新号由于没有历史数据，因此，即便在 DOU+ 选项里选择“智能推荐”选项，效果也并不好。因为抖音只能依靠视频的字幕、标题、画面来判断，视频应该推送给哪一类人群，这种推测会浪费付费的 DOU+ 推荐流量。

投放点评与评论误区

新号的首要任务是做粉丝量，所以，一定要投粉丝量，而且越精准越好。

投放相似达人误区

除非新手账号的内容比相似达人更优质，否则那些相似达人对新手账号就是降维打击，关注了更优质相似达人的粉丝不可能再关注新手账号。

一定要投放品质不如自己的相似达人，将这些对标账号的粉丝吸引到自己的账号上来。

投放带货视频误区

一个新手账号由于粉丝数量不高、点赞数量不多，因此，“气场”上是比较弱的。

在这种情况下投放带购物车的视频，只会给粉丝一个“急功近利”的印象。

这并不是说，投放带购物车的视频完全没有作用，只是相比较而言，相同的费用投放在“干货”视频上，性价比、投入产出比会更高一些。

无法投放 DOU+ 的 8 个原因

很多朋友会遇到投放 DOU+ 的视频无法通过审核的情况。虽然官方会给出视频没有通过审核的原因，但这个原因往往模糊不清，导致很多用户不知道自己的视频不能投放 DOU+ 的原因究竟是什么，也不知道从哪些方面进行修改，如图 8-66 所示。

图 8-66

笔者根据自身几千次 DOU+ 投放经验，总结出了以下 8 种可能会导致审核不通过的情况。

视频质量差

视频内容不完整、画面模糊、破坏景物正常比例、3s 及 3s 以下的视频、观看后让人感到极度不适的视频，这些都是“质量差的视频”，也就不会允许其投放 DOU+。

非原创视频

如果发布的视频是从其他平台上搬运过来的，非原创的，也不会通过审核。其判定方法通常为，视频中有其他平台水印、视频中的 ID 与上传者的 ID 不一致、账号被打上“搬运好”标签、录屏视频等。

视频内容负面

如果视频内容传递了一种非正向的价值观，并且含有软色情、暴力等会引起观众不适的画面，同样不会通过审核。

隐性风险

当视频内容涉嫌欺诈，或者是标题党（标题与视频内容明显不符），以及出现广告、医疗养生、珠宝、保险销售等内容时，将很难通过审核。

广告营销

视频内容中含有明显的品牌定帧、品牌词字幕、品牌水印和口播等，甚至是视频背景中出现品牌词都将无法通过审核。

未授权明星 / 影视 / 赛事类视频

尤其是一些刚刚上映的影视剧，一旦在非授权的情况下利用这些素材，大概率无法通过审核。

视频购物车商品异常

如果视频中的商品购物车链接无法打开，或者商品的链接名称中包含违规信息，均无法通过审核。

视频标题和描述异常

视频标题和描述不能出现以下信息，否则将无法使用 DOU+。

（1）联系方式：手机号码、微信号、QQ 号、二维码、微信公众号和地址等。

（2）招揽信息：标题招揽、视频口播招揽、视频海报或传单招揽、价格信息和标题产品功效介绍等。

（3）曝光商标：品牌定帧、商业字幕和非官方入库商业贴纸等。

不同阶段账号的 DOU+ 投放策略

处于不同阶段的账号，需要解决的问题和决定未来发展速度的关键点不同，所以投放策略也不同。笔者按粉丝数量，将抖音账号分为 4 个阶段，分别是一千粉丝以下、一万粉丝以下、十万粉丝以下和百万粉丝以下。

千粉级别账号重在明确粉丝画像

千粉以下的抖音账号处于起步阶段，该阶段的重点在于知道哪些观众喜欢自己的视频。通过 DOU+ 智能投放，则可以加速粉丝画像的形成，为之后的精准 DOU+ 投放打下基础。同时，在该阶段还需要为账号打上标签。因为没有标签的账号，流量不精准，非常不利于之后的发展，所以此时发布的视频要高度垂直，如图 8-67 所示。

万粉级别账号重在获得精准流量

粉丝达到千粉以上后，已经形成了相对准确的粉丝画像，就可以有针对性地选择达人相似投放，进而获得精准的，确定对自己所处领域感兴趣人群的流量，实现粉丝量进一步突破，如图 8-68 所示。

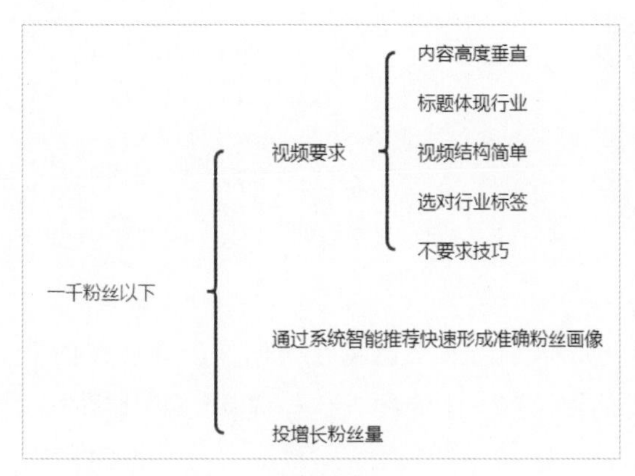

图 8-67

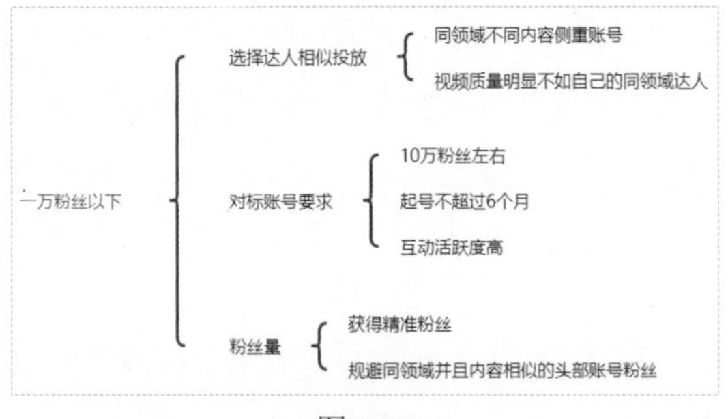

图 8-68

十万粉级别账号重在撬动自然流量

粉丝破万后，即有了一定的粉丝基础，同时自然流量的精准性也会较高。接下来就可以利用 DOU+ 来撬动庞大的自然流量池，打造爆款视频，并利用爆款视频带来的巨大流量持续涨粉，如图 8-69 所示。

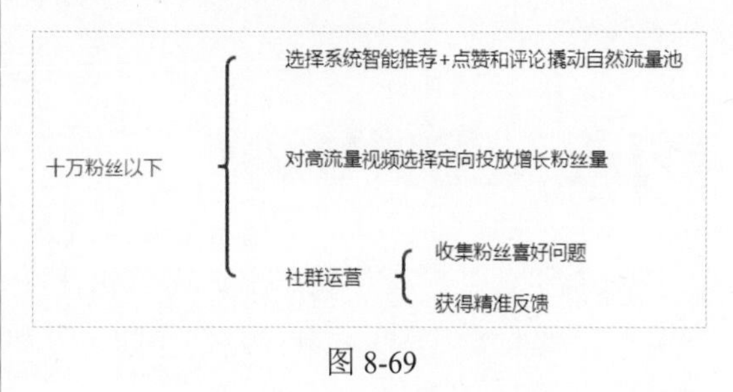

图 8-69

百万粉级别账号重在拦截新号流量

突破 10 万粉丝的账号已经进入账号成长的后期，可以利用积累的人气，对新号进行降维打击。选择粉丝增长势头较猛的新号进行达人相似投放，充分发挥已有优势，如图 8-70 所示。

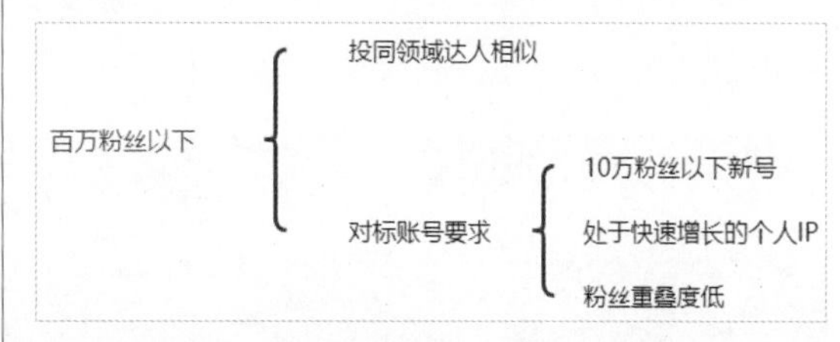

图 8-70

第9章
利用 AI 技术高效制作视频

使用 AI 一键制作短视频

AI 技术让视频制作变得更加简单快捷，即便是非专业人士也能轻松创作出高质量的视频作品，极大地拓宽了视频内容创作的边界和可能性。接下来介绍 3 个一键制作短视频的 AI 工具。

用剪映一键制作短视频

剪映推出的“文字成片”功能，可以将文字内容转化为生动的视频，自动生成解说音频，同时添加背景音乐，确保视频制作质量。这项功能既方便又实用。这让即使没有专业视频编辑经验的人，也能够快速制作出具有文字成片效果的视频。接下来对剪映的“文字成片”功能展开具体介绍。

（1）打开剪映专业版，单击“文字成片”图标，进入图 9-1 所示窗口，目前文字成片功能是免费使用的。生成一个视频脚本，内容涉及一位美食博主探访一家具有独特魅力的小店。

图 9-1

（2）接下来编辑文案，可以选择“自由编辑文案”或者“智能写文案”。

“自由编辑文案”是指手动输入文案，“智能写文案”是指用 AI 工具生成文案，如图 9-2 所示。

（3）接下来用“智能写文案”的方式来生成视频的文案，选择“美食推荐”菜单栏，输入“美食名称”“主题”，设置“视频时长”，如图 9-3 所示。

（4）单击“生成文案”按钮，AI 自动生成了 3 种文案，如图 9-4 ～ 图 9-6 所示。

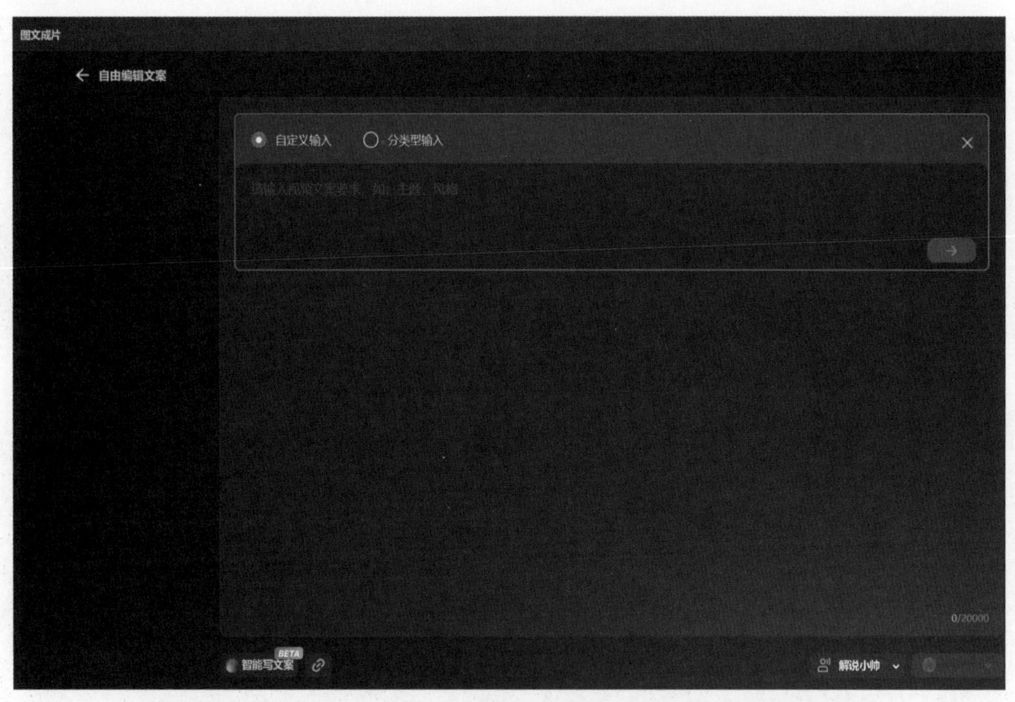
图文成片
自由编辑文案
自定义输入
分类型输入
0/20000
BETA
智能写文案
解说小帅

图 9-2

文字成片
已有文案?
自由编辑文案
智能写文案
情感关系
励志鸡汤
美食教程
美食推荐
营销广告
家居分享
旅行感悟
旅行攻略
生活记录
自定义输入
美食名称
山东美食
主题
好吃的，必吃的
视频时长
不限时长
1分钟左右
1-3分钟
3分钟以上
生成文案

图 9-3

文案结果 1

大家好，今天我要给大家介绍的是山东美食，山东是中国的一个重要省份，这里有着丰富的历史文化和美食文化。山东美食以面食为主，包括刀削面、煎饼果子、手擀面等，这些面食口感筋道，深受大家的喜爱。除此之外，山东还有很多好吃的菜肴，比如鲁菜、胶东菜等，都是有着浓郁地方特色的美食。如果你来到山东，一定要尝一尝当地的美食，保证让你回味无穷。

图 9-4

文案结果 2

大家好，今天我要为大家介绍的是山东美食，这里有很多好吃的，必吃的美食，让你垂涎欲滴。
首先是山东的煎饼，不管是在山东本地还是外地，都受到广泛欢迎。它的制作简单，口感好，可以卷一切，炒菜吃，还可以烙饼吃。最好吃的当属青岛的葱油饼，金黄酥脆，香气扑鼻，让你吃了还想再来一个。
山东的美食还有鱼肉，尤其是鲁菜中的鱼，做法多种多样，最有名的是烤鱼，口感鲜美，肉质细嫩。还有山东的红烧肉，也是一道经典的鲁菜，口感鲜美，肥而不腻。
除了这些，山东还有很多特色小吃，比如羊肉串、烤肉串、煎饼果子、麻辣烫等等，这些小吃不仅味道好，而且价格实惠，是山东人日常饮食中不可或缺的美食。
总之，山东美食的特色鲜明，口感好，品种多，是你不可以错过的美食天堂。如果你想品尝正宗的山东美食，不妨来一次山东之行，亲自体验一下这美妙的味蕾之旅。

图 9-5

文案结果 3

大家好，今天我要为大家介绍的是山东美食，这里有着丰富的历史文化和美食文化，让人流连忘返。山东美食以面食为主，比如葱花饼、煎饼果子、杂粮煎饼等，还有各种特色小吃，比如麻辣烫、烤肉串、肉饼等，都是让人无法抵抗的美味。除此之外，山东还有着许多传统的美食，比如鱼锅、海鲜焖子、鲁菜等，都是让人垂涎欲滴的美食佳肴。无论你喜欢什么口味，都能在山东找到适合自己的美食。所以，快来山东品尝一下这里的美食，相信你一定会爱上它们的。

图 9-6

（5）选择其中一个文案，进行编辑优化，笔者选择了第二种文案进行了优化，内容编辑后如图 9-7 所示。

（6）接下来为视频选择配音，笔者选择的是“纪录片讲解”的配音风格。

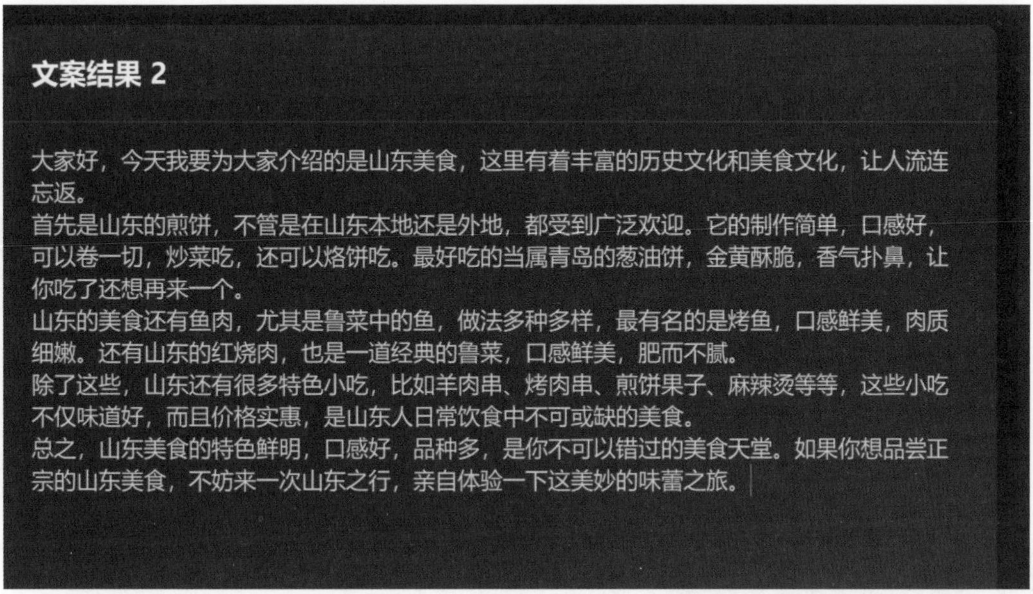

文案结果 2

大家好，今天我要为大家介绍的是山东美食，这里有着丰富的历史文化和美食文化，让人流连忘返。
首先是山东的煎饼，不管是在山东本地还是外地，都受到广泛欢迎。它的制作简单，口感好，可以卷一切，炒菜吃，还可以烙饼吃。最好吃的当属青岛的葱油饼，金黄酥脆，香气扑鼻，让你吃了还想再来一个。
山东的美食还有鱼肉，尤其是鲁菜中的鱼，做法多种多样，最有名的是烤鱼，口感鲜美，肉质细嫩。还有山东的红烧肉，也是一道经典的鲁菜，口感鲜美，肥而不腻。
除了这些，山东还有很多特色小吃，比如羊肉串、烤肉串、煎饼果子、麻辣烫等等，这些小吃不仅味道好，而且价格实惠，是山东人日常饮食中不可或缺的美食。
总之，山东美食的特色鲜明，口感好，品种多，是你不可以错过的美食天堂。如果你想品尝正宗的山东美食，不妨来一次山东之行，亲自体验一下这美妙的味蕾之旅。

图 9-7

（7）单击下方“生成视频”的图标，会出现“智能匹配素材”“使用本地素材”“智能匹配表情包”三种成片风格，如图 9-8 所示。

注意：“智能匹配素材”功能开通 VIP 才可使用。

（8）“使用本地素材”生成后是没有视频画面的，需要自行添加，单击“生成视频”中的“使用本地素材”按钮即可生成视频，效果如图 9-9 所示。

注意：全部素材都需要自行上传，比较麻烦，失去了 AI 视频制作的便捷性。所以，笔者选择“智能匹配素材”生成方式进行讲解。

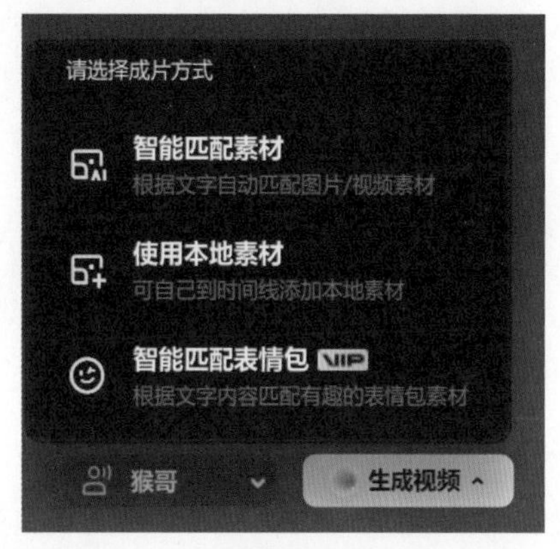

图 9-8

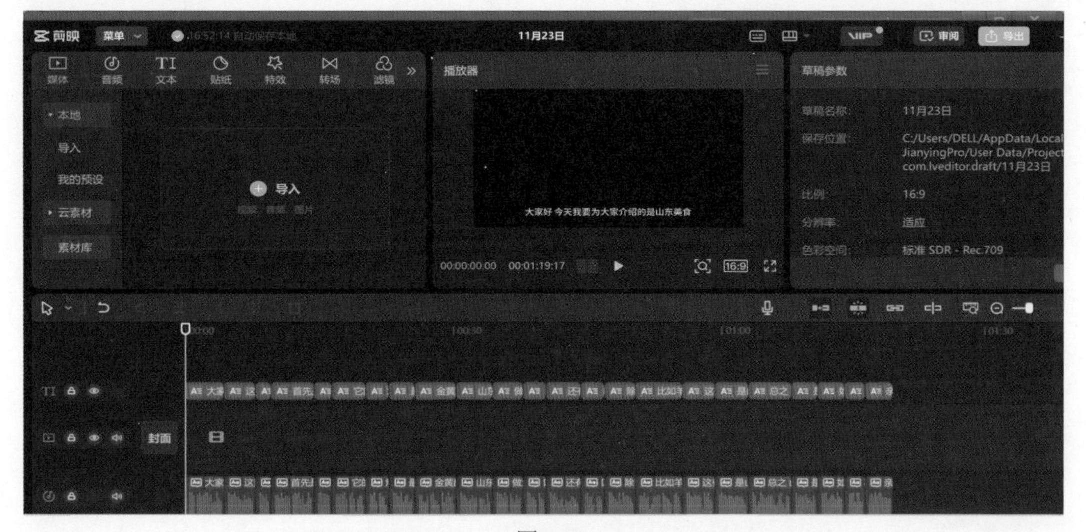

图 9-9

（9）单击“智能匹配素材”按钮，开始生成视频，视频生成后跳转到视频编辑器页面，如图9-10所示。

图 9-10

（10）在视频编辑器里可以二次编辑，对视频进行进一步优化。

注意：二次编辑和之前运用剪映剪辑的方法一致，AI 生成的视频是从云端素材库中自动选择的，会出现与文案不匹配的情况，需要自行替换素材。

（11）新视频编辑好后单击右上角“导出”按钮即可保存视频。

用度加 AI 创作工具一键生成视频

度加创作工具是百度开发的一款 AIGC 创作工具网站，主要提供 AI 成片（包括图文成片和文字成片）、AI 笔记（智能生成图文内容）和 AI 数字人等功能。本节主要讲解度加的 AI 一键成片功能，具体操作步骤如下。

（1）进入 https://aigc.baidu.com/ 网址，注册登录后，进入如图 9-11 所示页面。

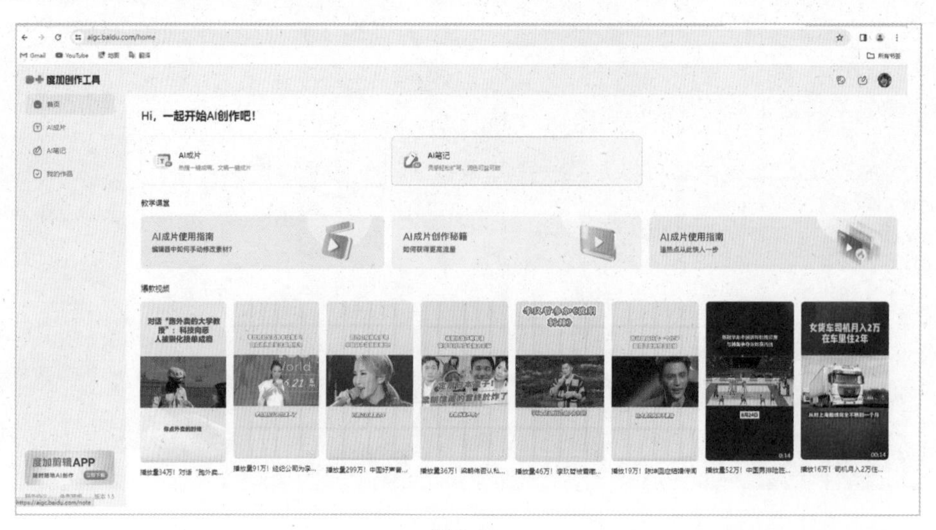

图 9-11

（2）单击左侧“AI 成片”按钮，输入视频文案。文案填充的方法有“输入文案成片”和“选择文章成片”两种方式。目前“选择文章成片”无法使用。笔者选择“输入文案成片”的方法进行操作，如图 9-12 所示。

图 9-12

（3）在“输入文案成片”的右侧有“热点推荐”菜单，可添加热点文章，如图 9-13 所示。

注意：“热点推荐”每日可免费使用 3 次。

（4）单击相关热点标题，即可自动生成文案和视频素材，笔者选择了关于“荣耀 Magic6 手机”的热点话题，生成的文案和视频素材如图 9-14 所示。

如果对生成的文案不满意可以对其手动修改或者“AI 润色”。

如果不使用“热点推荐”，也可以自己手动输入其他内容的文案。

（5）接下来对文案下方的“关键素材”进行有选择的勾选，勾选后的素材将在合成视频中展现。笔者勾选的视频素材如图 9-15 所示。

（6）单击“一键成片”按钮，进入如图 9-16 所示页面，可以看到制作视频的整个过程。

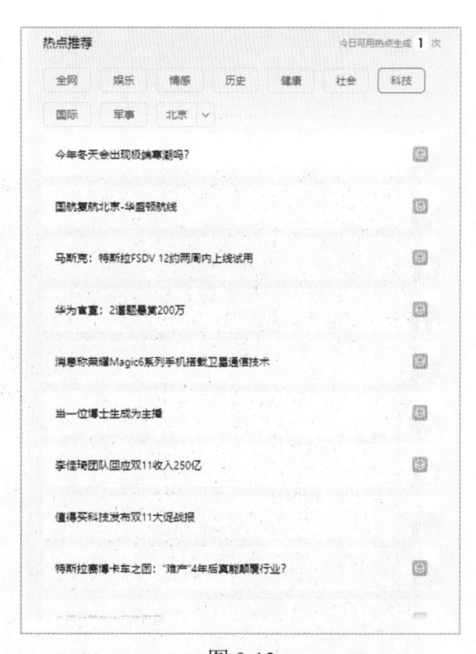

图 9-13

图 9-14

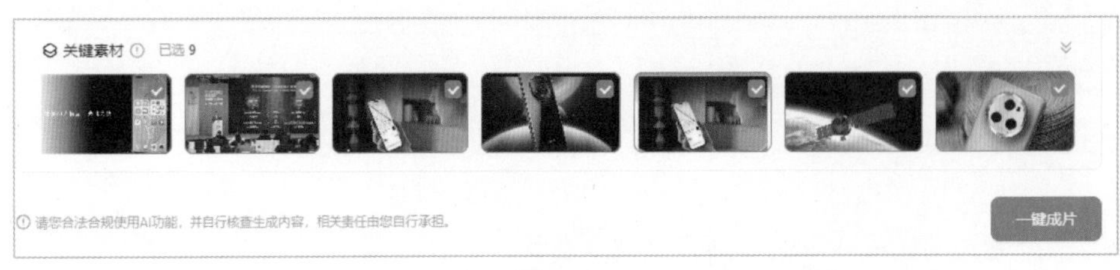

图 9-15

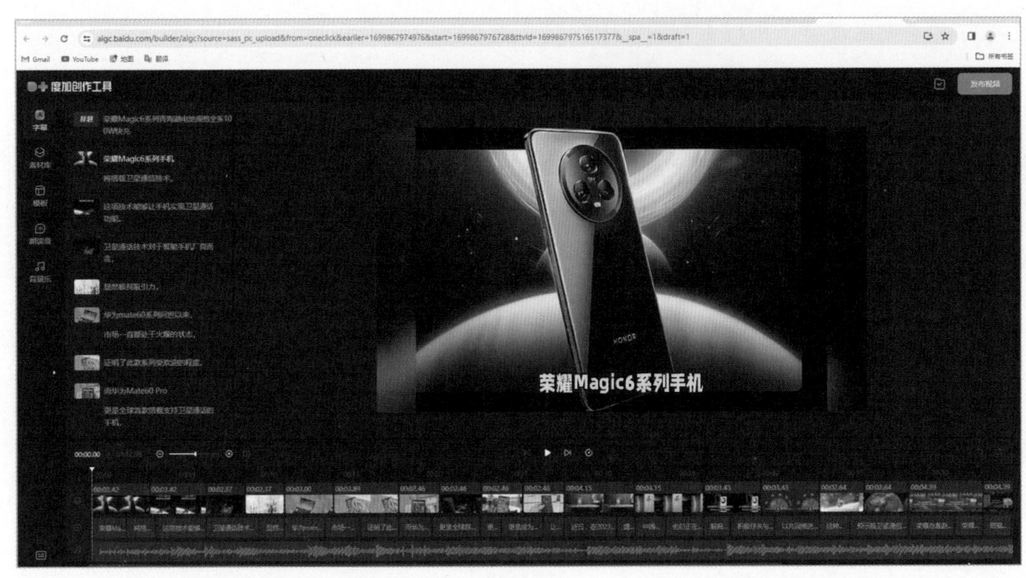

图 9-16

（7）接下来对生成的视频进行优化。单击左侧“字幕”图标，开始编辑字幕。可以输入 30 字以内的标题，也可以对原视频中的文字部分进行更改，如图 9-17 所示。

（8）单击左侧“素材库”图标，在素材库中替换视频素材。“素材库”中有“推荐素材”“本地素材”“全网搜（百度来源，版权可能会受到保护）”三种素材来源，如图 9-18 所示。

AI 生成的视频来源于网络素材，会出现和内容不匹配的情况，需要人工干预，自行替换相匹配的素材。

（9）单击左侧“模板”图标，为视频添加模板。模板添加完成后会改变原视频整体的字体和背景填充，具体模板如图 9-19 所示。

图 9-17

图 9-18

图 9-19

（10）单击左侧“朗读音”图标，选择合适的朗读声音，目前声音库中提供了 20 种不同风格的声音，挑选完声音后可进行调整语速和音量，如图 9-20 所示。

（11）单击左侧“背景乐”图标，添加合适的背景音乐并调整音量，如图 9-21 所示。

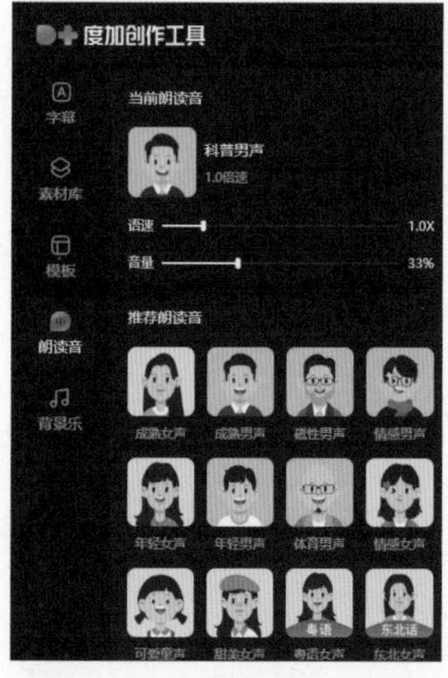

图 9-20

图 9-21

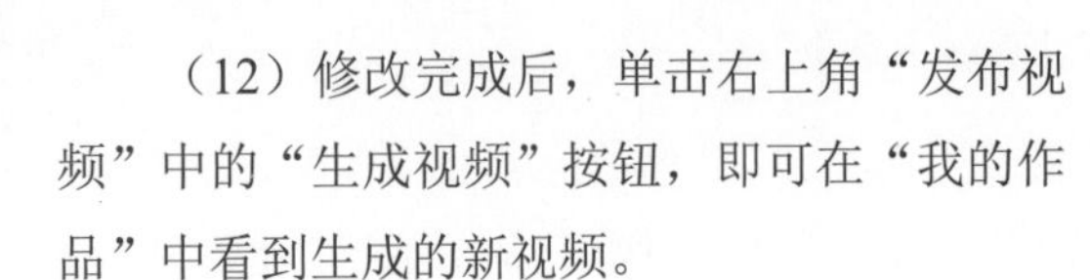

（12）修改完成后，单击右上角“发布视频”中的“生成视频”按钮，即可在“我的作品”中看到生成的新视频。

注意：每日可免费生成视频5次，该AI工具中的视频素材来源于网络，不得用于商业目的，请谨慎使用。

使用腾讯智影AI一键制作短视频

腾讯智影是一款提供云端智能视频创作的工具，主要专注于提供“人”“声”“影”三方面的能力。其中，腾讯智影最核心的功能是“智影数字人”。在“声”方面，腾讯智影提供了多项功能，包括文本配音、音色定制和智能变声等，使用者可以根据需要自由选择。在“影”方面，腾讯智影的AIGC技术极大地提升了视频内容的生产效率和质量。

需要注意的是，新用户登录有免费金币可用，金币可用于支付智能工具。有些功能只有VIP才可使用，“高级会员版”一个月38元，“专业会员版”一个月68元。接下来主要介绍腾讯智影中“影”方面的应用。腾讯智影的数字人应用操作步骤如下。

（1）打开https://zenvideo.qq.com/网址，注册登录后，进入如图9-22所示页面。

（2）单击“智能小工具”中的“文章转视频”图标，进入如图9-23所示页面。

图9-22

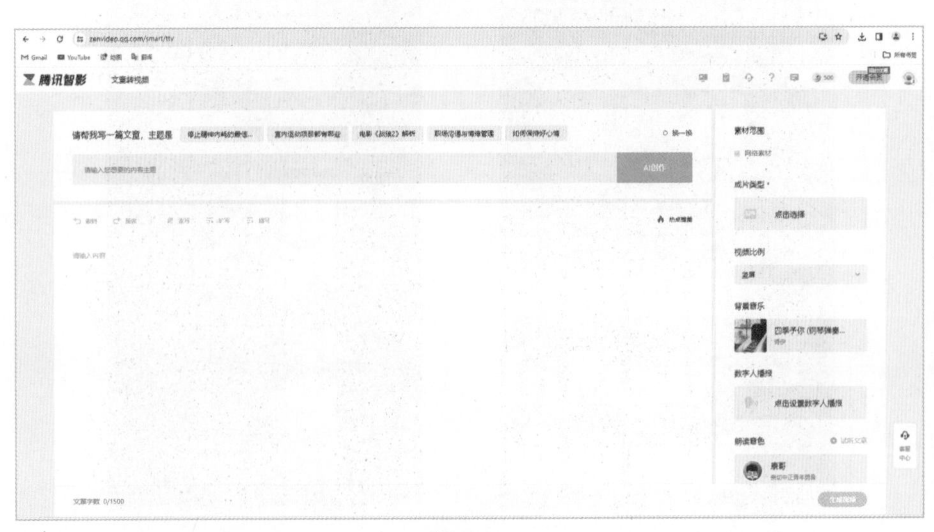

图9-23

（3）接下来输入视频文案。文案输入有三种方法，一是输入主题词，由 AI 自动生成文章。二是选择热点文章，一键填充。三是在文本框中手动输入文案。笔者选择在热点榜单内选择文章。

（4）单击位于内容输入框右上角的“热点榜单”图标。热点榜单包括“社会”“娱乐”“财经”“教育”“体育”“影视综艺”6 个大类，每个大类实时更新所选领域的热点信息，并附带热点配文，如图 9-24 所示。

图 9-24

（5）选中要选择的热点文章，单击“使用”按钮，即可生成文章，笔者选择了关于“双十一李佳琦收入”的一篇热点文章，如图 9-25 所示。

图 9-25

（6）使用 AI 改写功能，对文章内容进行润色、改写、缩写，单击“AI 创作”按钮，即可对文章进行优化。

（7）接下来对视频进行具体设置，在右侧编辑区设置生成视频的成片类型、视频比例、背景音乐、数字人播报、朗读音色，如图 9-26 所示。

（8）单击右下方“生成视频”按钮，如果生成视频的时间过长可单击“后台生成”按钮，生成的视频可在左侧菜单“我的草稿”中查看，如图 9-27 所示。

图 9-26

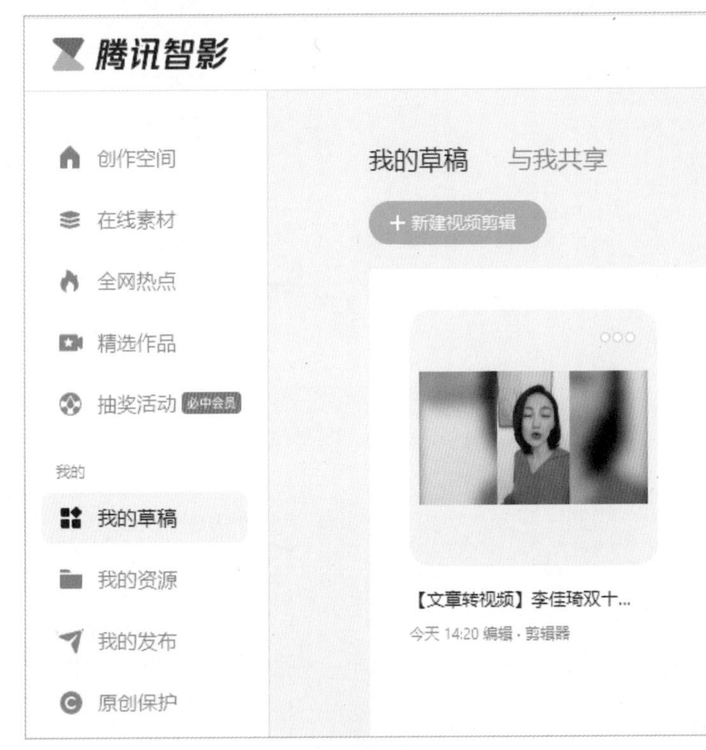

图 9-27

（9）单击生成的视频，自动跳转到“视频剪辑”功能板块中，可以在剪辑器进行调整，进行二次编辑，编辑页面如图 9-28 所示。

图 9-28

（10）编辑好视频后，单击右上方“合成”按钮，进入图 9-29 所示页面。

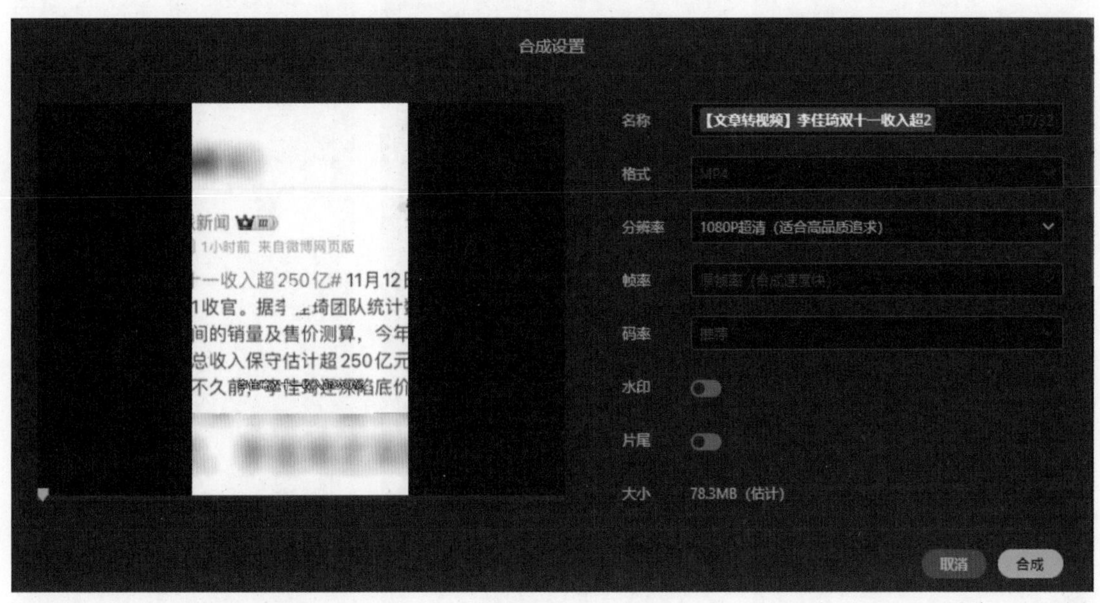

图 9-29

（11）设置好合成参数后单击右下方“合成”按钮，开始生成新视频。合成的新视频可在“我的资源”中查看，如图 9-30 所示。

图 9-30

使用 AI 为短视频配音

用剪映为短视频配音

剪映提供了多种风格的 AI 配音功能，使用者可以根据视频内容选择不同的声音类型，如标准播音员、温柔女声、活力男声等，甚至还有童声、方言等特色选项，让视频的配音更加贴合内容氛围和目标观众群体。具体操作步骤如下。

（1）选中已经添加好的文本轨道，点击界面下方的“文本朗读”按钮，如图 9-31 所示。

（2）在弹出的选项中，即可选择喜欢的音色。剪映内置了大量不同类型的配音可供选择。例如，剪映推出了“猴哥”“八戒”“海绵宝宝”等动漫人物配音，也有像“东北老铁”“河南大叔”“天津小哥”等地域性方言配音。这里我们选择“东北老铁”音色，如图 9-32 所示。简单两步，视频中就会自动出现所选文本的语音。

（3）使用同样的方法，即可让其他文本轨道也自动生成语音。这时会出现一个问题，相互重叠的文本轨道导出的语音也会互相重叠。此时，切记不要调节文本轨道，而是要单击界面下方的“音频”按钮，从而显示出已经导出的各条音频轨道，如图 9-33 所示。

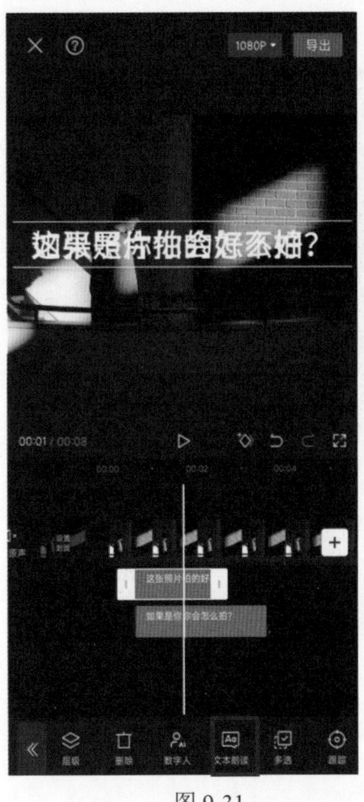

图 9-31

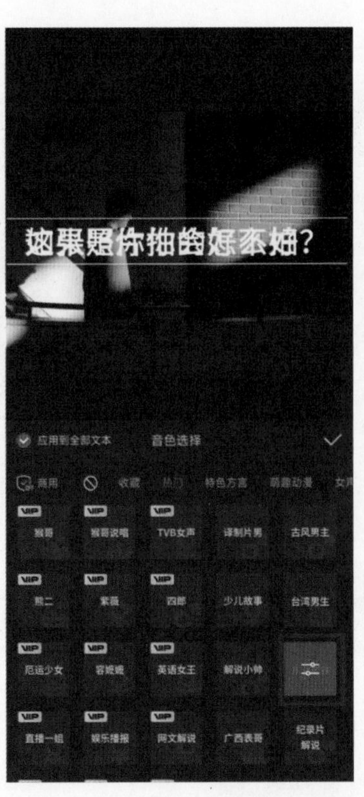

图 9-32

图 9-33

（4）只需要让音频轨道彼此错开，就可以解决语音相互重叠的问题，如图 9-34 所示。

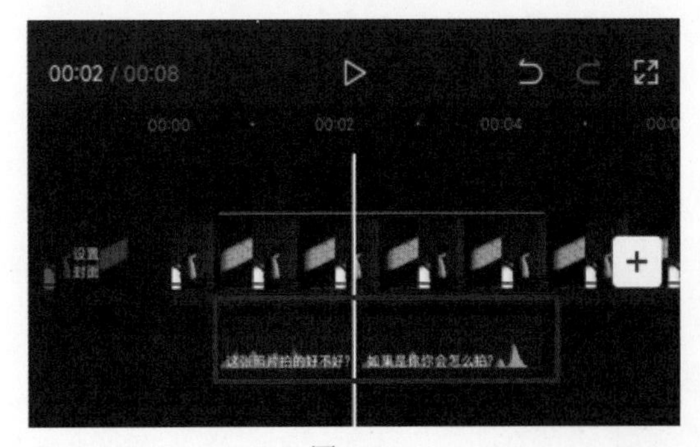

图 9-34

（5）如果希望视频中没有文字，但依然有“东北老铁”音色的语音，可以通过以下两种方法实现。

方法一：在生成语音后，将相应的文本轨道删掉即可。

方法二：在生成语音后，选中文本轨道，单击“样式”按钮，并将“透明度”设置为 0，如图 9-35 所示。

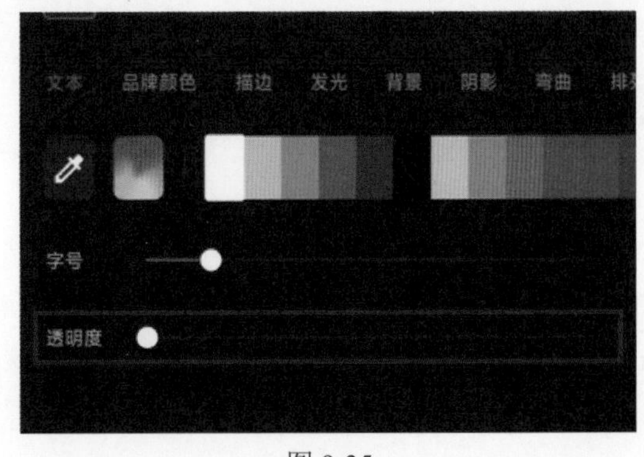

图 9-35

用 TTSMaker AI 进行高效文本配音

TTSMaker（马克配音）是一款免费的文本转语音工具，提供语音合成服务，支持多种语言，包括中文、英语、日语、韩语、法语、德语、西班牙语、阿拉伯语等 50 多种语言，超过 300 种语音风格，可以轻松地将文本转换为语音。可以用它制作视频配音，用于有声书朗读，或下载音频文件用于商业用途（完全免费）。

（1）进入 https://ttsmaker.cn/ 网址，进入 TTSMaker 界面，如图 9-36 所示。

图 9-36

（2）在“选择文本语言”中选择“中文简体”之后，单击“试听音色”按钮可以挑选适合的音乐进行使用，如图 9-37 所示。

图 9-37

注意：TTSMaker 支持最多单次“10000 字符”文字配音，每周免费额度为“30000 字符”，足以满足日常配音使用。

（3）选择在短视频影视配音中最常听到的“阿伟”音色，将准备好的文案复制到文本框内，如图 9-38 和图 9-39 所示。

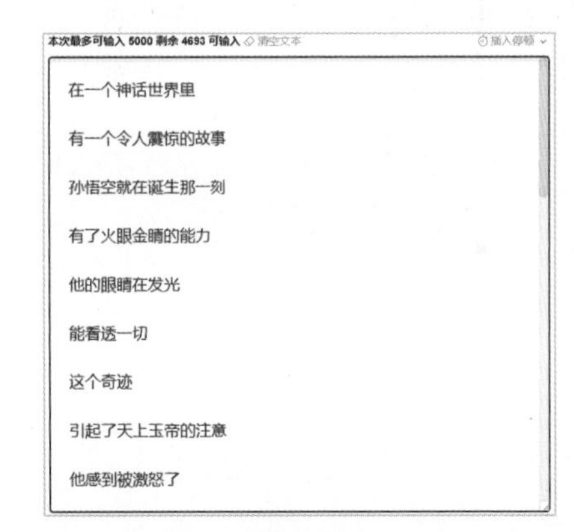

图 9-38

图 9-39

（4）单击右下方的“高级设置”中的“试听模式开关”之后，开始转换按键，会增加“试听 50 字模式”选项，如图 9-40 所示。

图 9-40

（5）单击“开始转换”按钮，便可以对文案前 50 字进行试听，试听之后的文件可以在转换记录中查询，如图 9-41 所示。

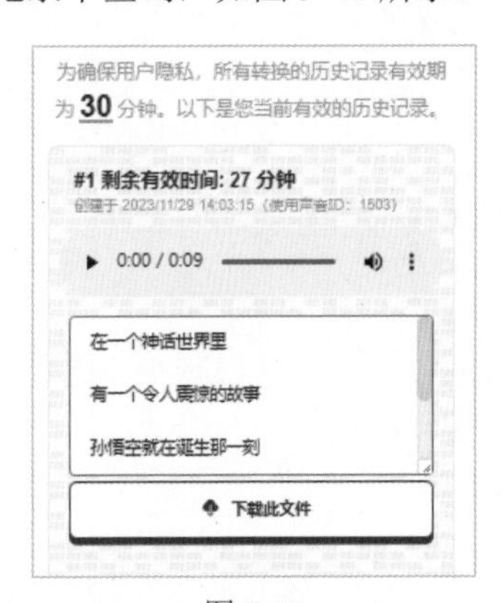

图 9-41

（6）试听之后，可以根据自己的需求调节“语速”“音量”“声调”“停顿时间”，如图 9-42 所示。

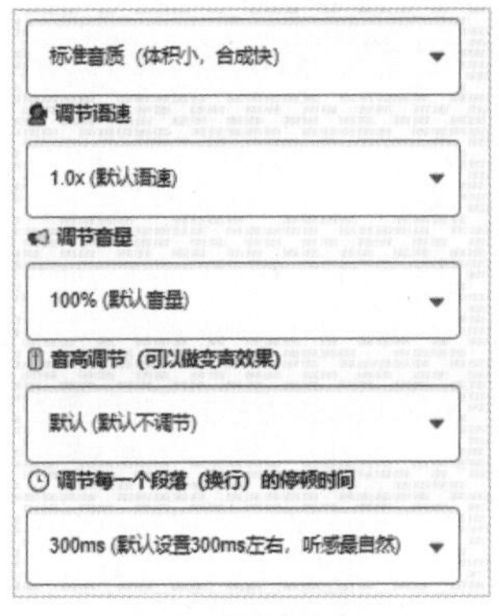

图 9-42

（7）调节完成之后，关掉“试听模式开关”，再次单击“开始转换”按钮便可以选择文件下载导出，如图 9-43 所示。

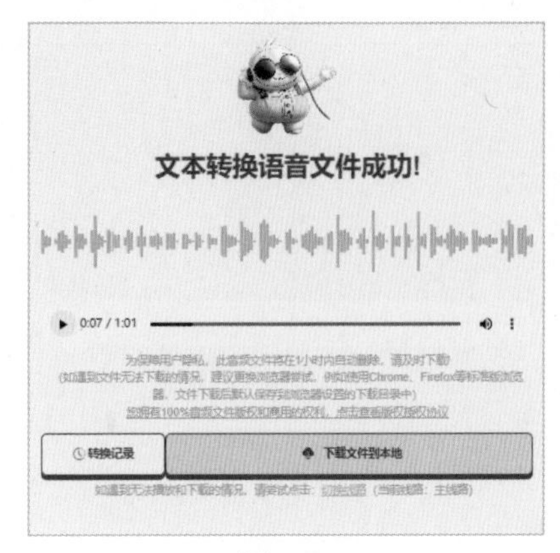

图 9-43

需要注意的是，所有生成的音频文件有效期为“30 分钟”，超过之后系统将自动删除，所以，在使用的过程中要及时进行下载，以免文件过期造成不必要的麻烦。

另外，文件下载默认为 MP3 格式，如果有其他文件格式要求的可以在“高级设置”中的“选择下载文件格式”和“音频质量”中进行选择。

使用 AI 克隆声音

通过剪映“克隆音色”功能快速配音

剪映推出的“克隆音色”功能，只需朗读一段随机文本，利用自身独特的嗓音特征，即可生成个性化的语音模型。整个过程就是首先运用个人声音进行朗读，随后软件会根据个人音色特质构建出专属的语音模型。接下来对剪映的“克隆音色”功能展开具体介绍。

（1）单击“新建文本”按钮，任意输入文字以方便进入“文本朗读”界面，如图 9-44 所示。

（2）选中文本轨道，在下方功能区中找到“文本朗读”功能按钮，如图 9-45 所示。

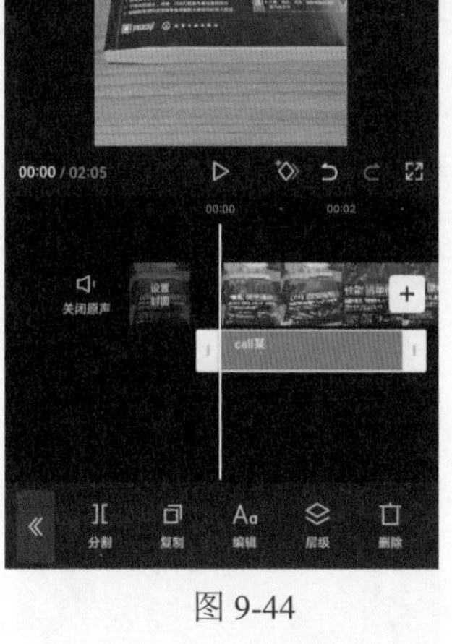

图 9-44　　　　图 9-45

（3）进入剪映音色生成条款界面阅读使用须知，选中“我已阅读并同意剪映音色生成条款”单选按钮，点击下方的“去录制”按钮，如图 9-46 所示。

（4）点击下方的“点按开始录制”按钮，根据文本例句进行有感情的朗读，如图 9-47 所示。

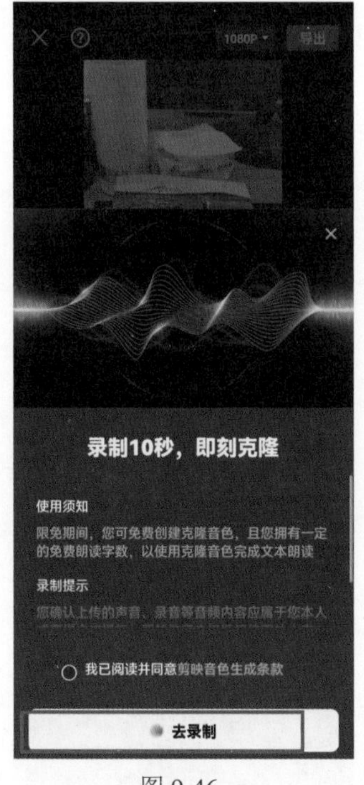

图 9-46

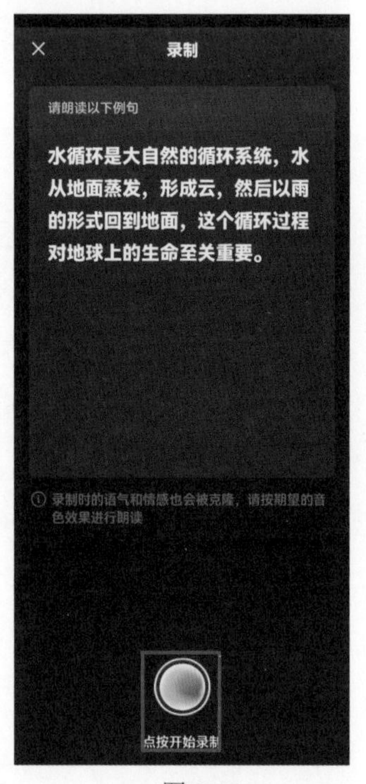

图 9-47

（5）录制成功后，在“点击试听”选项卡中可选择中、英文两种朗读方式进行试听，点击下方“音色命名”选项卡中的“修改”按钮可以对音色进行重命名，若音色符合预期要求，点

击下方“保存音色”按钮进行保存，如图 9-48 所示。

（6）保存音色后，点击“文本朗读”按钮，便可在“克隆音色”中查看克隆的音色，如图 9-49 所示。

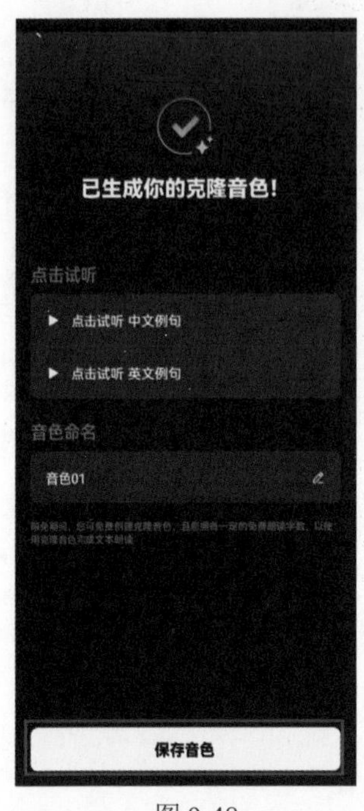

图 9-48

图 9-49

（7）点击新建文本将文案内容输入文本框内，如图 9-50 所示。

（8）在“文本朗读”中点击“我的”按钮，使用克隆声音进行快速配音，需要注意的是，使用此功能进行视频制作，视频左上角会自动添加“AI 生成”标识，如图 9-51 所示。

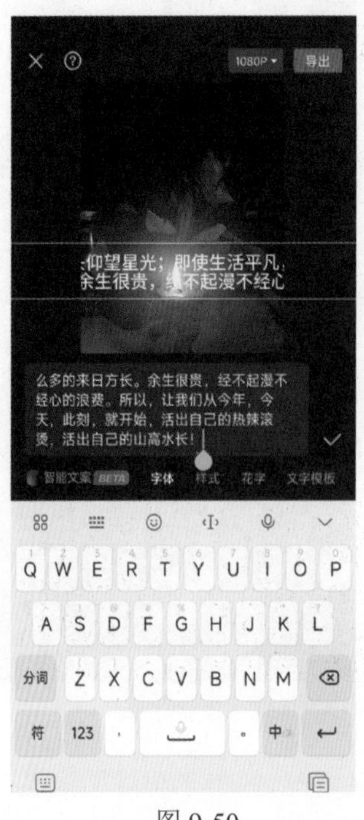

图 9-50

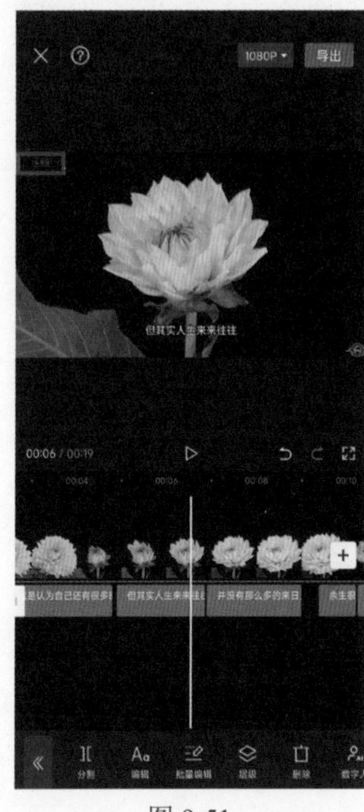

图 9-51

用魔音工坊进行高效文本配音

魔音工坊是由“出门问问”公司推出的一款 AI 音频内容生产一站式软件，不仅能够提供定制发音人、纠正多音字、背景音和音效、多发音人配音等核心功能，还具备数字纠错、变速、韵律纠错、创建个性“随身听”微信小程序等各种便捷有效的工具。

（1）进入 https://www.moyin.com/ 网址，注册登录后，即可获得免费会员使用体验，如图 9-52 所示。

图 9-52

（2）魔音工坊功能区可以实现“多音字改音”“局部变速”“多人配音”等多项功能。在文本内容方面有“AI 小魔快速创作”功能，提供文本润饰，如图 9-53 所示。

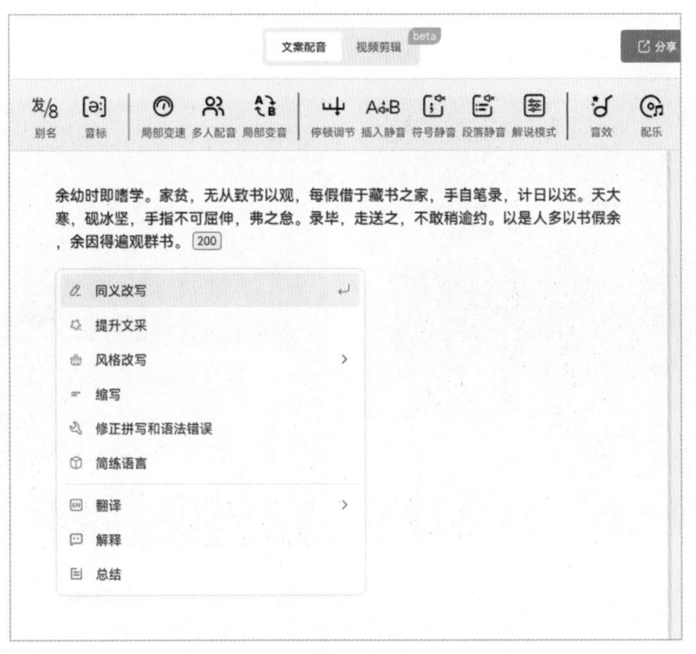

图 9-53

（3）在配音角色选择上，魔音工坊有着更多的选择，如图 9-54 所示。

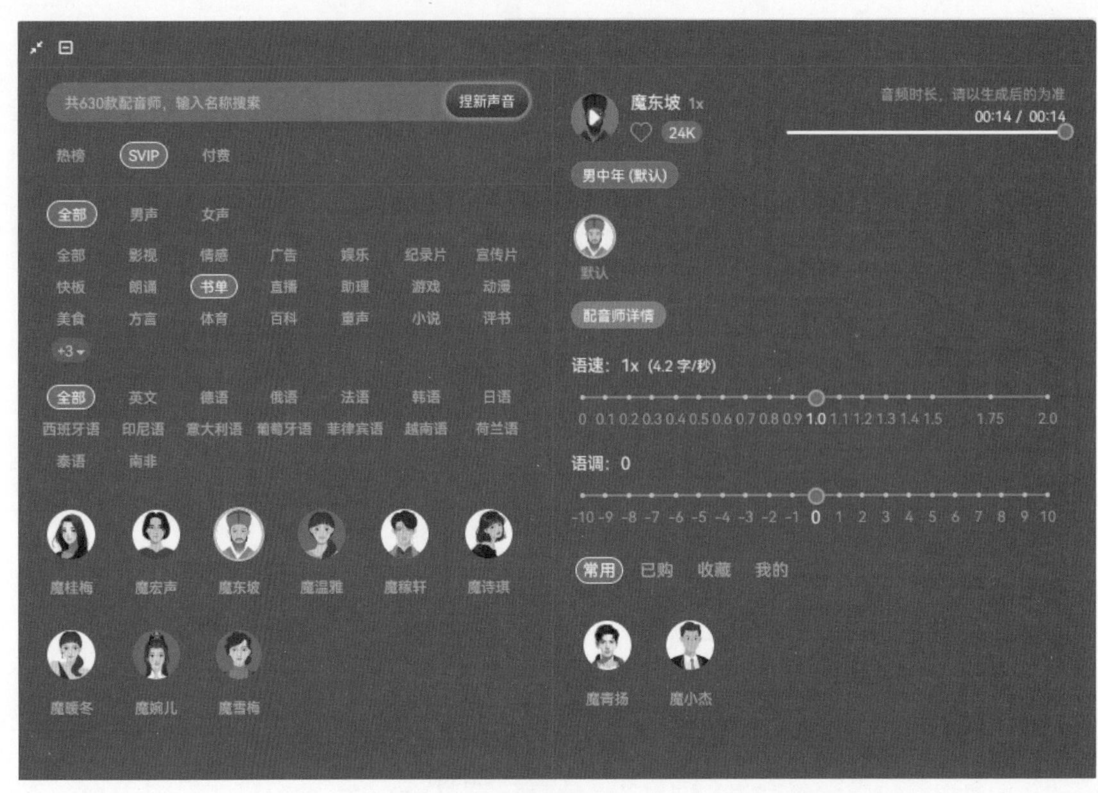

图 9-54

（4）单击“捏声音”按钮，在“捏声音”菜单中选择“文字生成”选项卡，在文本框中输入“声音描述”及“试听文案”，单击“生成声音”按钮，便可以选择保存或者使用配音进行创作，如图9-55所示。

（5）或者单击“参数生成”按钮，根据提示选择年龄及风格，并输入“试听文案”生成的声音，同样可以进行同类操作，如图 9-56 所示。

图 9-55

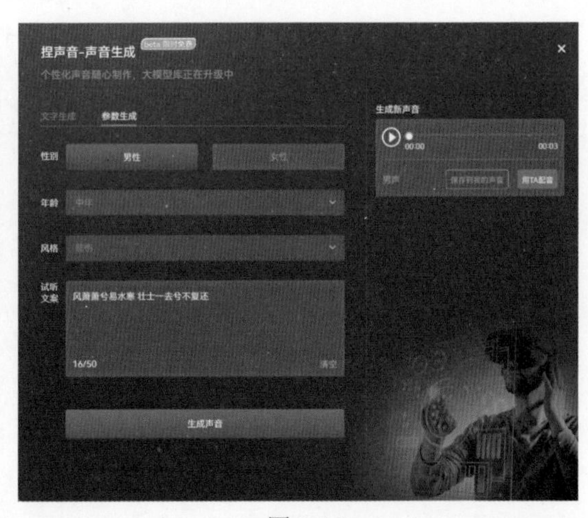

图 9-56

（6）“捏声音”所生成的视频差异性较大，稳定性较为欠缺。所以，笔者推荐使用“声音库”中的成熟语音。这里我们选择“书单”分类中的“魔东坡”进行配音，如图 9-57 所示。

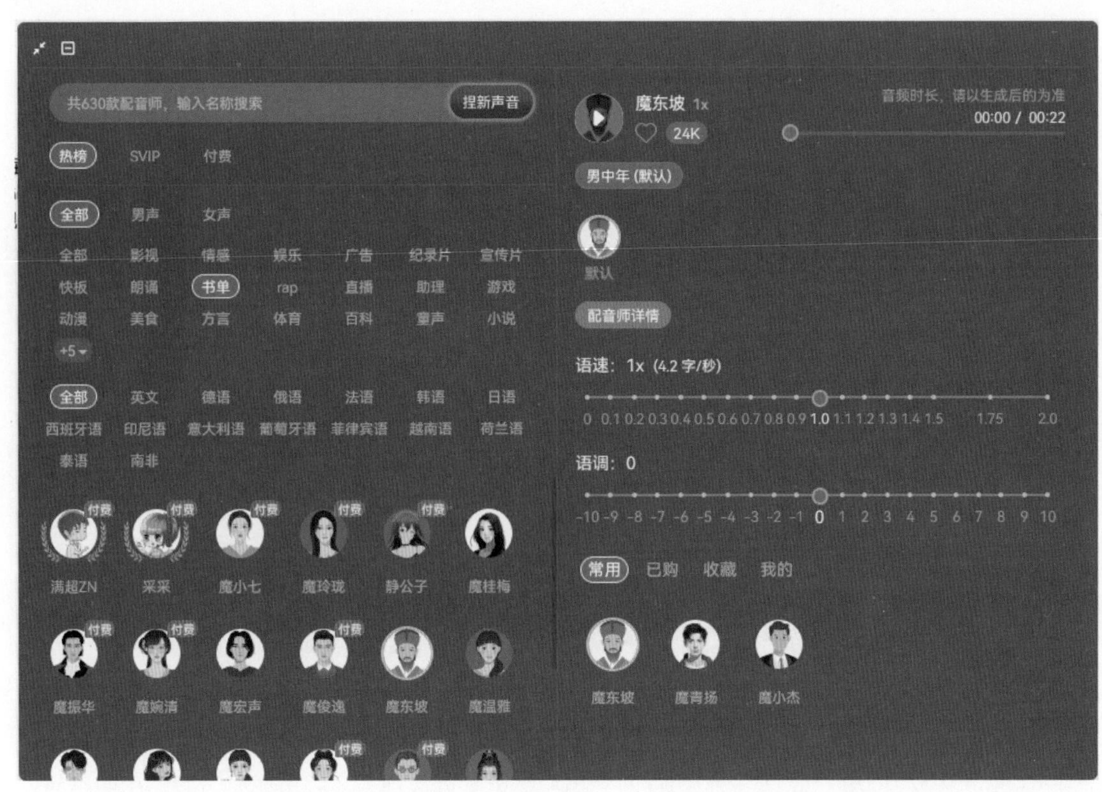

图 9-57

（7）配音完成后，单击上方工具栏中的“配乐”按钮，可以通过关键词进行搜索添加合适的配乐，如图 9-58 所示。

图 9-58

（8）如果对语音生成效果不满意，可以单击工具栏上方的“声音转换”按钮进行语音更换，如图 9-59 所示。

图 9-59

（9）语音合成后，单击工具栏中的“下载音频”按钮，便可以导出MP3或者WAV格式音频，也可以单击“视频剪辑”按钮，选择上传媒体、上传本地视频或者下载网络视频，如图9-60所示。

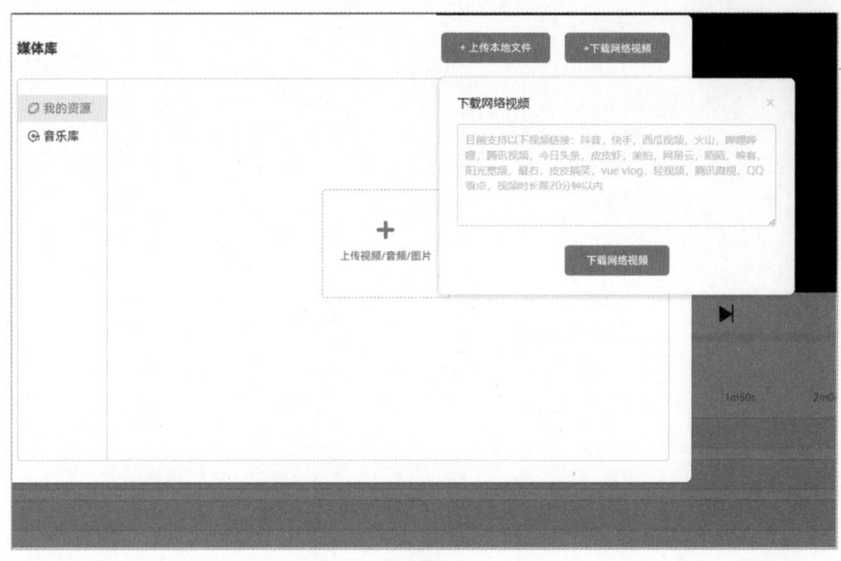

图9-60

此外，“魔音工坊”在音频处理方面还提供“人声处理”和“背景音处理”功能，如图9-61和图9-62所示。在短视频制作方面提供“一键解析视频”“文案提取”功能，如图9-63和图9-64所示。结合其首页内置的平台热榜话题与热门影视剧作品推荐，可得知其服务将继续深耕短视频领域，关注短视频方向的可以留意“魔音工坊”的后续新功能推出，掌握一线生产工具。

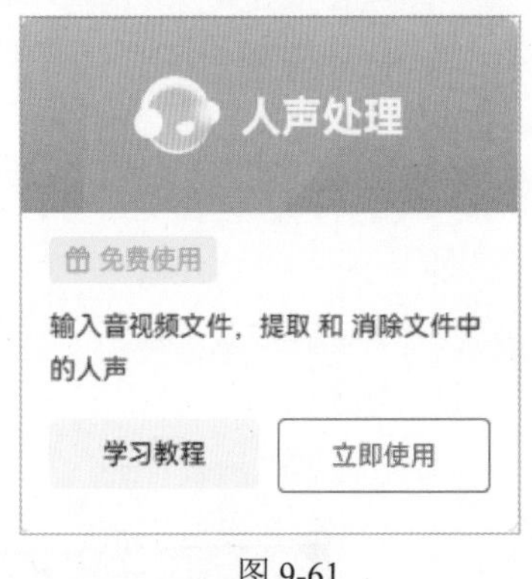

图9-61

图9-62

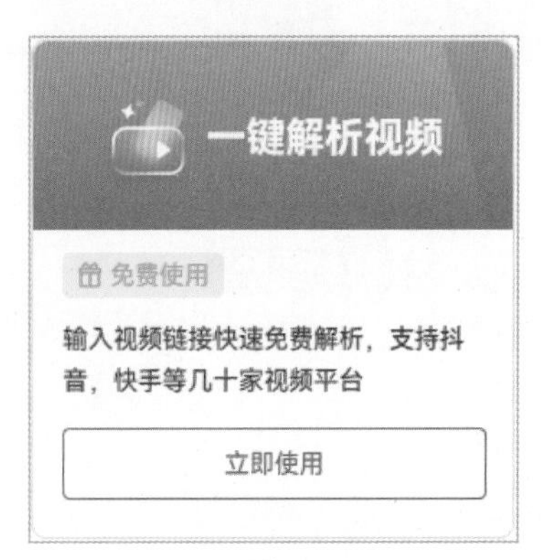

图9-63

图9-64

用数字人进行短视频分身创作

用剪映数字人进行创作

❶ 用剪映内置数字人进行分身

剪映内置了多种数字人物形象，这些数字人的形象是固定的，可根据个人需求进行选择。剪映数字人功能主要包括使用数字人进行产品或知识的讲解、用数字人进行歌曲或舞蹈的表演、用数字人进行游戏直播。除此之外，还可以根据自身需求发挥数字人功能的多样潜力。

（1）打开剪映专业版，添加相关视频、文字等素材，全选所有字幕，在文字效果功能编辑区中单击“数字人”菜单，数字人形象如图9-65所示。

目前，剪映主要提供了15个数字人，每一个数字人对应一个名字和风格，这些数字人都是可以免费使用的。

（2）数字人选择完成后，单击右下角“添加数字人”按钮。笔者选择了“小铭—专业”数字人，数字人渲染完成后，视频画面如图9-66所示。

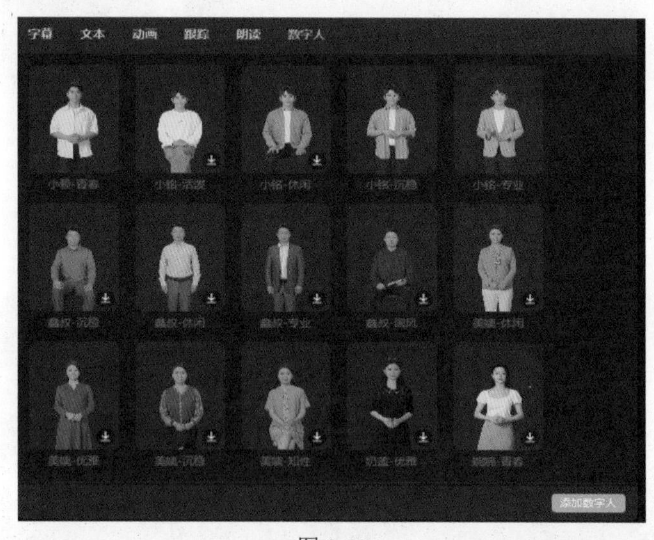

图9-65

图9-66

（3）单击数字人视频轨道，进入数字人功能编辑区，对数字人进行具体设置，如图 9-67 所示。

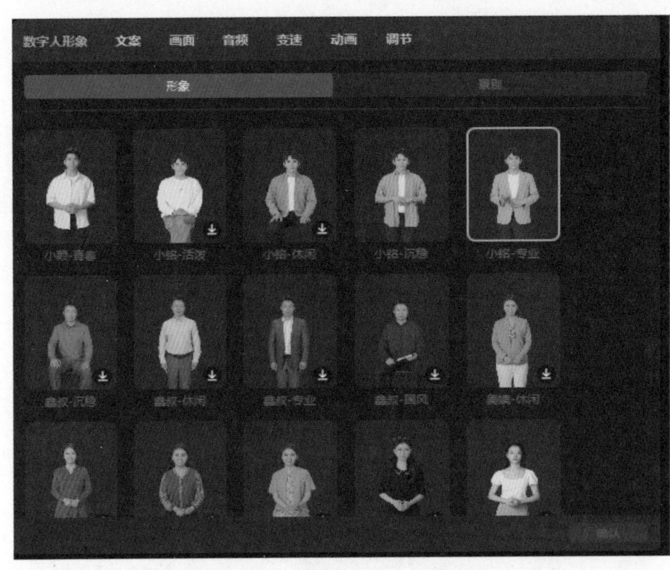

图 9-67

（4）除了选择数字人的形象外，还可以设置数字人的景别。

单击“数字人形象”菜单下的“景别”菜单，有“远景”“中景”“近景”“特写”4 种景别可供选择，如图 9-68 所示。

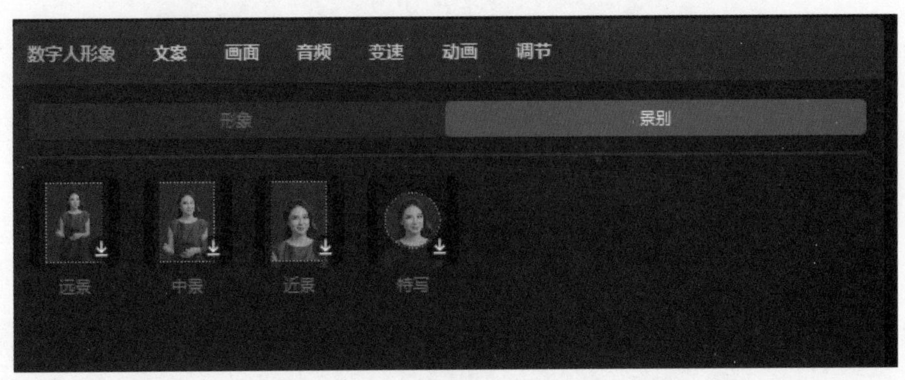

图 9-68

（5）单击“文案”菜单，对数字人所说的文字进行编辑修改，文字修改完成后单击右下角“确认”按钮，会重新生成数字人音频，数字人也会重新进行渲染。笔者编辑后的文案如图 9-69 所示。

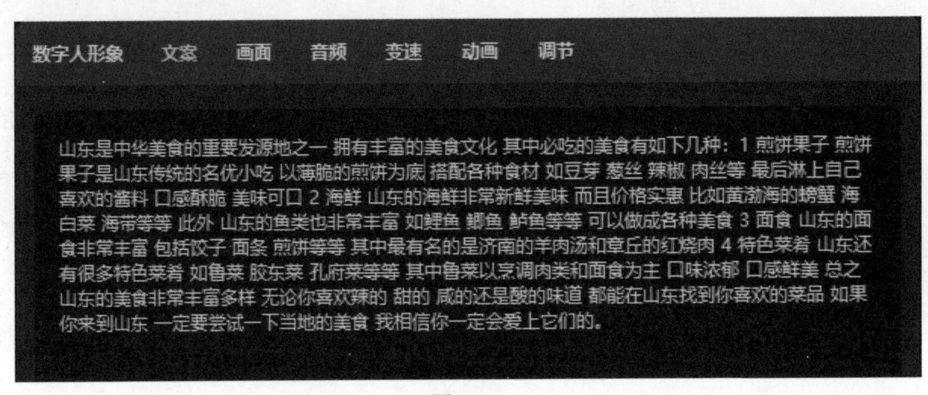

图 9-69

（6）单击“画面”菜单，调整数字人的“位置大小”“混合”参数及进行“智能转比例”。具体参数调整如图 9-70 所示。

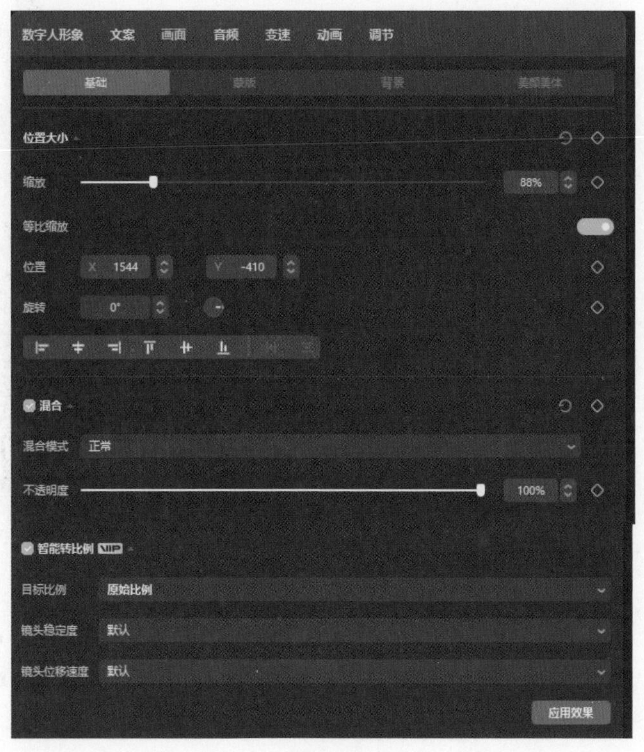

图 9-70

注意：智能转比例功能 VIP 才可使用。

（7）单击“音频”菜单，对数字人的声音进行基本设置，可以调整其音量大小，选择淡入及淡出时长，进行音频降噪，具体参数设置如图 9-71 所示。

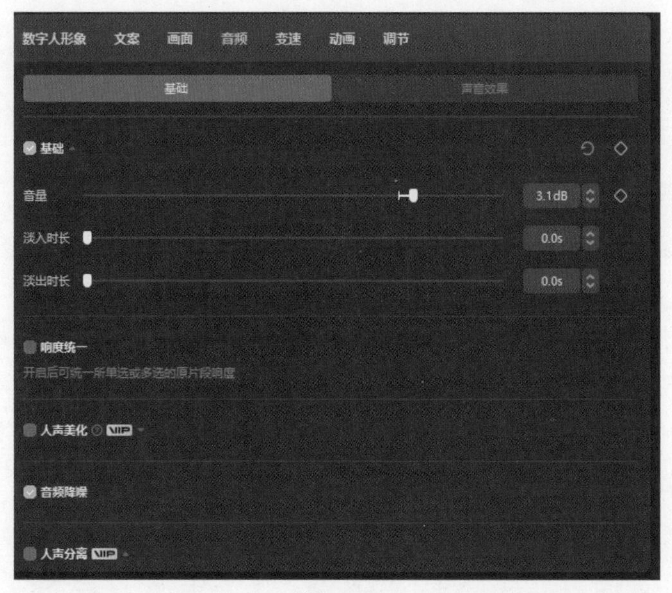

图 9-71

注意：剪映目前是无法将“响度统一”“人声美化”“人声分离”这些功能应用到数字人中的。

（8）单击“变速”菜单，对数字人声音进行“常规变速”或者“曲线变速”，如图 9-72 和图 9-73 所示。

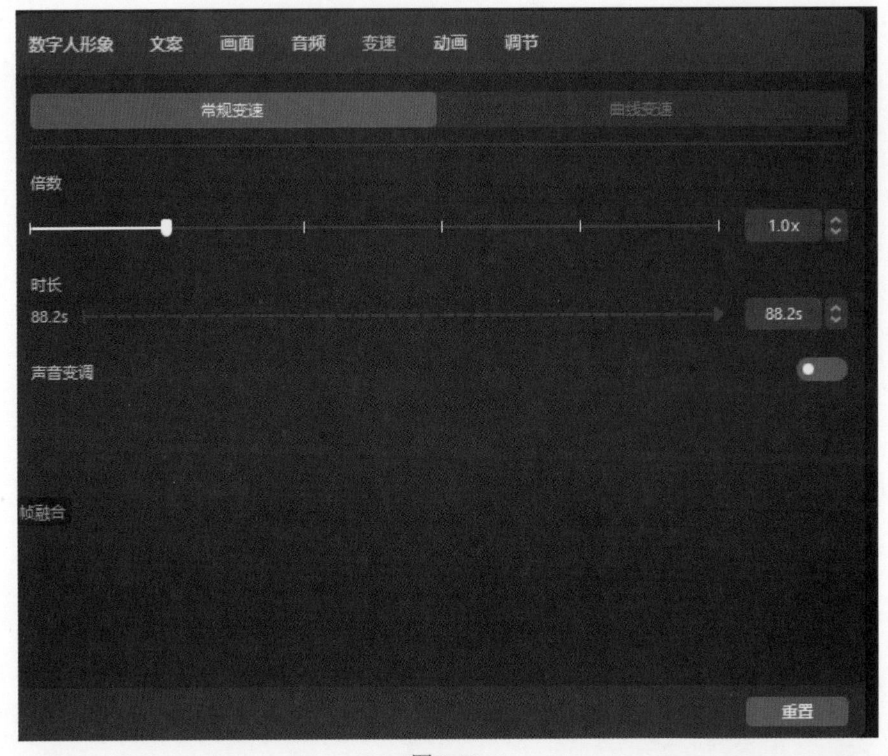

图 9-72

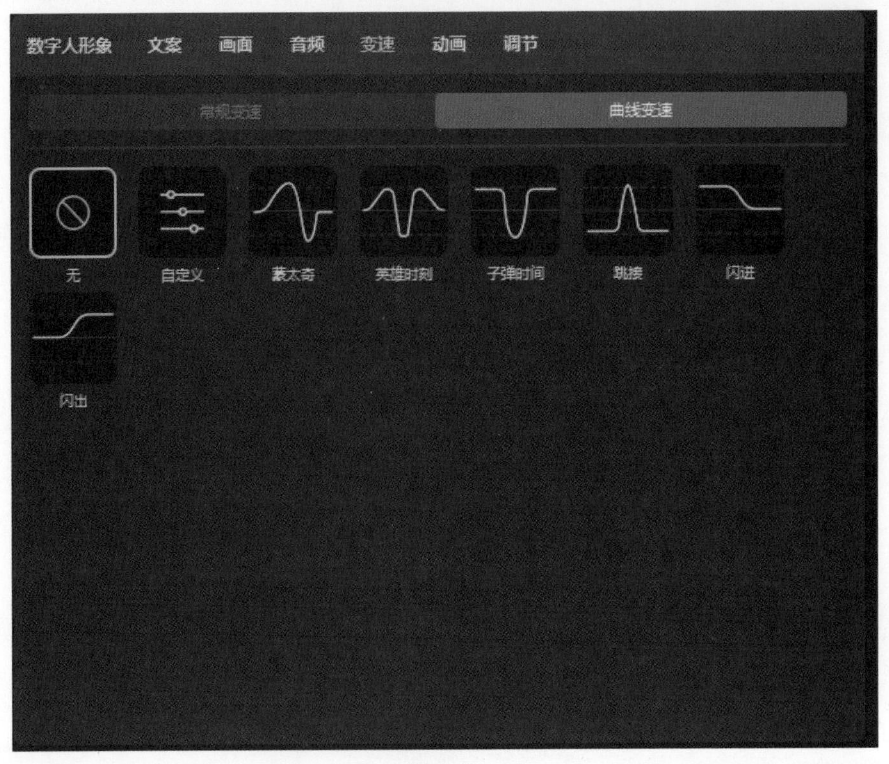

图 9-73

（9）单击“动画”菜单，添加数字人“入场”“出场”“组合”的动画方式，并设置动画时长，如图 9-74 所示。

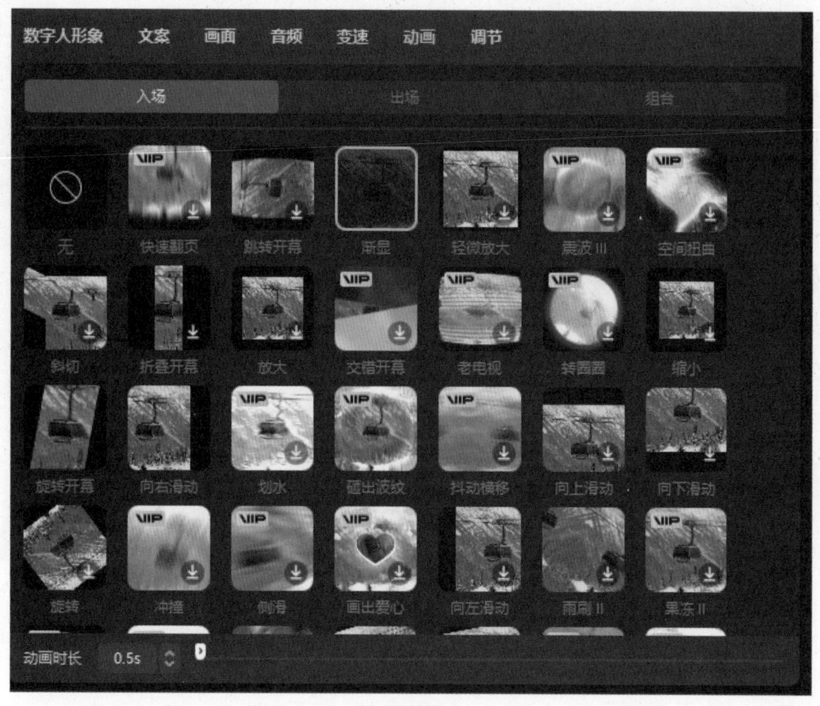

图 9-74

（10）单击“调节”菜单，对数字人进行“基础”、HSL、“曲线”“色轮”调节。设置完成后，单击右下侧“应用全部”按钮，即可全部应用到数字人画面中，如图 9-75 所示。

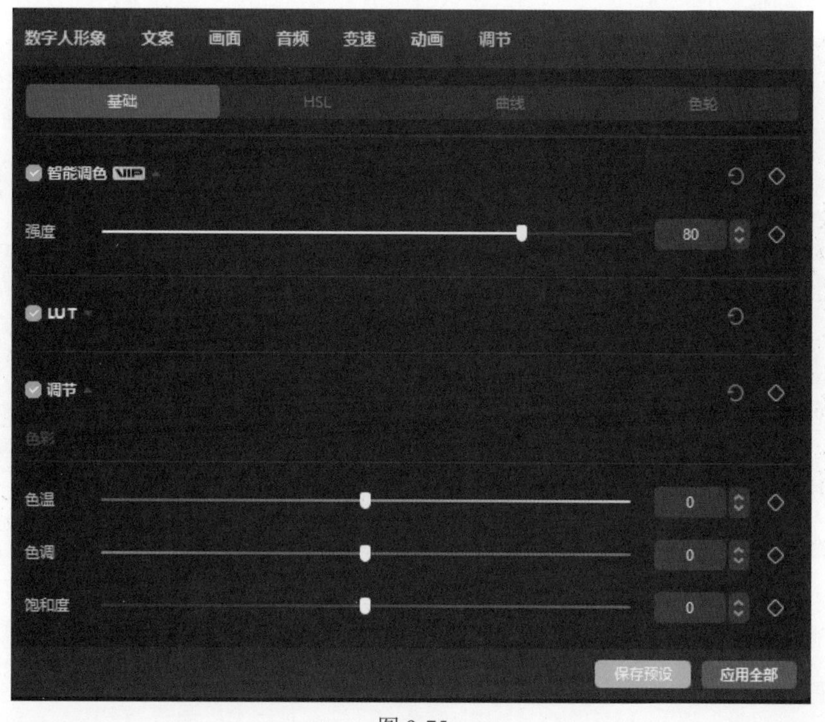

图 9-75

（11）完成所有的设置后，视频画面如图 9-76 所示。

图 9-76

（12）在视频原声音轨道中单击“关闭原声”按钮，并对整个视频编辑优化后，单击“导出”按钮即可保存视频。

❷ 用剪映定制数字人进行分身

（1）打开剪映专业版，上传一段素材，单击左上方“文本”按钮，随意添加一段文本，单击左上方功能面板中的“数字人”菜单，进入数字人界面，如图 9-77 所示。

图 9-77

（2）单击“形象定制”按钮，出现图 9-78 所示界面，需要注意的是定制付费制作的数字人有效期为 30 天，每 30 天需要支付 49 元，相比之下剪映的定制数字人性价比较高，如闪剪中的数字人形象基础版连续包月费用为198元每月，并且每月只能使用60分钟，如图9-79所示。

（3）单击下方“立即购买”按钮，即可开始定制数字人形象。

图 9-78

图 9-79

（4）上传一段视频，视频要求分为“录制前准备”“录制中注意”“录制后注意”三方面。具体内容如图9-80所示。

图 9-80

（5）单击“上传视频”按钮，上传准备好的符合要求的视频，视频上传后界面如图9-81所示。

（6）单击右下方“下一步”按钮，进入真人验证界面，根据所给文本进行朗读并制作成视频进行朗读，如图9-82所示。

数字人形象定制
1 上传视频
2 真人验证
3 提交
上传个人口播视频
为提高数字人形象定制的质量，请您认真查看下方对形象拍摄的要求，并按要求上传一段2分30秒至10分钟的个人口播视频。您也可以查看 文字版介绍
2.5分钟快速
定制你的形
拍摄要求 - 必看
为避免侵权，剪映会校验定制的人声、人脸已取得合法授权，我已阅读并同意《"剪映"AI功能使用规范》
下一步

图 9-81

数字人形象定制
上传视频
2 真人验证
3 提交
上传真人验证视频
为保证数字人技术不被滥用，确保您对该形象具有相应的授权，请将以下文本朗读并录制成视频
我承诺提供的素材内容是我本人所有或者已经获得合法授权。为了实现数字人定制功能，剪映可以处理我主动上传的素材，包括我的形象和声音。
上传视频
mp4/mov, <2min, <1G
上一步
提交

图 9-82

（7）单击“上传视频”按钮，上传录制好的视频后，单击右下方的“提交”按钮，如图 9-83 所示。

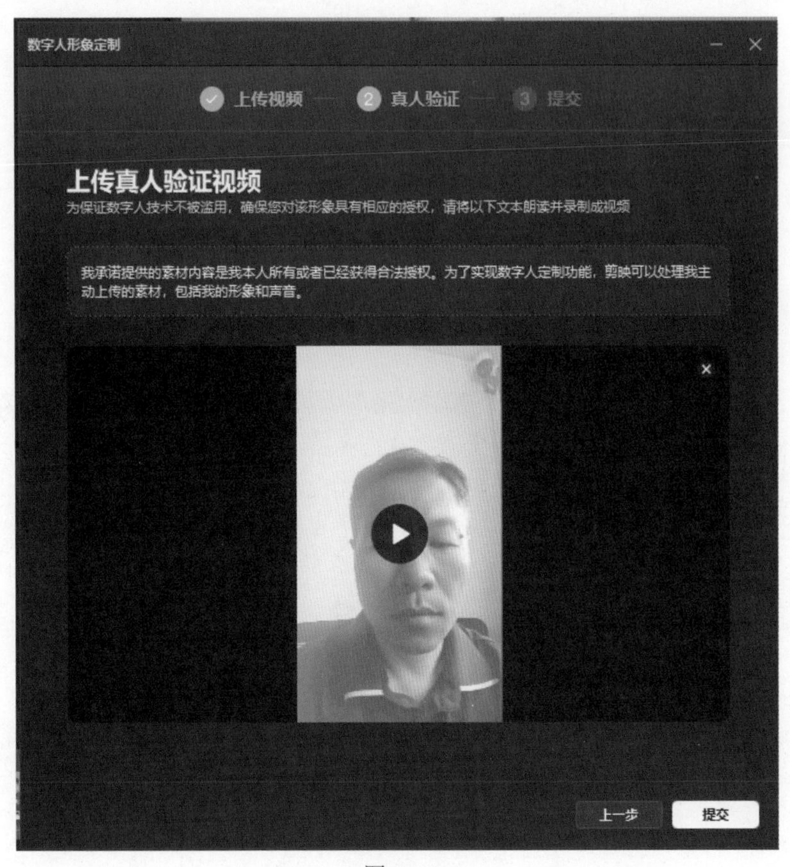

图 9-83

（8）等 1 h 左右，数字人形象将会定制完成，数字人形象定制成功的 15 天内，会有一次重新定制的机会。定制好的数字人形象如图 9-84 所示。

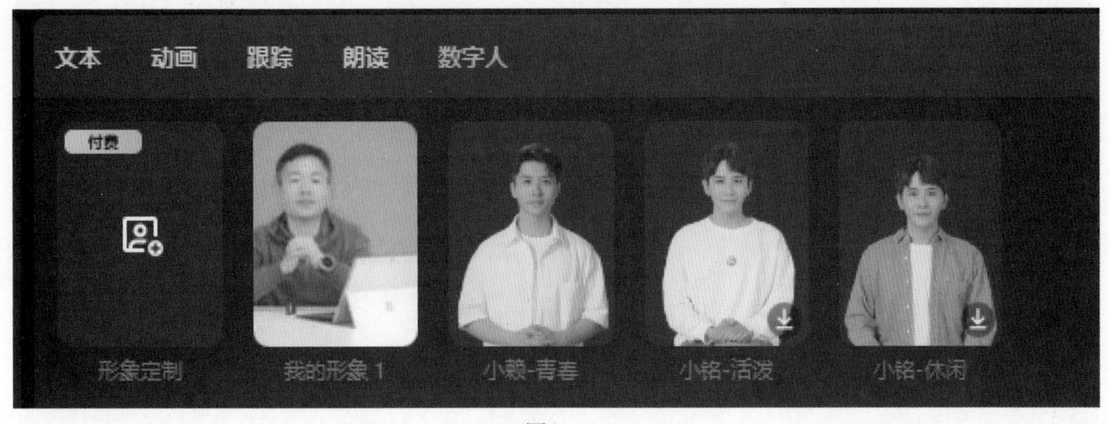

图 9-84

需要注意的是，如果上传的视频中出现了手部高于颈部、有物体遮挡脸部会导致遮到脸的手或其他物品变得模糊，如图 9-85 和图 9-86 所示。另外，如果是剪辑后的视频，还可能被检测为“存在部分片段无人脸”，导致视频上传失败。

图 9-85

图 9-86

（9）数字人形象定制完成后，单击“我的形象”图标后，单击右下方“添加数字人”按钮，即可添加数字人形象，如图 9-87 所示。

图 9-87

（10）单击数字人轨道，右上方出现数字人功能板块，如图 9-88 所示。

图 9-88

（11）单击上方“数字人形象”中的“景别”按钮，可以调整具体的景别，如图 9-89 所示。

（12）单击“换音色”按钮，可以对定制数字人的音色进行替换，如图 9-90 所示。

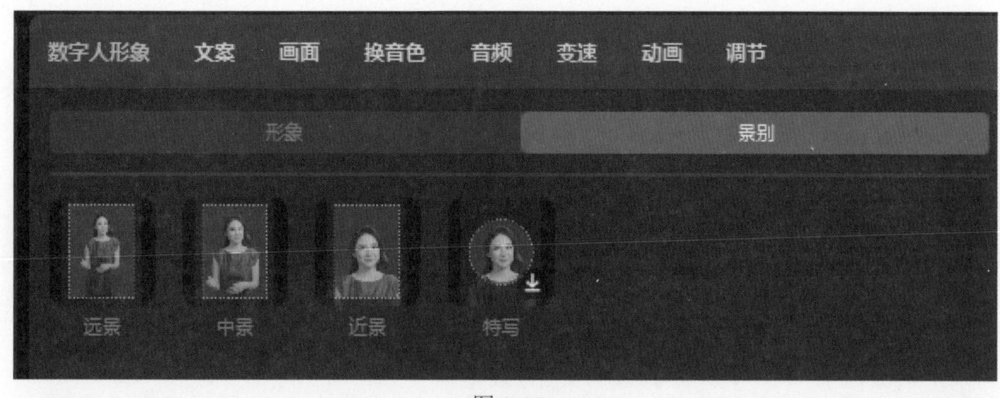

图 9-89

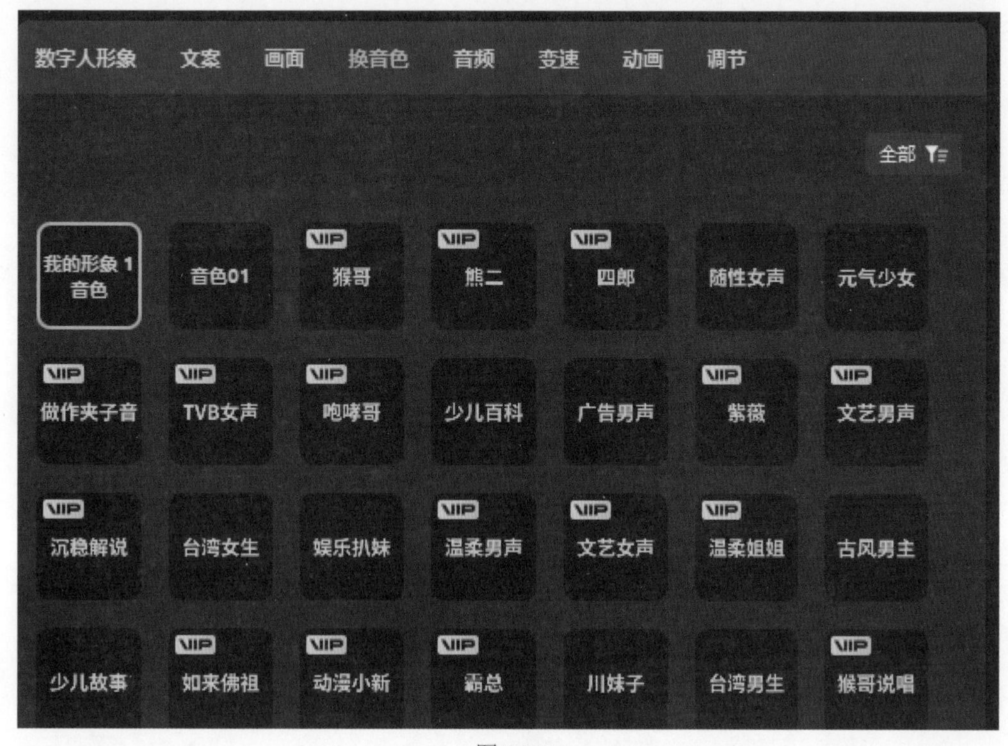

图 9-90

用腾讯智影数字人进行创作

之前在 AI 一键制作短视频篇已经提到过腾讯智影，腾讯智影主要专注于提供“人”“声”“影”三方面的功能。其中，腾讯智影的核心功能是“智影数字人”，它为用户带来了独特的体验。现在，我们来介绍腾讯智影中的核心功能“智影数字人”。

智影数字人提供了多种风格，此外还可以进行形象克隆，只需上传一些个人图片和视频素材，就能拥有一个与真人形象惊人相似的数字分身，使用起来十分方便。

注意：定制数字人的“形象与音色”是需要付费的。“数字分身定制”每年 7999 元；“照片变脸数字人”每年 3999 元；“声音复刻”每年 4999 元。目前，数字人主要在腾讯智影的“文章转视频”“数字人播报”“数字人直播”“视频剪辑”4 个小工具中出现。

❶ 文章转视频中的数字人

腾讯智影中“文章转视频”中的数字人是固定默认的，用户只能根据已有的数字人形象进行挑选。接下来对腾讯智影数字人的功能展开介绍。

（1）打开 https://zenvideo.qq.com/ 网址，单击“文章转视频”按钮，跳转到操作页面后，用AI生成文本或输入自定义文本，如图9-91所示。

图9-91

（2）单击“点击设置数字人播报”按钮，会出现选择数字人形象的页面。目前，此工具下的数字人有“2D形象”和“3D形象”两大类，如图9-92和图9-93所示。

“2D形象”的“数字人”一共有51种，其中有14种是免费使用的，其他的大部分是会员专享。“3D形象”的数字人只有一种，可以免费使用。

图9-92

图 9-93

（3）接下来在右侧对“成片类型”“视频比例”“背景音乐”“朗读音色”进行设置。

（4）单击右下方的“生成视频”按钮即可生成视频。生成的视频效果如图 9-94 所示，我们可以在视频剪辑工具中进行再次编辑。

图 9-94

② 视频剪辑里的数字人

腾讯智影中“视频剪辑”的数字人形象有默认的，也可以自定义。本节只针对“数字人”使用功能展开介绍，其他功能简单带过。

（1）单击“视频剪辑”按钮，跳转到操作页面，如图 9-95 所示。

（2）选择要编辑的素材进行上传，笔者要编辑的示例素材如图 9-96 所示。

（3）单击左侧的“数字人库”，在显示的界面中有“2D 数字人”和“3D 数字人”两大类。在“2D 数字人”中可以选择定制数字人，但需要付费才可定制。数字人形象如图 9-97 和图 9-98 所示。

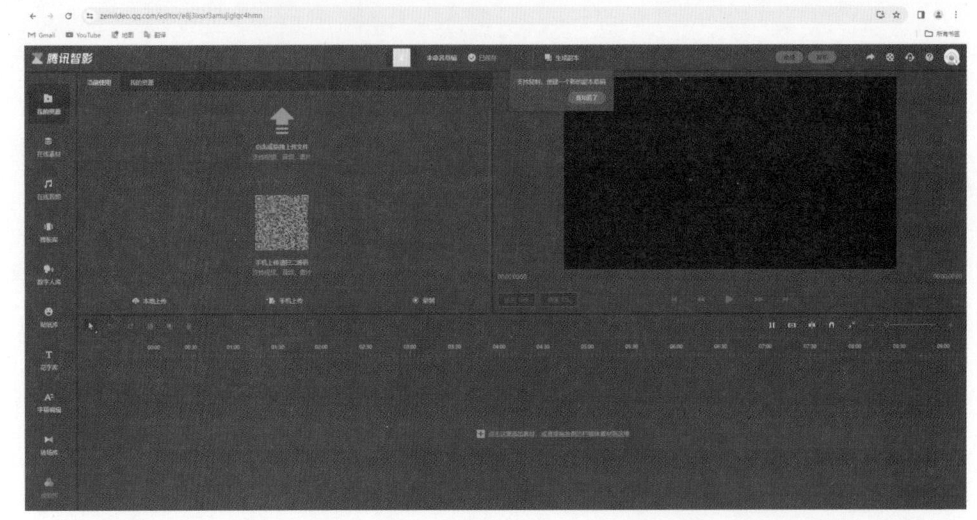

图 9-95

图 9-96

图 9-97

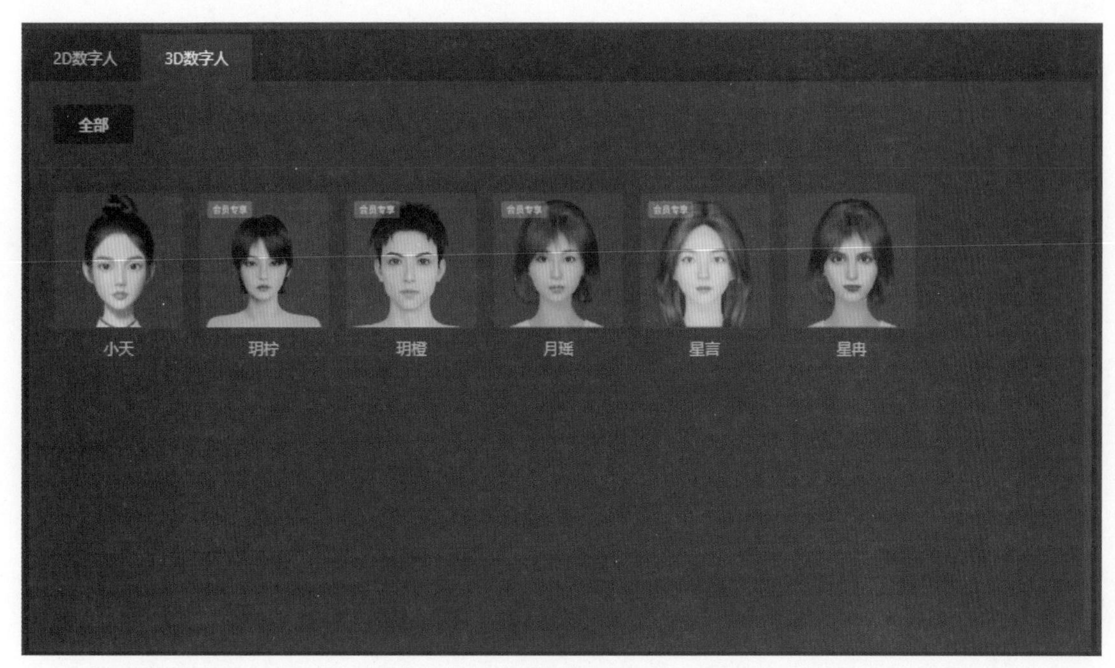

图 9-98

（4）选中合适的数字人后，在右侧的视频显示器中会看到数字人的静态预览效果，如图 9-99 所示。

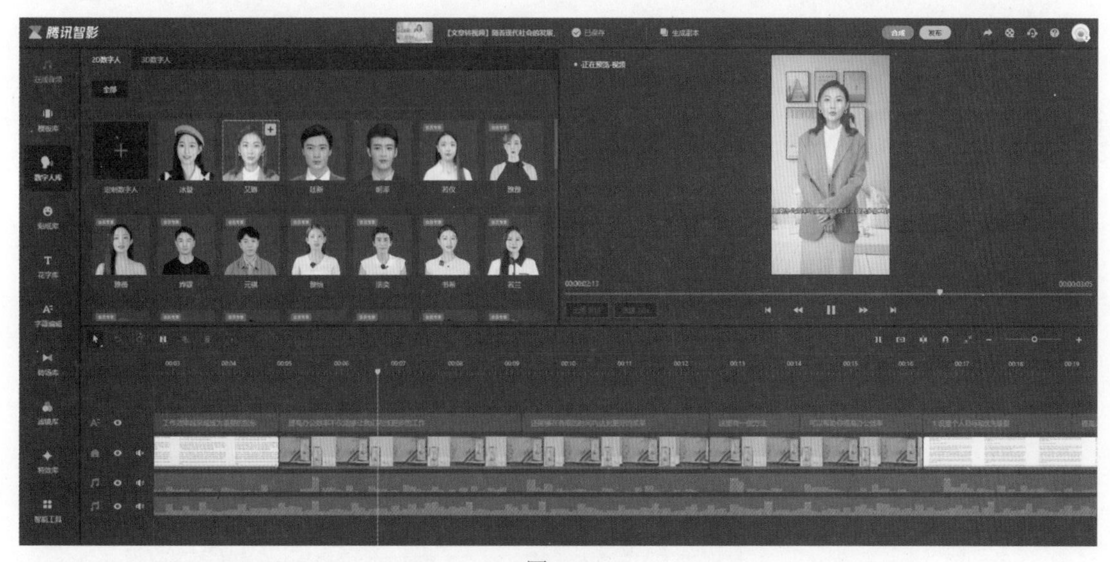

图 9-99

（5）单击所选数字人右上方的“+”号，将数字人拖入下方添加到轨道中，会出现如图 9-100 所示的编辑区。

（6）单击“配音”标签，在文本框中输入相关的配音文案，单击“保存并生成音频”按钮。笔者输入的配音文案如图 9-101 所示。

（7）单击“形象及动作”标签，进入如图 9-102 所示的页面。

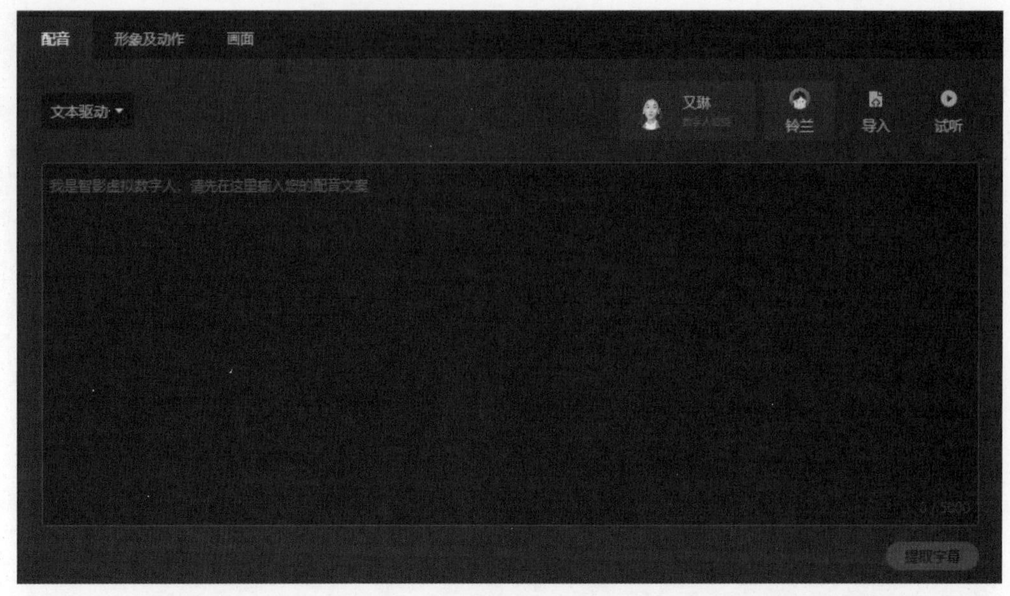

图 9-100

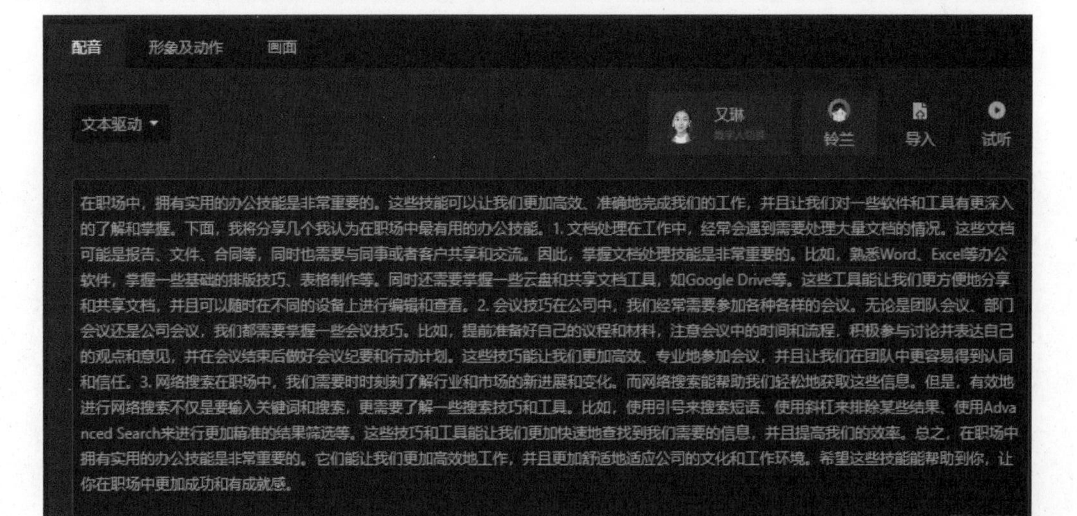

图 9-101

提示：这一功能还未优化，还不能对数字人进行衣服及姿态等的更改。

图 9-102

（8）单击“画面”标签，对画面进行“基础”及“展示方式”的调整，如图 9-103 和图 9-104 所示。

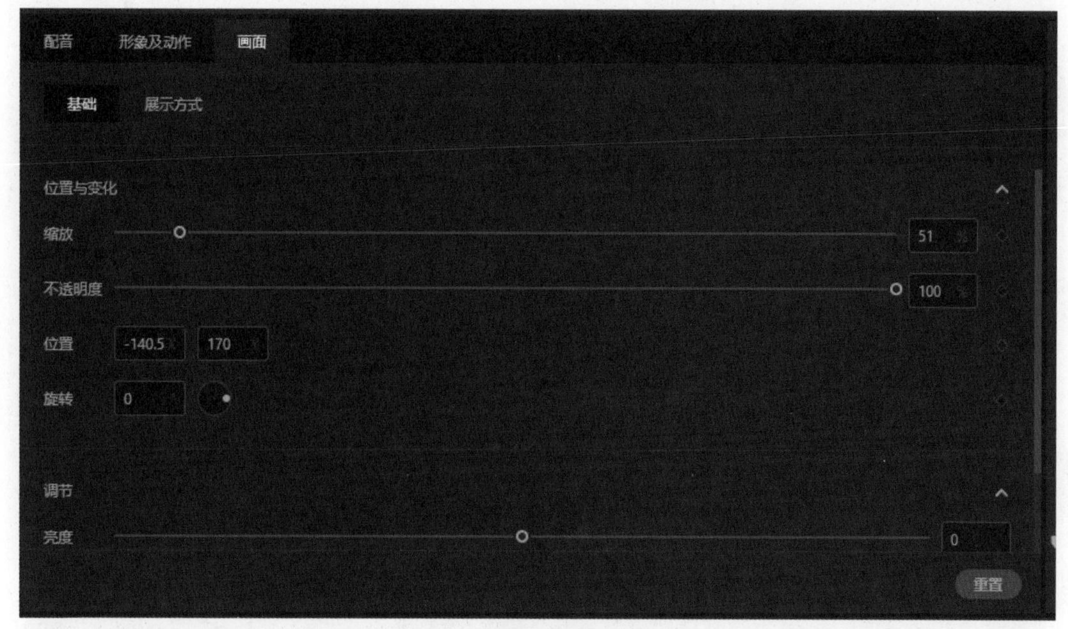

图 9-103

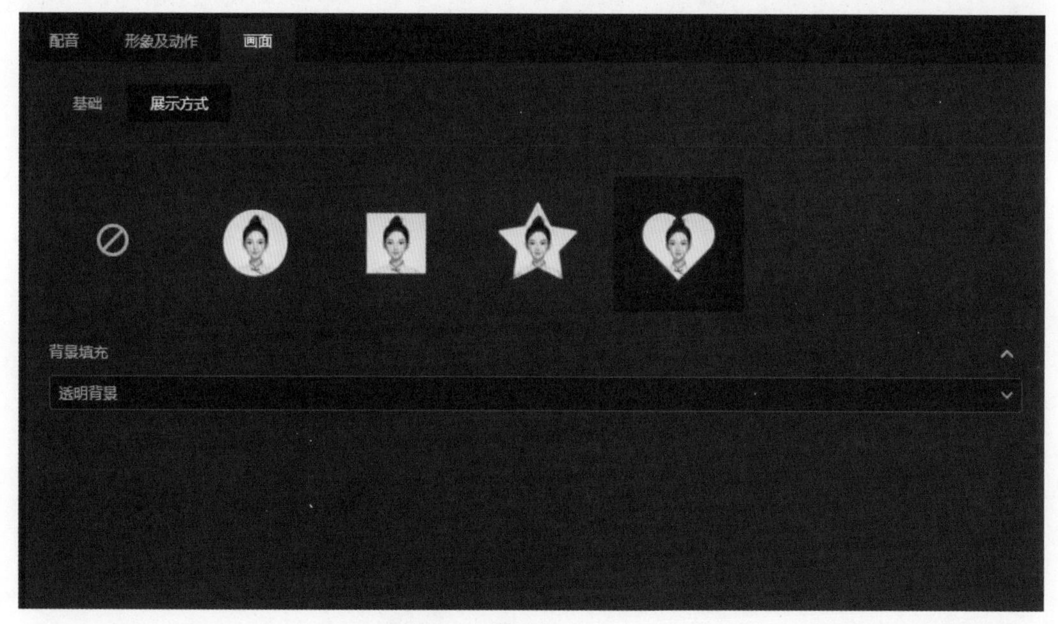

图 9-104

在“基础”选项卡中主要调整数字人的位置、大小、不透明度、亮度等；在“展示方式”选项卡中主要调节数字人的展示形状和背景。

（9）数字人的配音及画面设置完成后，单击右上方的“合成”按钮，开始生成新视频，合成的画面如图 9-105 所示。

图 9-105

③ 数字人播报

腾讯智影中的“数字人播报”功能，主要是利用数字人把 PPT 中的内容以视频的形式讲述出来，有固定的数字人形象，也可以自定义的方式上传。

（1）单击“数字人播报”按钮，进入如图 9-106 所示的页面。

图 9-106

（2）单击“PPT 模式”按钮，上传 PPT，笔者上传的 PPT 如图 9-107 所示。

图 9-107

（3）单击左侧菜单“数字人”按钮，会看到“预置形象”“照片播报”两大板块，如图 9-108 所示。“预置形象”是软件自带的，用户只能被动挑选。“照片播报”的形象可以自定义的方式上传。

（4）“预置形象”分为“2D 数字人”和“3D 数字人”，这里的数字人和“视频剪辑”中的数字人形象是一致的，有 59 种 2D 形象数字人，6 种 3D 形象数字人，如图 9-109 和图 9-110 所示。

图 9-108　　图 9-109　　图 9-110

（5）单击“照片播报”按钮，有“照片主播”和“AI 绘制主播”两种选择。选择“照片主播”选项卡，用户可以选择“热门主播推荐”中的主播，也可以选择从本地上传照片，如图 9-111 所示。

（6）单击“AI绘制主播”选项卡，在文本框内输入想要的主播形象，如图9-112所示，然后单击“立即生成”按钮，即可生成图像，笔者输入“长头发小女孩”文本后生成的图像如图9-113所示。

图9-111

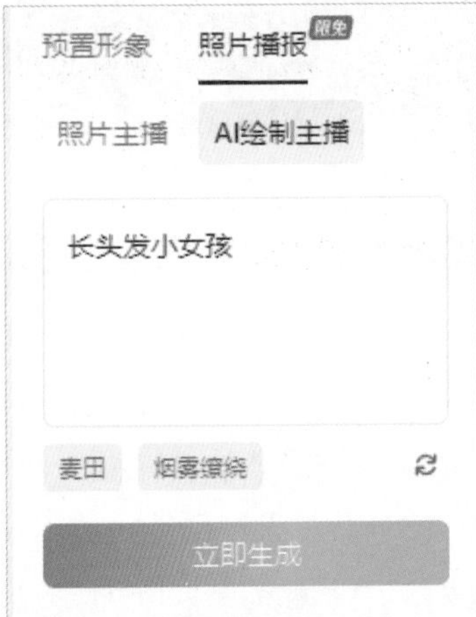

图9-112

图9-113

（7）选择完数字人后，可以预览画面效果（预览的只是静态图，动态效果只能在合成视频后才可查看），根据预览的效果调整数字人的位置、大小和服装类型。笔者选择“2D形象”下名叫“卓妤”数字人后的画面预览如图9-114所示。

图9-114

（8）根据自己的需求添加“背景”“贴纸”“音乐”“文字”，单击右上角的“合成视频”按钮，合成效果如图9-115所示。

图9-115

4 数字人直播

数字人直播是腾讯智影自主研发的数字人互动直播技术。用户能够自动循环或随机播放预设节目，并通过开播平台捕获观众的评论，以建立问答库进行回复。

在直播过程中，观众可以通过文本或音频接管功能与主播进行实时互动。通过窗口捕获推流工具，数字人直播间能够在任意直播平台开播，目前已经支持抖音、视频号、快手、淘宝和 1688 等平台的弹幕评论抓取和回复功能。

> 提示：此项功能只能付费使用，收费标准如图 9-116 所示。

图 9-116

（1）单击“数字人直播”按钮，在打开的界面中有多款数字人直播模板可供选择，如图 9-117 所示。

图 9-117

（2）单击“新建项目”按钮，创建数字人直播。其功能主要是在数字人视频的基础上，增强互动。具体功能包括数字人直播节目 24 小时循环播放、随机播放；抖音、视频号、淘宝、快手、1688 等自动回复评论预设问题；直播过程低延迟文本，实时和直播间的观众进行沟通。

智能剪口播

在录制一些解说、口播、知识讲解等视频中，难免会因个人习惯或者表达错误导致解说语音中出现个人语气词或失误片段，这些因素无疑增加了后期剪辑的时间。这时，就可以使用剪映的“智能剪口播”功能一键剪辑口播。

“智能剪口播”功能的应用步骤如下。

（1）在剪映专业版中导入一段口播视频素材，如图 9-118 所示。

图 9-118

（2）选中视频轨道，单击常用公区中的按钮，如图 9-119 所示。

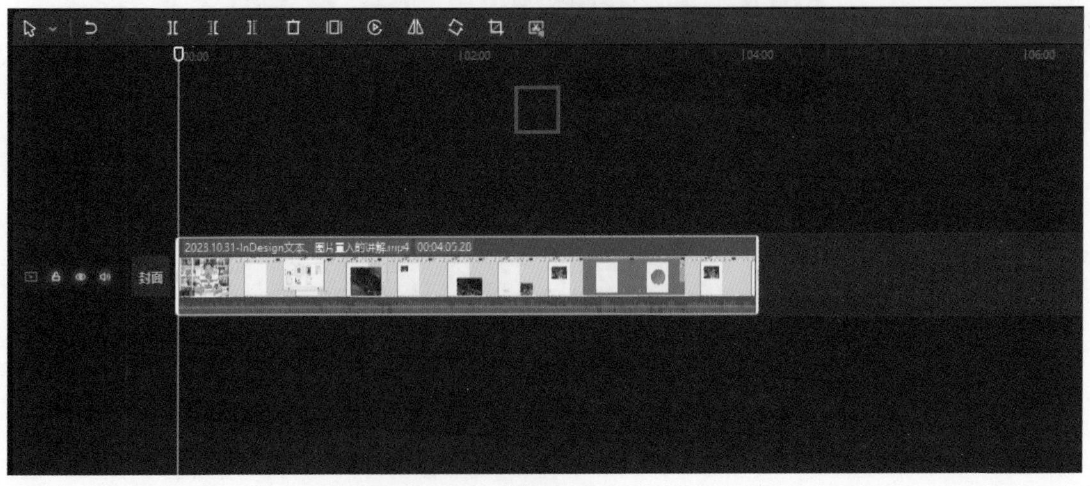

图 9-119

（3）在弹出的智能剪口播面板中，AI 已经将视频中的语气词、停顿及重复片段识别到，并在右侧文字列表中选中删除，如图 9-120 所示。

（4）单击“确认删除”按钮，剪辑完成的口播片段便出现在轨道上，如图 9-121 所示。

智能剪口播
全部
停顿
重复
语气词
全选
大家好我是雷波
好那么这节
来给大家讲解一下
咱们文本植入的这样的一个操作
文本植入操作是什么
就说当我们去创建一个新文件以后
我们可以有两种方法
充满文字
第一种方法
确认删除
取消
图 9-120

11月21日
播放器
文本
贴纸
特效
转场
滤镜
调节
模板
本地
导入
我的预设
云素材
素材库
封面
图 9-121

第 10 章 用 AI 制作各类短视频实战

用 AI 制作舞蹈类短视频

项目分析及市场前景

自媒体账号随着粉丝量的增加其商业价值也会随之增加，账号运营者通过自媒体账号可以创作和发布各种形式的内容，吸引并积累粉丝，形成自己的影响力圈层。随着粉丝数量的增长和活跃度的提升，自媒体账号可以通过账号置换、广告分成、商业合作推广、知识付费、直播打赏及带货等多种方式实现盈利。

如何稳定地涨粉并且培养一个具有较高权重、活跃度和影响力的账号，是至关重要的问题。利用 AI 生成舞蹈视频内容是一种创新且吸引人的账号涨粉手段。

从粉丝需求来看，当今社会生活节奏加快，压力增大，越来越多的人选择观看放松且具有娱乐性质的视频来缓解压力、调整情绪。AI 舞蹈类视频具有娱乐观赏性价值，粉丝观众观看具有高度观赏性和艺术表现力的舞蹈作品时，会得到一场视觉盛宴，从而满足休闲娱乐的需求。账号运营者可以抓住粉丝的娱乐需求来增加粉丝黏性，提高粉丝量。

从内容制作来看，AI 技术可以通过学习大量舞蹈动作数据，自动生成新颖、富有创意的舞蹈视频，这不仅能展现科技的魅力，也能满足观众对新鲜事物的好奇心，借助 AI 工具，不用露脸也不用费时费力真人跳舞，大大降低人力成本和时间投入。同时，借助 AI 技术实现的舞蹈视频更新速度快、风格多元，有利于吸引不同喜好的粉丝群体，形成快速涨粉的效果。

具体操作上，AI 舞蹈视频养号涨粉项目主要是利用 AI 技术生成一系列高质量的虚拟舞蹈视频，将其发布在各大短视频平台进行吸粉引流，通过持续输出优质内容提高账号活跃度和影响力，从而实现粉丝数量的快速增长。账号积累一定量级的粉丝后，可通过账号商业增值方式实现流量变现。

实际应用案例

目前，已有不少自媒体从业者开始尝试将 AI 舞蹈视频作为养号涨粉的重要手段，并已取得显著的粉丝增长和经济收益，如图 10-1 ～图 10-3 所示。

图 10-1

图 10-2

图 10-3

操作步骤

AI 舞蹈视频副业项目有 4 个步骤，第一个步骤是使用 Liblib AI 生成舞者形象工具制作姓名头像，第二个步骤是用通义千问 AI 生成舞蹈视频，第三个步骤是定时定量在自媒体平台发布视频，第四个步骤是利用自媒体账号实现营收。下面分别对这 4 个步骤展开讲解。

1 用 Liblib AI 生成舞者形象

（1）进入 https://www.liblib.ai/ 网址，单击“在线生图”按钮，开始创作，页面如图 10-4 所示。

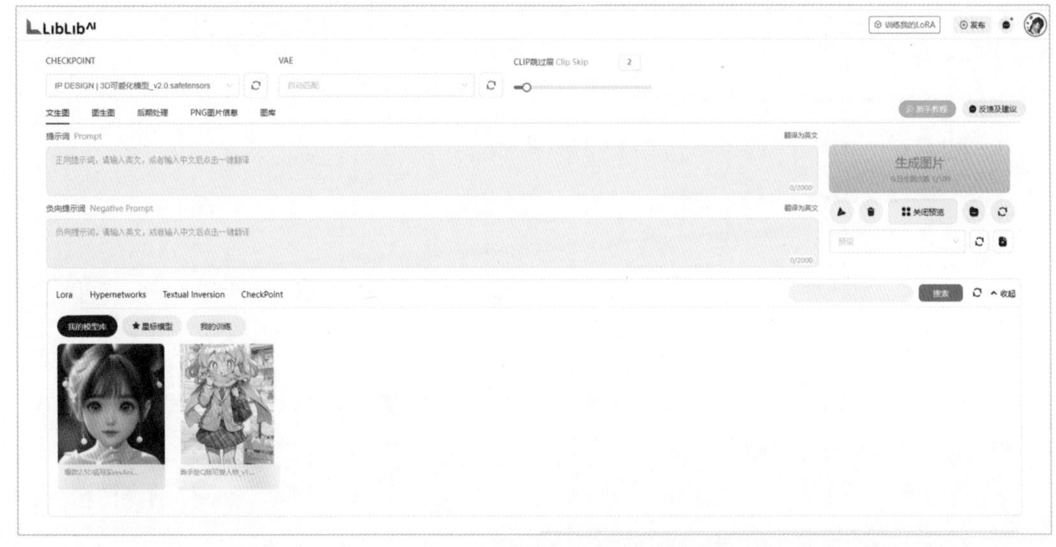

图 10-4

（2）根据步骤逐步设置参数，生成一个美丽的女性舞者形象全身图。笔者设置的参数如图 10-5 所示。

图 10-5

关于 CHECKPOINT 大模型设置，一定要选择写实类的，要保证 AI 舞者的形象是足够逼真的。

关于提示词的撰写，生成的照片一定要有关于全身的描述，保证生成的是全身图。

面部修复和高分辨率一定要打开，否则生成的人物形象会出现变形、画质不清晰的情况。

关于图像比例的设置，因为生成的是全身图，一定要保证足够的高度。

（3）点击上方“开始生图”按钮，即可生成 AI 舞者图像。笔者生成的图像如图 10-6 所示。

图 10-6

（4）单击“保存到本地”按钮，保存图像。

2 用通义千问 AI 生成舞蹈视频

（1）打开“通义千问”APP，进入如图 10-7 所示页面。

图 10-7

（2）单击“一张照片来跳舞”图标，或者在下方文本框内输入“全民舞王”文字，即可进入图 10-8 所示页面。

图 10-8

（3）点击下方“立即体验热舞”按钮，即可开始创作舞蹈视频，舞蹈模板中目前有“科目三”“DJ 慢摇”“鬼步舞”“甜美舞”等 12 个舞种，如图 10-9 所示。

图 10-9

（4）笔者选择了“DJ 慢摇”的舞蹈模板剪同款，点击“上传图像”图标，把用 Libllib AI 生成的图像上传。上传后的页面如图 10-10 所示。

图 10-10

（5）点击下方“立即生成”按钮，即可开始生成视频。需要注意的是，视频生成时间一般在 14 min 左右，需要后台等待生成。笔者生成的视频如图 10-11 和图 10-12 所示。

图 10-11

图 10-12

③ 定时定量在自媒体平台发布视频

将生成的AI舞蹈视频发布在媒体平台中，培养账号的权重，快速增加粉丝数，要注意发布的时间设定和定量控制。

时间设定：选择一个固定的发布时间，最好是 20 点—24 点之间的休闲时段。这个时间能匹配目标粉丝的活跃时间段。

定量控制：考虑自身创作能力和平台推荐机制，合理确定发布的频率。

④ 利用自媒体账号实现营收

自媒体账号有一定的粉丝基础后，可以通过广告分成、商业合作推广、知识付费、直播打赏等多种方式实现盈利。具体方式如下。

广告分成：许多自媒体平台都有广告分成机制。当发布的 AI 舞蹈视频播放量达到一定规模时，平台会在视频中插入广告，并根据观看次数、有效点击等因素给予一部分广告收益。

商业合作推广：可以通过制作植入式广告或者品牌合作舞蹈内容来获得收入。例如，与舞蹈服饰、音乐 APP、健身设备等相关品牌进行合作，在舞蹈视频中展示其产品，从而获取品牌赞助费用。

知识付费：可以开设付费课程，如“零基础制作 AI 舞蹈”，粉丝需付费购买才能学习完整教程。

直播打赏：开展线上直播 AI 舞蹈教学，吸引粉丝参与互动。可以通过直播平台的礼物功能进行打赏，实现盈利。

用 AI 制作新闻类短视频

项目分析及市场前景

对于新闻类短视频来说，时效性非常重要，一旦错过了热点，观看量便会减少。然而，制作一个完整的短视频需要先写新闻稿的内容，再根据文字内容形成视频，这个过程会消耗大量的时间成本。

利用 AI 技术可以快速抓取大量的热点文章，一键生成新闻稿类文本，也可以一键文字成片，生成完整的新闻类短视频，也可以把新闻翻译为各种语言，打开更多新闻市场。

AI 在新闻类短视频制作中的应用不仅提升了行业效率，满足自媒体、新媒体等渠道对于大量内容的需求，也推动了媒体行业的数字化转型，使得新闻内容的生产和传播更为灵活高效。

实际应用案例

目前，许多新闻类播报视频或多或少都向 AI 制作靠近，例如央视用 AI 播新闻，在画面中应用一些 AI 合成的画面，如图 10-13 所示。再例如许多地方新闻账号开始运用 AI 数字人进行播报，如图 10-14 所示。

图 10-13

图 10-14

操作步骤

综合运用 AI 工具制作新闻类短视频有 4 个步骤，第一个步骤是用度加 AI 生成热点新闻文章内容，第二个步骤是用剪映中的文字成片 AI 一键生成视频，第三个步骤是在剪映编辑器中润色视频，第四个步骤是用 Rask AI 生成多语种新闻视频，下面分别对这 4 个步骤展开讲解。

1 用度加 AI 生成热点新闻文章内容

（1）进入 https://aigc.baidu.com/ 网址，单击左侧菜单中的“AI 成片”按钮，开始文案创作。具体生成过程前面已经讲过，这里不再赘述。笔者生成的热点文章如图 10-15 所示。

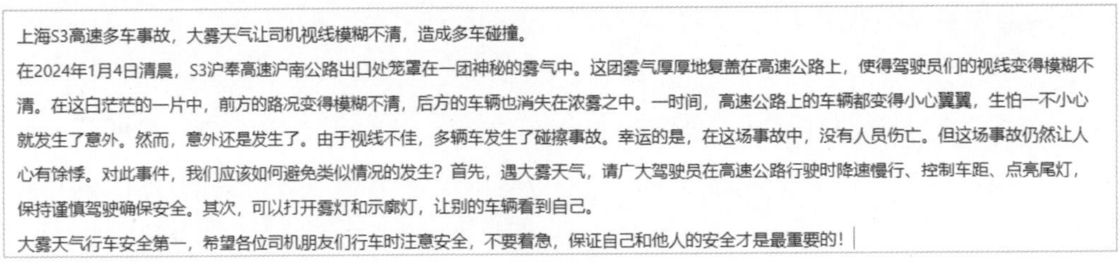

上海S3高速多车事故，大雾天气让司机视线模糊不清，造成多车碰撞。
在2024年1月4日清晨，S3沪奉高速沪南公路出口处笼罩在一团神秘的雾气中。这团雾气厚厚地复盖在高速公路上，使得驾驶员们的视线变得模糊不清。在这白茫茫的一片中，前方的路况变得模糊不清，后方的车辆也消失在浓雾之中。一时间，高速公路上的车辆都变得小心翼翼，生怕一不小心就发生了意外。然而，意外还是发生了。由于视线不佳，多辆车发生了碰擦事故。幸运的是，在这场事故中，没有人员伤亡。但这场事故仍然让人心有馀悸。对此事件，我们应该如何避免类似情况的发生？首先，遇大雾天气，请广大驾驶员在高速公路行驶时降速慢行、控制车距、点亮尾灯，保持谨慎驾驶确保安全。其次，可以打开雾灯和示廓灯，让别的车辆看到自己。
大雾天气行车安全第一，希望各位司机朋友们行车时注意安全，不要着急，保证自己和他人的安全才是最重要的！

图 10-15

（2）复制 AI 生成的新闻文本。

2 用剪映中的文字成片 AI 一键生成视频

（1）打开剪映专业版，单击“文字成片”图标，点击“自由编辑文案”按钮，把度加 AI 生成的文本粘贴到自由编辑文案的文本框中，如图 10-16 所示。

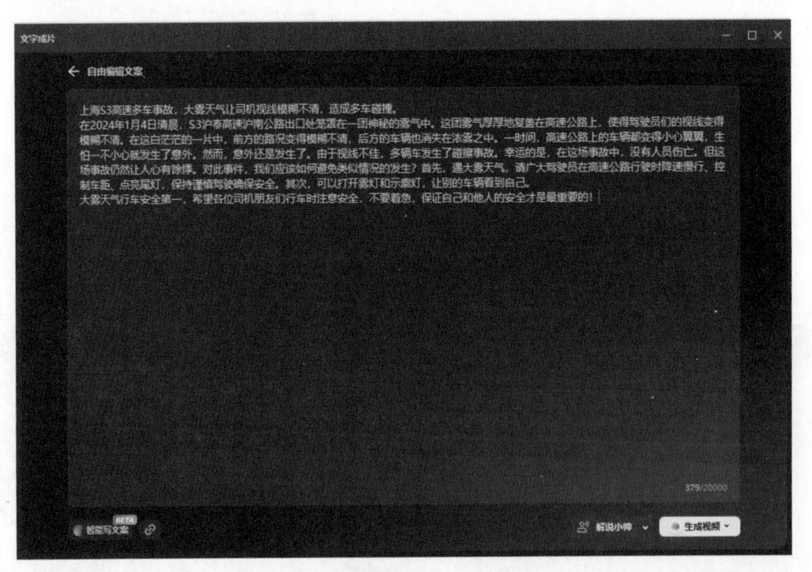

图 10-16

（2）单击下方“生成视频”按钮，即可一键成片，AI 生成了一个 1 min 21 s 的视频，如图 10-17 所示。

图 10-17

3 在剪映编辑器中润色视频

AI 生成的视频是根据素材库中的素材匹配拼接而成的，所以会出现文字和画面不匹配的情况，这就需要人工干预来替换相关素材。

视频素材画面完成后，根据需求调整其背景音乐、字幕、画面亮度或者添加数字人。以上内容在前面都已经讲过，这里不再过多赘述。

视频润色完成后导出即可。笔者导出的视频如图 10-18 所示。

图 10-18

4 用 Rask AI 生成多语种新闻视频

（1）进入 https://www.rask.ai/ 网址，单击 Upload video or audio 按钮，上传从剪映中导出的视频，并完成相关设置，如图 10-19 所示。

（2）单击下方 Translate 按钮，即可生成不同语言的新闻视频，如图 10-20 所示。

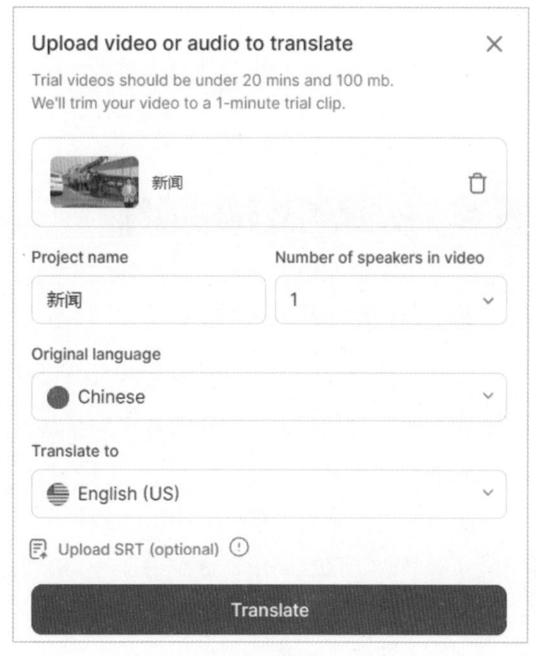

图 10-19

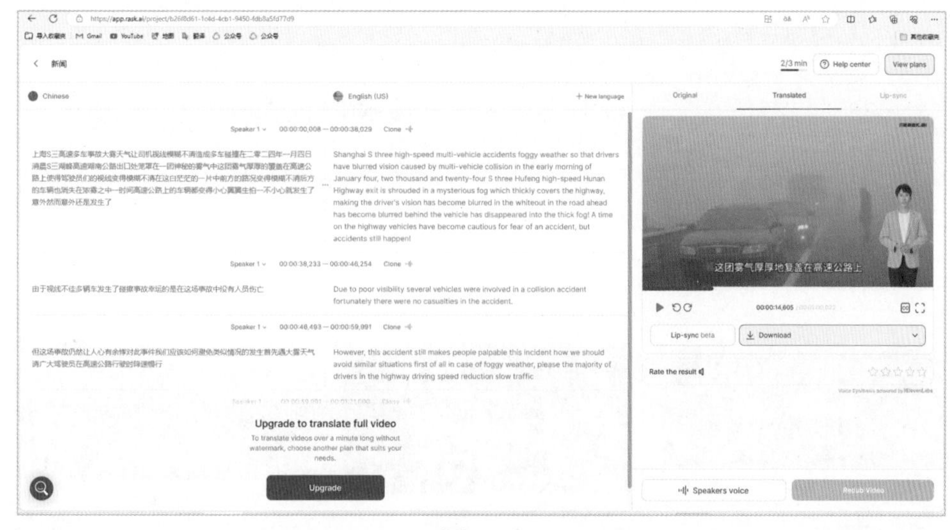

图 10-20

（3）在右侧编辑区单击 Lip-Sync beta 按钮，让视频中讲话者的嘴巴动作与翻译后的声音相匹配，以获得更好的配音效果。

（4）单击右侧编辑区下方的 Speaker's Voices 图标，选择讲话者的声音风格，选择 Clone 选项，使用原视频讲话者的声音来克隆原视频声音，如图 10-21 所示。

（5）选择配音风格后，单击 Redub video 按钮，重新配音，需要重新对视频进行更改。

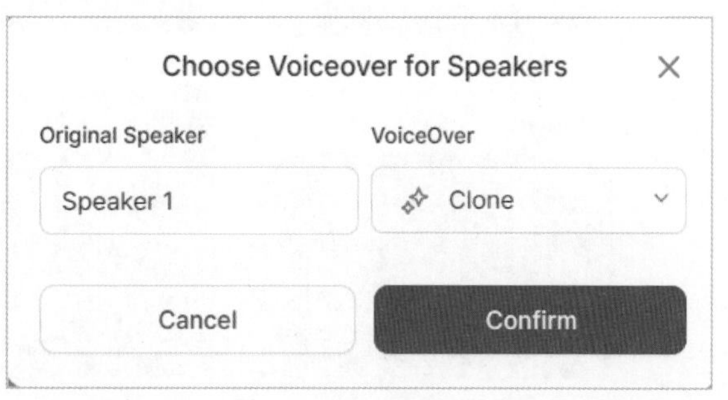

图 10-21

（6）视频修改完成后，选择保存的视频类型，单击 Download 按钮保存生成的不同语言的新闻视频。

用 AI 制作民间故事短视频

项目分析及市场前景

AI 民间故事副业项目是当下短视频领域流量和收益较大且较火热的副业变现项目，具有低成本高收益潜力。

从故事题材来看，民间故事深深植根于中华民族的悠久文化土壤中，满载着厚重的历史积淀和多元价值观，生动映射出社会的传统习俗、信仰体系以及道德伦理观。这些故事以其独特魅力，能够触及人们内心最柔软的情感角落，唤醒集体记忆中的共鸣，犹如一剂心灵抚慰，在现代社会快速流转的节奏中，为人们提供了一片情感栖息地和精神滋养源，让人们在忙碌之余寻觅到那份源自传统文化的温暖与慰藉。

从内容呈现方式来看，短视频形式符合现代快节奏生活下的信息消费习惯，将原本可能冗长复杂的民间故事精炼成几十秒至几分钟的内容，方便用户随时随地观看、理解并分享，符合当代用户快节奏的生活方式和碎片化的信息消费习惯。

从视频内容制作来看，整合多个 AI 工具，可以高效产出民间故事短视频，AI 能够快速生成大量文本内容，节省了人工编写故事所需的时间和精力。再通过 AI 由文字一键生成视频，整个制作过程快速又方便。

从平台及市场环境来看，一方面短视频平台能够针对不同用户群体的兴趣偏好实现精准推送，增加用户黏性和观看时长。随着流量的增加，吸引到粉丝后，进行流量变现。另一方面，短视频平台会有创作者鼓励机制，例如抖音的“中视频计划”和中视频号的“创作者分成计划”。

实际应用案例

目前，现在一些自媒体平台中许多人已经将其作为一个副业项目，并且已具有较高的流量来实现变现，如图 10-22 ～ 图 10-24 所示。

图 10-22

图 10-23

图 10-24

操作步骤

AI民间故事副业项目有4个步骤，第一个步骤是用文心一言AI生成民间故事内容，第二个步骤是用剪映文字成片AI一键生成视频，第三个步骤是用33搜帧AI替换不合适的视频素材，第四个步骤是将民间故事视频发布到自媒体平台。下面对这4个步骤展开讲解。

1 用文心一言AI生成民间故事内容

（1）进入https://yiyan.baidu.com/网址，进入“文心一言”首页，在文本框内输入关于创作民间故事的文字指令，笔者输入的文字指令如图10-25所示。

图10-25

（2）单击右侧箭头按钮，即可生成一个完整的故事。AI自动生成的部分故事内容如下。

- 题目：《仙缘之恋》
- 主要人物：

  婉儿：美丽的农家女，纯真善良，手艺高超。

  凌风：年轻的修仙者，英俊潇洒，但有些傲慢。

  瑶姬：凌风的师妹，聪明机智，心地善良。
- 故事：在遥远的古代，有一个叫做婉儿的美丽农家女。她家境贫寒，但双手灵巧，绣出的花朵栩栩如生，被誉为“绣花仙子”。一日，婉儿在山中采绣球花时，误入了一个神秘的修仙洞府。洞府中，两位年轻的修仙者凌风和瑶姬正在修炼。凌风英俊潇洒，但性格傲慢，对凡人总是不屑一顾。瑶姬则心地善良，对婉儿照顾有加。婉儿被洞府中的奇景吸引，决定留下来学习修仙之术。凌风虽然对婉儿心生厌恶，但在瑶姬的劝说下，也传授了她一些简单的法术。渐渐地，婉儿与瑶姬成了无话不谈的好友。她们一起修炼、一起采花、一起分享心事。而凌风虽然表面上对婉儿冷淡，但心中却开始对她产生了微妙的感觉。一日，修仙洞府遭到一群妖兽的袭击。婉儿、凌风和瑶姬共同抵抗妖兽，最终成功击退了它们。然而，在战斗中，婉儿不幸受伤，生命垂危。为了救婉儿，凌风决定冒着生命危险去寻找灵药。在寻药的途中，凌风遇到了重重困难。他历尽千辛万苦，终于找到了灵药。然而，在返回洞府的路上，他却被一只凶猛的妖兽重伤。

（3）如果对故事内容不满意可继续润色故事情节，故事优化完成后复制故事文本内容。

2 用剪映文字成片AI一键生成视频

（1）打开剪映专业版，单击“文字成片”图标，单击“自由编辑文案”图标，把文心一言AI生成的文本粘贴到自由编辑文案的文本框中，如图10-26所示。

（2）单击下方“生成视频”按钮，即可一键成片，AI生成了一个2 min 50 s的视频，如图10-27所示。

图 10-26

图 10-27

③ 用“33 搜帧”替换不合适的视频素材

剪映 AI 生成的视频是根据素材库中的素材匹配拼接而成的，所以会出现文字和画面不匹配的情况，这就需要人工干预来替换相关素材，剪映素材库中的素材数量有限，具体需要借助“33 搜帧”里的素材替换不合适的视频素材。具体操作如下。

（1）在剪映中找到文字与画面不匹配的视频素材，并找出匹配画面的关键词。笔者生成的视频画面中文字出现的是“有一个叫做婉儿的美丽农家女”，但是画面没能匹配到具体人物形象，如图 10-28 所示。

图 10-28

（2）下载并安装“33 搜帧”，安装后打开该软件进入如图 10-29 所示页面。

（3）在文本框内输入需要匹配的素材画面的关键词，单击“搜索画面”按钮，出现了许多素材画面，如图 10-30 所示。

图 10-29

图 10-30

（4）选择合适的素材进行“云剪切”，将其导入剪映专业版。

（5）根据以上方法替换所有不匹配的画面。

（6）润色视频，根据需求调整视频的背景音乐、字幕等。

（7）视频优化后，保存视频。

④ 将民间故事视频发布到自媒体平台

将制作完成的有关民间故事的视频发布至自媒体平台，通过平台账号增加收益的方式有两种。

一是多平台发布，自媒体账号有一定的粉丝基础后，可以通过广告分成、商业合作推广、知识付费、直播打赏等多种方式实现盈利，具体方法前面已经讲过，这里不再过多赘述。

二是通过平台的创作者视频计划活动赚取一定的收益。例如，抖音、西瓜视频、今日头条联合的“中视频伙伴计划”，中视频通常指的是长度在 1 min 以上的视频内容形式。对于新人和初学者来说，通过制作中视频进行变现具有优势，平台鼓励创作者制作高质量的中视频内容，并为符合要求的账号提供播放量分成收益，即只要视频有播放量，创作者就能从中获得广告收入，播放量越高收益也就越高。抖音中视频计划如图 10-31 和图 10-32 所示。

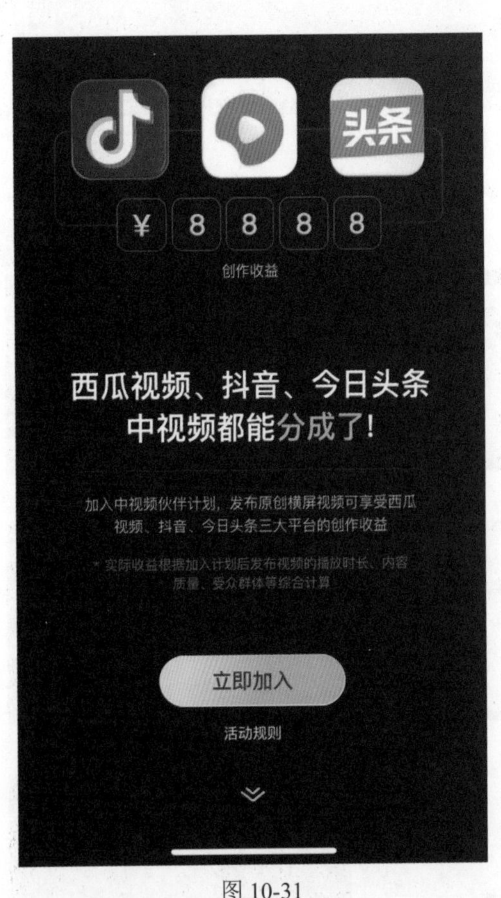

图 10-31

图 10-32

用 AI 制作虚拟歌手唱歌类短视频

项目分析及市场前景

虚拟歌手是指通过 AI 创造出来的、拥有数字化歌声并通常伴有个性化虚拟形象的歌手。目前，市场上的虚拟歌手文化已经发展成为一个成熟的领域，例如初音未来（Hatsune Miku）和洛天依（Luo Tianyi）都是著名的虚拟偶像。随着人工智能的发展和普及，一般人可以通过各种 AI 工具来创作虚拟歌手，并通过发布音乐来得到更多人的关注，一旦获得关注热度，虚拟歌手便具有了极高的 IP 价值，可以进行周边商品开发，例如手办模型、服装、文具、生活用品等各种衍生产品的生产和销售，从而实现账号的营收。

实际应用案例

目前，在一些自媒体平台中已经开设虚拟歌手相关账号，并发布了一些AI歌手短视频，吸引了部分粉丝，如图10-33所示。

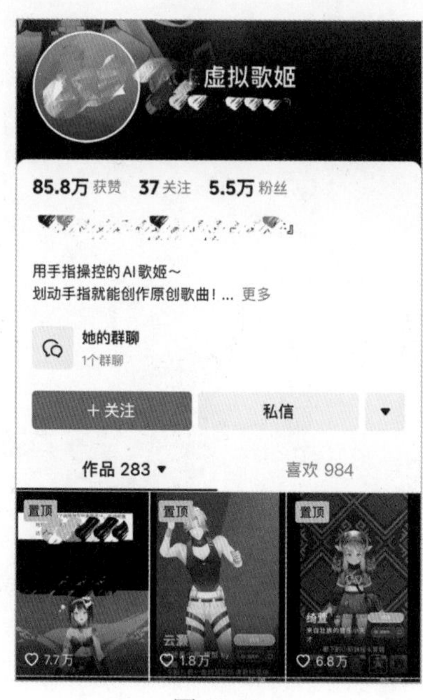

图10-33

操作步骤

综合运用AI工具制作虚拟歌手唱歌类短视频有两个步骤，第一个步骤是用通义千问AI生成歌词文本，第二个步骤是用唱鸭AI生成歌曲音频。

1 用通义千问AI生成歌词文本

进入https://tongyi.aliyun.com/网址，在文本框内输入文字指令，生成想要的歌词。需要注意的是，在输入文字指令时一定要告诉AI你想要的歌词的主题方向和风格类型。笔者想要创作一个解压欢快风格的歌曲，输入的文字指令和AI生成的内容如图10-34所示。

2 用唱鸭AI生成歌曲音频

（1）打开唱鸭AI APP，把通义千问生成的歌词粘贴到唱鸭AI文本框中。需要注意的是唱鸭AI的歌词文本框有一定的字数限制，一定要控制输入的歌词字数。笔者填充的部分歌词如图10-35所示。

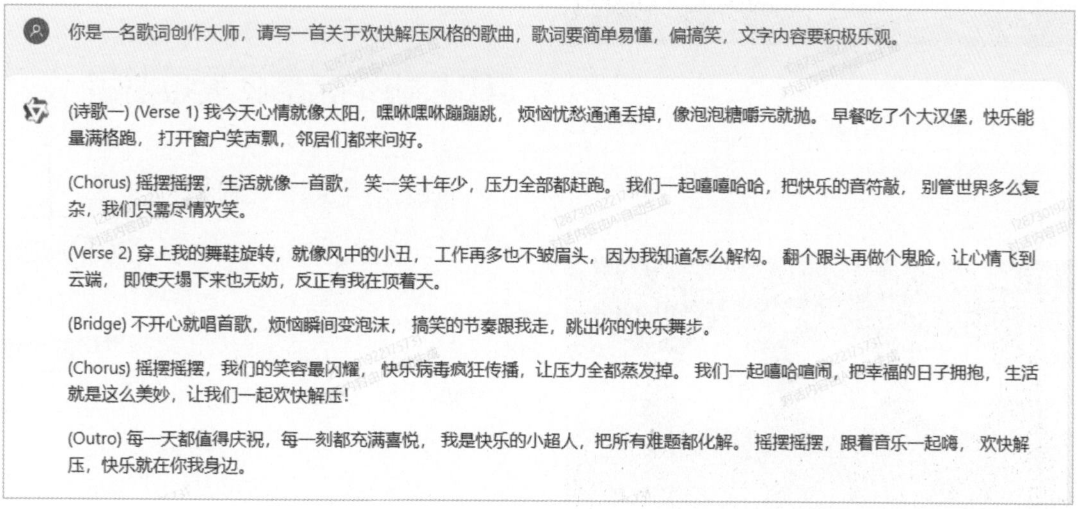

你是一名歌词创作大师，请写一首关于欢快解压风格的歌曲，歌词要简单易懂，偏搞笑，文字内容要积极乐观。

(诗歌一) (Verse 1) 我今天心情就像太阳，嘿咻嘿咻蹦蹦跳，烦恼忧愁通通丢掉，像泡泡糖嚼完就抛。早餐吃了个大汉堡，快乐能量满格跑，打开窗户笑声飘，邻居们都来问好。

(Chorus) 摇摆摇摆，生活就像一首歌，笑一笑十年少，压力全部都赶跑。我们一起嘻嘻哈哈，把快乐的音符敲，别管世界多么复杂，我们只需尽情欢笑。

(Verse 2) 穿上我的舞鞋旋转，就像风中的小丑，工作再多也不皱眉头，因为我知道怎么解构。翻个跟头再做个鬼脸，让心情飞到云端，即使天塌下来也无妨，反正有我在顶着天。

(Bridge) 不开心就唱首歌，烦恼瞬间变泡沫，搞笑的节奏跟我走，跳出你的快乐舞步。

(Chorus) 摇摆摇摆，我们的笑容最闪耀，快乐病毒疯狂传播，让压力全都蒸发掉。我们一起嘻哈喧闹，把幸福的日子拥抱，生活就是这么美妙，让我们一起欢快解压！

(Outro) 每一天都值得庆祝，每一刻都充满喜悦，我是快乐的小超人，把所有难题都化解。摇摆摇摆，跟着音乐一起嗨，欢快解压，快乐就在你我身边。

图10-34

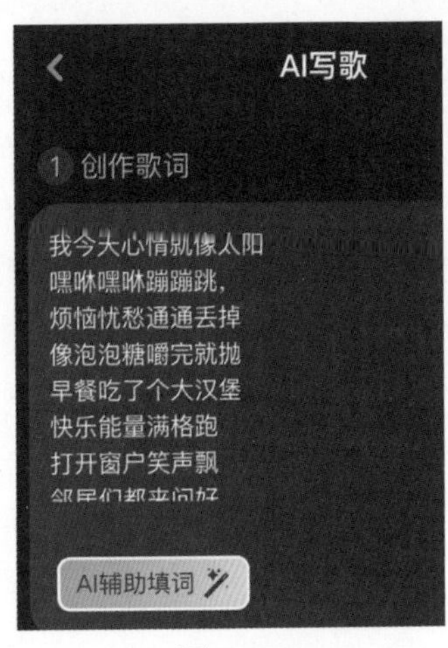

图 10-35

（2）接下来自定义音乐风格，音乐风格要根据歌词风格进行定义，笔者创作的歌曲的歌词偏欢快搞笑风格，故选择了“开心”风格的音乐元素模板，如图 10-36 所示。

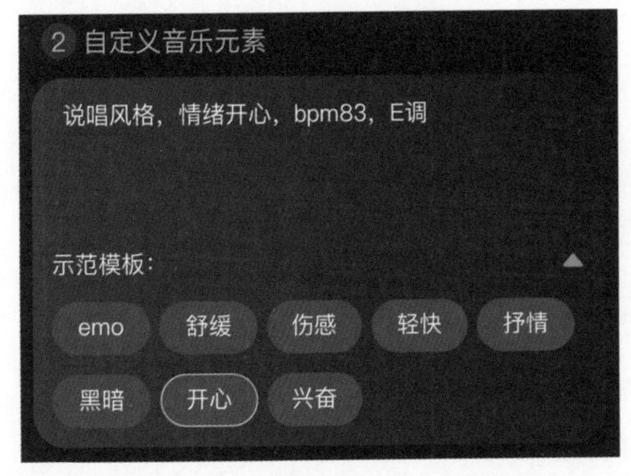

图 10-36

（3）选择合适的歌手。如果想要用自己的声音生成歌曲，也可以选择定制化音色，如图 10-37 所示。

图 10-37

（4）单击“生成歌曲”按钮，即可生成想要的歌曲，再根据个人的喜好风格进行编辑优化即可。

（5）确定最终音频呈现效果，单击“发布当前作品”按钮进行“AI 一键生成 MV”，如图 10-38 所示。

图 10-38

（6）单击“发布”按钮，等待 AI 软件合成，便可在 MV 下方进行分享或者保存，单击“抖音”等自媒体图标，即可发布到特定的平台。

用 AI 制作 IP 形象类短视频

项目分析及市场前景

有独特 IP 形象的短视频更容易吸引用户关注，并形成粉丝群体。这种个性化的 IP 能够建立起与粉丝的情感连接，提高用户的忠诚度和黏性，促进粉丝对内容的持续关注与互动，进而转化为长期稳定的流量资源。

例如抖音上的“一禅小和尚”就是一个非常成功的虚拟动画形象，以一个暖萌可爱的小和尚形象出现，他涉世未深却对外面的世界充满好奇，这种人设容易引发观众的情感共鸣，尤其在快节奏的现代生活中提供了一种心灵慰藉。视频内容通常包含生活哲理和人生智慧，通过简单易懂的语言讲述故事，帮助人们解决或思考现实生活中的问题，这样的内容既具有娱乐性又富有教育意义，能够吸引不同年龄段的观众。在成功积累大量粉丝的基础上，“一禅小和尚”IP进行了有效的商业开发，如开设抖音小店、联名合作、授权周边产品等方式实现IP变现，形成了一条完整的产业链。

对于这类IP形象类视频的制作，AI工具可以发挥很大的作用。综合运用多款AI工具来确保IP形象类视频内容创作的质量和效率，从创意构思到最终视频输出的各环节都能得到有力的支持，从而使得IP形象类视频的创作更为高效且贴近市场需求。

实际应用案例

① 语录类

通过一张小和尚或老者的动态形象，搭配人生哲理，这就是笔者前面介绍的案例。在一些视频账号中，短短一个月粉丝增长数十万，如图10-39所示。

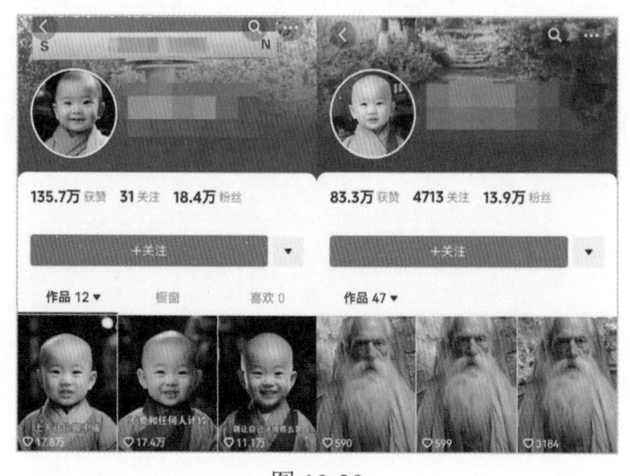

图 10-39

② 情感励志类

情感励志类AI数字人视频是指利用人工智能技术创造的AI虚拟人物为主角，制作出能够传递情感共鸣和激励人心内容的视频作品。一些媒体平台账号分享AI数字人各类励志内容，两个月内迅速积累几十万粉丝，如图10-40所示。

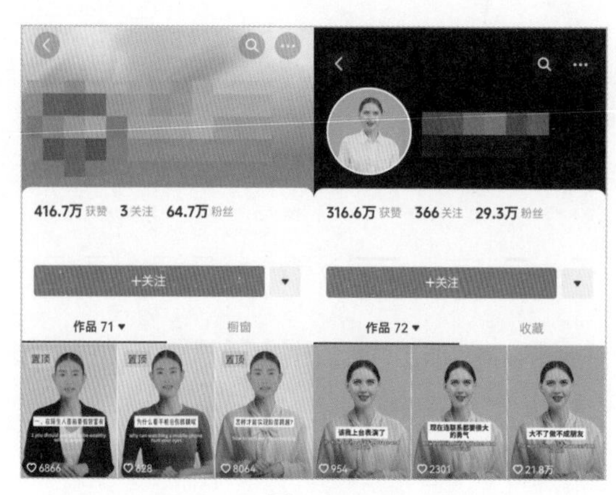

图 10-40

③ 英文格言类

英文格言类AI数字人视频是指利用AI技术打造数字人形象，以短视频形式分享和诠释经典的英文格言。这类视频内容既可以展示各类富含哲理与智慧的英文格言，同时通过AI数字人的生动演绎，使得这些格言更加形象、直观，便于观众理解和记忆。具体账号应用案例如图10-41所示。

图 10-41

④ 育儿教育类

育儿教育类AI数字人视频是指使用AI技

术创作的数字人形象，以短视频的形式分享育儿知识、技巧和教育内容。具体媒体账号应用案例如图 10-42 所示。

图 10-42

5 英语晨读类

英语晨读类 AI 数字人视频是指选取经典英文著作的片段或精华内容，通过 AI 数字人的生动演绎，为观众提供一种新颖且高效的英语学习方式。具体媒体账号应用案例如图 10-43 所示。

图 10-43

操作步骤

综合运用 AI 工具来制作 IP 形象类视频有 5 个步骤，第一个步骤是用 Liblib AI 创建 IP 形象，第二个步骤是用智谱清言 AI 生成文案，第三个步骤是用 TTSMaker AI 为 IP 形象配音，第四个步骤是用 HeyGen AI 让 IP 形象动起来，第五个步骤是在剪映编辑器中润色视频。

1 用 Liblib AI 创建 IP 形象

进入 https://www.liblib.ai/ 网址，单击“在线生图”菜单，开始创作，前面已经介绍过如何使用 Liblib AI 生成图像，这里不再赘述。笔者想要创建一个小和尚的 IP 形象，通过 Liblib AI 生成 IP 形象。

2 用智谱清言 AI 生成文案

进入 https://chatglm.cn/ 网址，创建新对话，在文本框内输入文字指令，生成想要的内容。需要注意的是，生成的文案风格一定要和自己创建的 IP 形象风格相契合，“什么形象说什么话”，这对于 IP 形象类的短视频来说很重要。笔者想要生成关于小和尚讲的关于人生的智慧话语，输入的文字指令和 AI 生成的文案如下。

> 施主，人生路漫漫，充满了种种困难和挑战，如何在这纷繁复杂的世界中保持一颗智慧之心，实乃人生一大课题。首先，我们要明白，世间万物皆有因果，万事皆有其规律。因此，我们要学会珍惜眼前人，珍惜当下事。世间诸多纷扰，皆因贪嗔痴所生。学会放下，方能明心见性，领悟人生真谛。其次，要学会感恩。感恩遇到的每一个人，每一件事。感恩挫折，让你懂得坚韧；感恩失败，让你明白成长；感恩成功，让你品尝喜悦；感恩平淡，让你懂得珍惜。有感恩之心，方能生长智慧。再者，修身齐家治国平天下，修身乃第一要务。一个内心强大的人，才能在这个世界上立足。修养身心，从小事做起，从身边做起。淡泊明志，宁静致远。只有心灵宁静，才能洞悉世

间万象，领悟人生真谛。最后，记住，人生没有绝对的对错，只有不同的观点。学会尊重他人，理解他人，包容他人。海纳百川，有容乃大。一颗宽容的心，能让你在这个世界上更加从容自如，智慧人生就在眼前。人生如梦，一切都是过眼云烟。珍惜眼前，拥抱当下，用智慧之心去感受生活的美好，去领悟人生的真谛。愿你的人生之路，充满智慧之光。阿弥陀佛。

3 用 TTSMaker AI 为 IP 形象配音

进入 https://ttsmaker.cn/ 网址，将智谱清言生成的文案内容粘贴到 TSMaker AI 的文本框中，根据个人需求选择合适的配音风格，具体操作前面已经讲过，这里不再过多赘述。需要注意的是，配音的风格也一定要契合 IP 的形象风格，例如笔者生成的是关于小和尚的 IP 形象，所以要选择声音“纯粹”风格的一些的配音。

4 用 HeyGen AI 让 IP 形象动起来

进入 https://app.heygen.com/ 网址，利用 Liblib AI 生成的 IP 形象图像在 HeyGen AI 中创建“定制数字人”，把用 TTSMaker 生成的配音文件加入数字人中。“定制数字人”的具体操作方法前面已经介绍过，这里不再赘述。

5 在剪映编辑器中润色视频

在剪映中整合优化 IP 形象类的短视频，根据个人需求添加具体的字幕、背景音乐等内容，需要注意的是，背景音乐等设置一定也要契合 IP 形象，例如笔者创建的是一个小和尚说一些人生哲理的 IP 形象类短视频，所选的背景音乐是舒缓的，显示其智慧形象的背景音乐。编辑完视频后导出即可。

用 AI 制作真人不露脸口播类短视频

项目分析及市场前景

真人不露脸视频是指视频中出现的身体和动作是自己的，但脸部是进行处理的视频，相比于纯数字人视频来说，更具有真实感、更亲切。对于自媒体工作者而言，尤其是在不愿真人出镜或使用自己声音的情况下，制作不露脸视频成为了他们表达自我、吸引观众的新途径。这一趋势不仅解决了个人隐私保护的需求，还为创作者提供了更广阔的创意空间，开拓了独特的市场前景。

随着 AI 技术的快速发展，如语音合成、面部动画生成、虚拟形象创建等工具的成熟，自媒体工作者可以轻松创造个性化、高质量的虚拟形象代替真人出镜。不露脸视频不受创作者外貌、声音等物理条件限制，鼓励更多创意内容的产生。无论是知识分享、产品评测、故事叙述还是娱乐搞笑，都可以通过精心设计的虚拟形象来呈现，增加了内容的多样性和新鲜感。

随着互联网对内容质量要求的提升以及对隐私保护意识的增强，不露脸视频作为一种既能保护隐私又能展现创意的形式，预计将迎来更广泛的需求。特别是在年轻群体中，对于新颖、个性化的虚拟内容有着极高的接受度和偏好。AI 技术的不断进步将持续推动不露脸视频制作的技术边界，降低创作门槛，吸引更多创作者加入。

实际应用案例

在一些自媒体平台上，那些希望保持匿名性或更专注于内容而非个人形象的创作者，经常以不露脸视频形象出现，如图 10-44 所示。

图 10-44

操作步骤

综合运用 AI 工具来制作真人不露脸口播类视频有 3 个步骤，第一个步骤是用通义千问 AI 工具生成相关内容的口播稿，并通过 AI 生成的稿子拍摄视频。第二个步骤是用剪映 AI 工具进行智能剪口播。第三个步骤是通过剪映添加 AI 卡通特效。具体操作步骤如下。

1 用通义千问 AI 工具生成口播稿

进入 https://tongyi.aliyun.com/ 网址，在文本框内输入文字指令，生成想要的口播稿。需要注意的是，在输入文字指令时一定要告诉 AI 你想要的口播稿的主题方向和风格类型。笔者想要生成关于“人工智能时代短视频的发展”相关的内容，输入的具体文字指令和 AI 生成的内容如图 10-45 所示。

请生成一份关于“人工智能时代短视频的发展”的口播稿，内容需要包括但不限于以下几个方面：1. 人工智能技术在短视频制作和内容推荐中的具体应用；2. 短视频平台如何利用人工智能来提高用户体验和内容创新；3. 人工智能对于短视频内容审核、版权保护等方面的影响

【开场白】
各位观众，欢迎收看本期节目。随着科技的飞速发展，我们正步入一个前所未有的人工智能时代，而在这个时代背景下，短视频作为互联网内容的宠儿，正经历着翻天覆地的变化。今天，我们就来探讨“人工智能时代短视频的发展”，一起揭开AI与短视频结合的神秘面纱。

【第一部分：AI在短视频制作与内容推荐的应用】
首先，让我们聚焦于人工智能技术如何重塑短视频的创作与分发。在制作端，AI已经不再是遥不可及的概念，它已经成为许多创作者的得力助手。例如，智能剪辑软件能够自动识别视频中的精彩片段，通过分析镜头稳定性、表情动作等元素，自动生成吸引人的预告片或者精彩集锦。此外，AI还能辅助进行特效添加、滤镜选择，甚至根据视频内容智能匹配背景音乐，极大地提升了视频的视觉效果和创意表达。

内容推荐方面，AI算法更是发挥了核心作用。通过深度学习用户行为、偏好以及内容特征，平台能够精准推送个性化内容，让用户仿佛拥有了专属的内容宇宙。这种“千人千面”的推荐机制，不仅增强了用户粘性，也为创作者提供了更广阔的展示舞台，实现了供需双方的高效匹配。

【第二部分：提升用户体验与内容创新】
短视频平台深谙人工智能的重要性，不断探索如何利用这一技术提升用户体验并推动内容创新。例如，利用AI分析用户观看习惯，平台可以智能调整播放流畅度，确保在不同网络环境下都能享受无缝的观看体验。此外，通过AI挖掘潜在的流行趋势和话题，平台能引导创作者紧跟潮流，激发更多原创内容，形成良性循环的创意生态。

【第三部分：内容审核与版权保护】
在保障内容健康、维护版权秩序方面，人工智能同样发挥着举足轻重的作用。面对海量的每日上传内容，人工审核已显得力不从心，而AI内容审核系统能够24小时不间断工作，快速识别并过滤掉违规、有害信息，为用户提供一个清朗的观看环境。同时，借助于图像识别、音频匹配等技术，AI还能够有效监测和防止版权侵权行为，保护创作者的知识产权，促进了内容生态的健康发展。

【结语】
总而言之，人工智能与短视频的深度融合，不仅加速了短视频行业的发展步伐，更为用户带来了前所未有的观看体验，同时也为创作者开辟了更宽广的创意空间。未来，随着AI技术的不断进步，我们有理由相信，短视频行业将会迎来更加璀璨的明天。感谢收看，下期节目再见！

【结束语】
这期节目，我们一同见证了人工智能如何赋能短视频产业，从内容生产到分发，再到内容安全与版权保护，每一个环节都留下了AI深刻的烙印。在未来的日子里，期待人工智能技术能够引领短视频行业攀登新的高峰，创造更多可能。我们下次节目再会！

图 10-45

对生成的稿件按照自己的想法进行修改，修改完毕后真人拍摄口播稿。

2 用剪映 AI 工具进行智能剪口播

（1）口播录制完成后，导入剪映专业版，选中视频素材后单击轨道上方“智能剪口播”按钮 ，如图 10-46 所示。

图 10-46

（2）AI 自动标记出了 5 处停顿、7 处语气词，如图 10-47 所示。单击“删除”按钮，即可得到优化后的口播视频，如图 10-48 所示。

图 10-47

图 10-48

3 添加 AI 卡通特效

（1）在以上视频素材剪辑界面，单击左上方“特效”选项中的“人物特效”按钮，选择“潮酷男孩”特效效果，如图 10-49 所示。

（2）将“潮酷男孩”特效效果添加至整个轨道，如图 10-50 所示。

（3）单击特效轨道，在右上角功能编辑区根据视频中的人物整体调整具体参数，如图 10-51 所示。

（4）选中视频素材画面，单击右上方界面中的“音频”标签，选择声音效果，如图 10-52 所示。

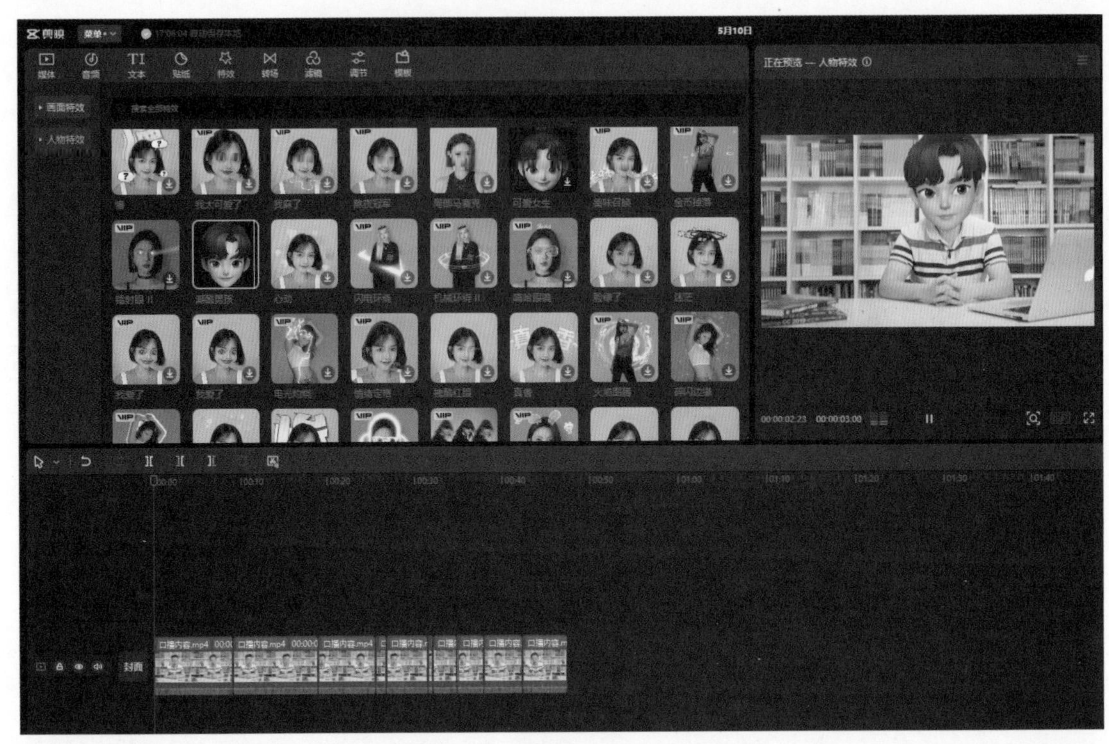

图 10-49

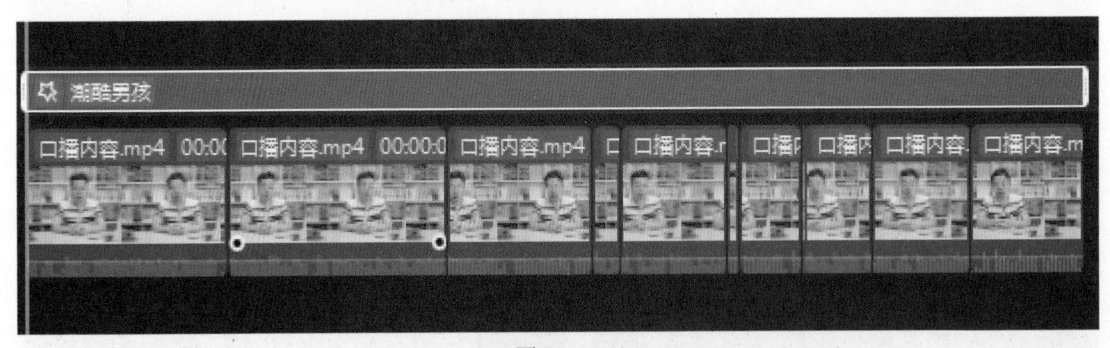

图 10-50

图 10-51

图 10-52

（5）单击“音色”选项卡，选择合适的音色来替换视频的原声，笔者选择了“男生”的音色，并调整了具体音调和音色，如图 10-53 所示。至此，一条不露脸、不用真声的视频就制作完成了。

用 AI 制作图文计划类内容

项目分析及市场前景

图 10-53

在前面一些内容中也提到过抖音的图文计划，本节将进行详细讲解。图文计划是一个鼓励创作者在抖音平台上发布高质量的图片内容并获取曝光的计划。这个计划主要是为了吸引更多的创作者参与创作，提高平台的内容质量和多样性。在抖音的图文计划中，创作者可以选择一张或多张图片发布在抖音平台上，并配以文字说明和音乐。这些图片可以是风景、美食、人物、宠物等各种类型，只要能够吸引观众并具有创意和美感即可。

图文内容因其直观性和易于消费的特点，能够吸引广泛的群体，无论是寻求灵感的年轻人，还是偏好阅读式娱乐的中老年用户，都能从中找到兴趣点。随着粉丝群的积累，图文内容创作者可通过广告合作、品牌植入、商品推广等方式实现盈利。高质量的内容更容易获得平台的流量扶持和商业合作机会，进一步推动个人品牌的成长和商业价值的提升。

在信息爆炸的时代，简洁而富有创意的图文内容成为品牌和产品宣传的新宠。企业越来越倾向于与具有独特风格和稳定粉丝基础的图文创作者合作，进行内容营销，这也为图文创作者提供了更多商业合作的可能。

随着 AI 技术的不断进步，图文内容的创作、分发、分析都将更加智能化、个性化，这将为图文计划带来更大的发展空间，同时也要求创作者不断学习新技术，以保持内容的竞争力。

实际应用案例

ChatGPT 更新绘画功能之后，很多创作者开始使用 AI 对话 + 绘图的形式进行图文计划创作。虽然 ChatGPT 的出图效果一般，但胜在完美契合短视频平台娱乐至上的流量规则，再加上图文计划的曝光扶持，短时间内吸引了大批量创作者入局。

图 10-54 所示为抖音博主“GPT 整活”的主页界面，图 10-55 所示为其主页置顶的爆款视频。凭借着爆款视频的出现，在抖音关于 GPT 的搜索排名一直比较靠前，后期可以通过抖音引流完成自己的私域流量搭建，如图 10-56 所示。

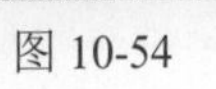
图 10-54

图 10-55

图 10-56

操作步骤

综合运用 AI 工具来制作真人不露脸口播类视频有 3 个步骤，第一个步骤是使用无界 AI 专业版进行图片生成，并通过 AI 生成的稿子拍摄视频。第二个步骤是使用剪映进行素材调整。第三个步骤是使用抖音图文计划发布视频。具体操作步骤如下。

1 使用无界 AI 专业版进行图片生成

（1）打开 https://www.wujieai.com/ 网址，注册并登录进入“无界 AI”的主页，单击上方菜单中的“无界 AI 专业版”图标，进入如图 10-57 所示页面。

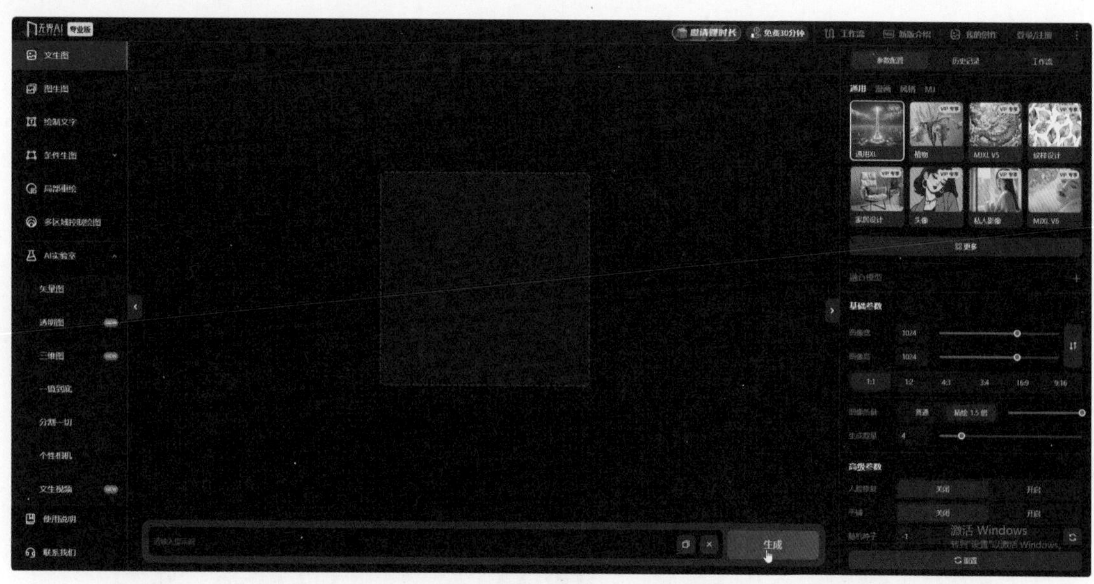

图 10-57

无界 AI 专业版参数如图 10-58 所示。

- “高级参数”中的参数设置比较复杂，主要控制图像的成像细节，
- “基础参数”主要调整图像的“宽高”“图像质量” “生成数量”，
- 人脸修复：有美颜磨皮的功能，若追求图像的真实效果，选择“关闭”选项即可。
- 平铺：使纹理类图片连接效果更好。
- 随机种子：每次生成图的独立唯一编号，-1 代表随机生成。
- VAE：对于图片的色彩、眼睛和脸部等细节进行略微提升，一般建议选择“自动”模式。
- 采样步数：步数越大，画面精度越高，通常设置在 20 ~ 40，最佳数值范围是 1 ~ 2。
- 采样器：影响画质的好坏，要选择适合图像的采样器。常见的采样器有多种选择，Euler a：适合二次元图像、小场景；DDIM：适合写实人像、复杂场景；DPM++2S a Karras：适合写实人像、复杂场景；DPM++ 2M Karras：适合二次元图像、三次元图像；DPM++ KDE Karras：适合写实人像、复杂场景。
- ENSD：配合随机种子使用可以更好地还原特定的图像，建议选择默认值 0 即可。

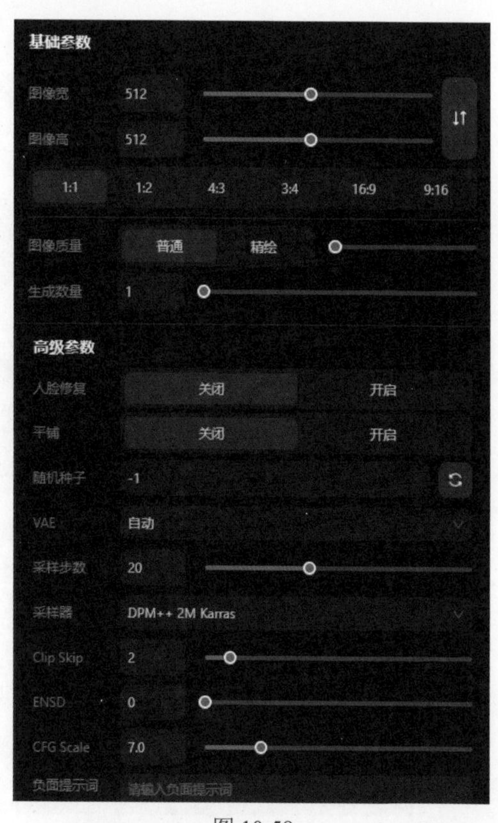

图 10-58

- Clip Skip：描述画面的准确程度与数值的大小成反比，数值越小表示对图像的控制度越高。最佳使用区间是 1～2。
- CFG Scale：数值越低，会产生更有创意的结果。最佳使用区间是 7～12，推荐不超过 15，否则会破坏原有的画风。
- 负面描述：输入不想让 AI 绘制的内容。

（2）单击左侧“文生图”图标，开始创作，在右侧“基础参数”中选择 9 ∶ 16 的画幅比例，然后在文本框内输入“中国特色美女”的相关描述词，如图 10-59 所示。

（3）如果生成的图片存在瑕疵，可以单击上方对应的修复图标进行修复，如图 10-60 所示。

（4）在文本框内将提示词修改为“韩国特色美女”进行图片生成，如图 10-61 所示。

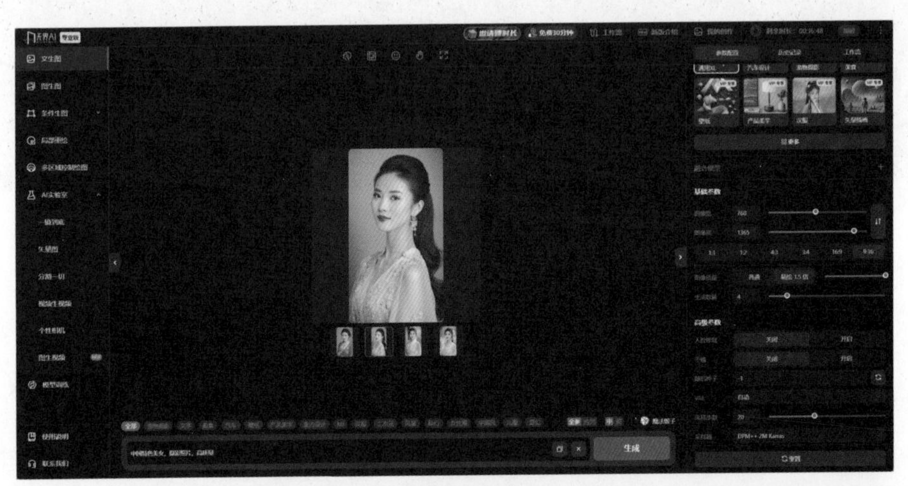

图 10-59

图 10-60

图 10-61

（5）按照此方式生成各国美女图片，可以单击上方“我的创作”按钮或者在“历史记录”中查看图片生成进度，如图 10-62 所示。

图 10-62

（6）最后在“我的创作”中单击“多选”按钮，挑选生成图片并保存在本地，如图 10-63 所示。

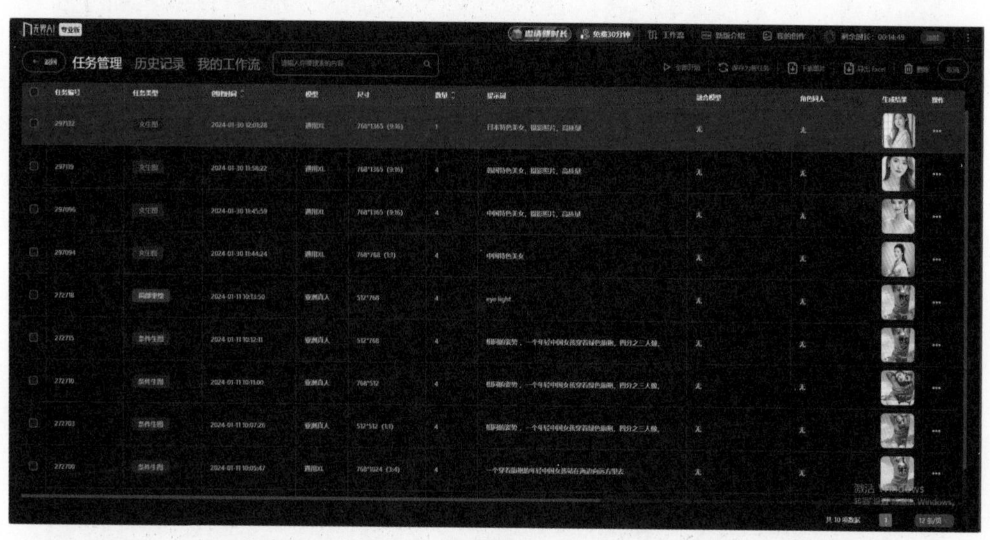

图 10-63

2 使用剪映进行素材调整

（1）打开剪映专业版，在上方工具栏中单击“贴纸”按钮，在其中搜索“黑场素材”并将其添加至轨道，如图 10-64 所示。

（2）单击“比例”按钮，将画面比例设置为 9 ：16，并将黑场素材放大到覆盖画面为止，如图 10-65 所示。

（3）单击“文本”按钮，选择“新建文本”为其添加文本轨道，在右侧文本框内输入“描述一个中国美女”并对字体样式进行修改，如图 10-66 所示。

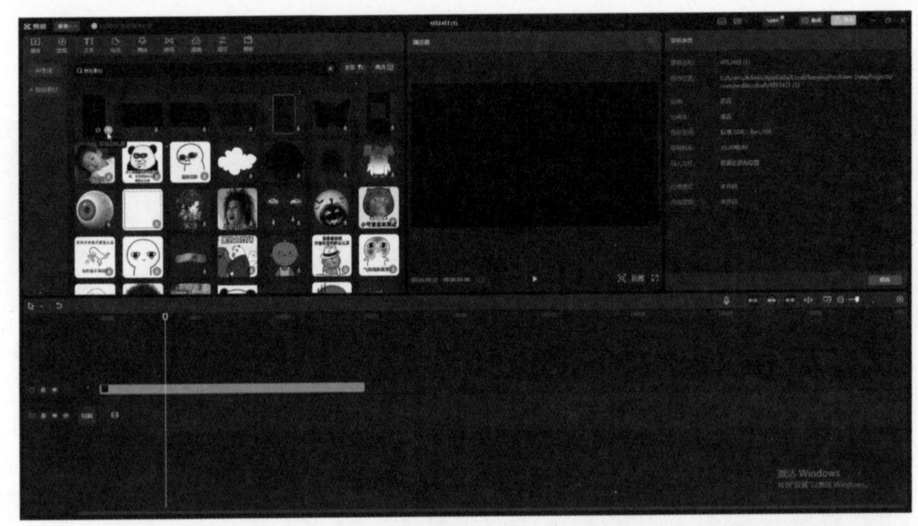

图 10-64

图 10-65

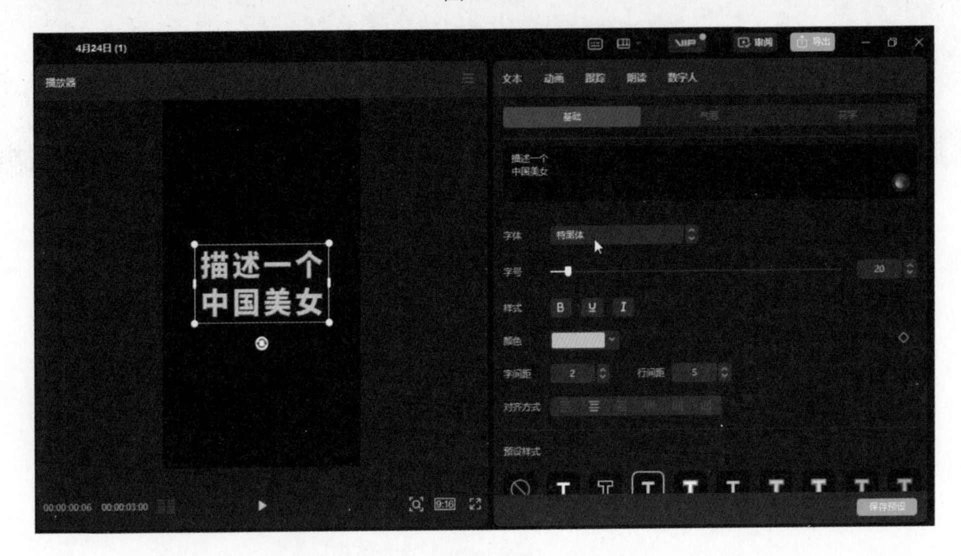

图 10-66

（4）在播放器中单击☰按钮，在其中选择“导出静帧画面”选项，如图 10-67 所示。

图 10-67

（5）以此类推，为每一张图片分别制作对应的文字图片，如图 10-68 所示。

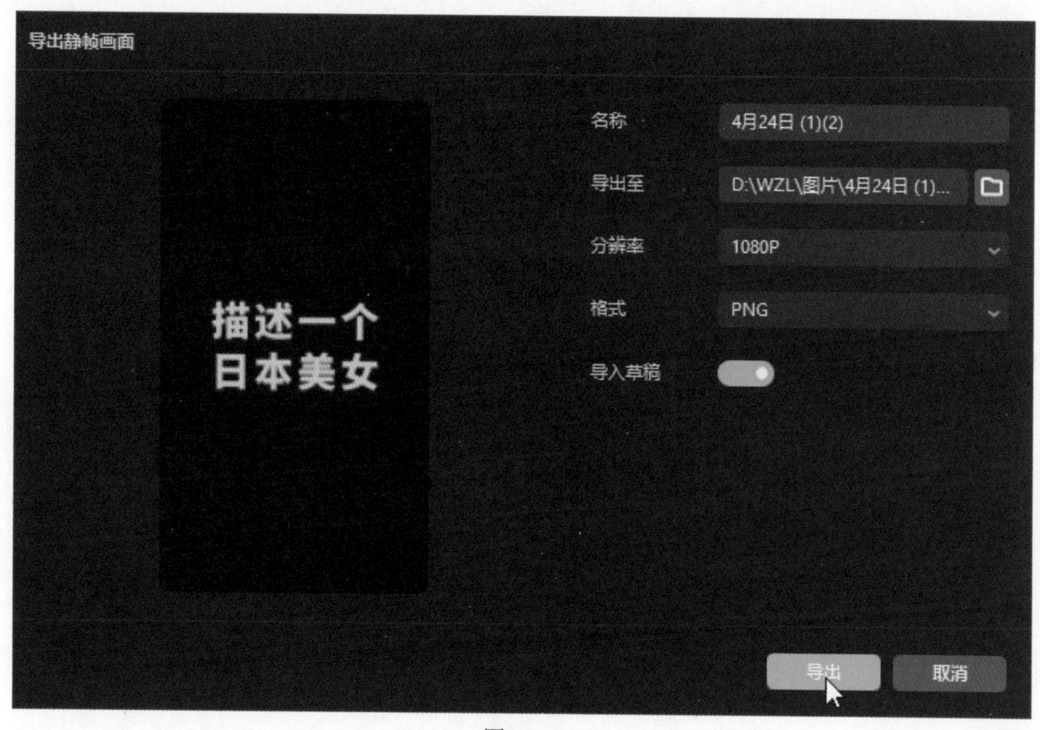

图 10-68

3 使用抖音图文计划发布视频

（1）全部完成之后，打开 https://www.douyin.com/ 网址，注册并登录进入抖音网页端，单击右上角的“投稿”按钮进入抖音创作者中心，在其中选择“发布图文”选项，如图 10-69 所示。

图 10-69

（2）单击“添加图片”按钮导入照片，然后单击并拖动图片调整其位置，如图 10-70 所示。

图 10-70

（3）单击下方的“选择音乐”按钮，并搜索关于 AI 的热点进行关联，若关联成功则有机会提高流量，关联失败也没有关系，如图 10-71 所示。

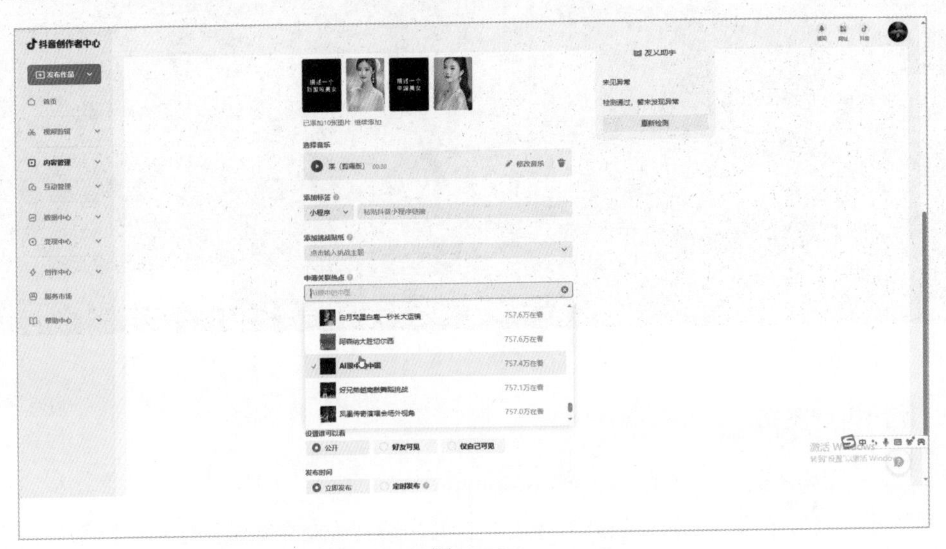

图 10-71

（4）在“作品描述”文本框内输入关于图片的文字描述，然后在最下方进行发布设置操作，最后单击“发布”按钮发布视频即可，如图 10-72 所示。

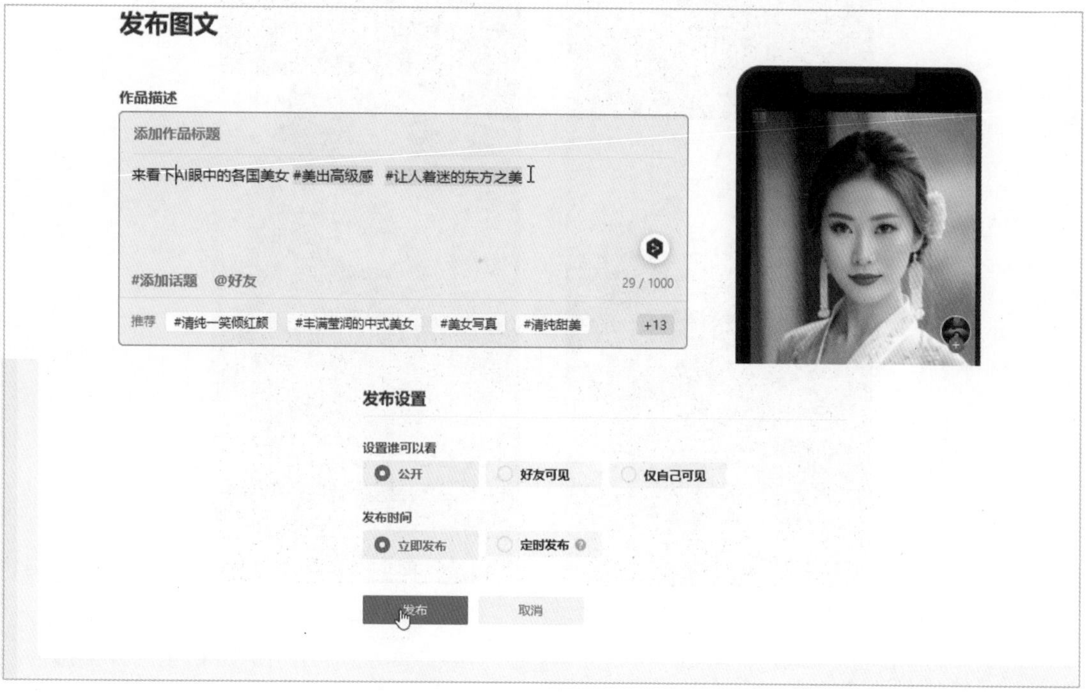

图 10-72

用 AI 制作推广短剧类短视频

项目分析及市场前景

抖音短剧是一种在抖音平台上播放的短片剧集，通常由多个短视频组成，每个视频时长较短，一般为几分钟到十几分钟。对于碎片化、快节奏内容的需求持续增长，抖音短剧以其短小精悍、情节紧凑的特点，正好契合了现代人快节奏的生活方式和娱乐消费习惯。短视频平台如抖音上的观看基数庞大，为短剧提供了广泛的潜在观众群。

预计未来几年内，随着内容创作者生态的成熟和商业化模式的完善，抖音短剧将成为广告商、品牌合作的重要阵地，以及 IP 孵化和变现的关键渠道。

AI 技术给抖音短剧项目增添了强大的技术支持，不仅提升了内容的个性化和质量，还优化了营销效率，加强了版权保护，创造了更丰富的互动体验。

使用 AI 工具对相应短剧进行推广宣传，其本质相当于使用小说推文的方式方法进行短剧类短视频解说。我们首先要获得对应的推广授权以确定账号的收益方式，然后对相关短剧进行视频解说，最后在评论区置顶中按照任务要求完成引流任务领取收益。

实际应用案例

例如，图 10-73 所示为抖音短剧创作者“慧慧周”，其主演并制作的短剧《柒两人生》于 2024 年 1 月 3 日在抖音上线，引发全民追更。截至目前，仅抖音平台第一集视频点赞量便接近 180 万。

图 10-74 所示为抖音短剧推广博主“帝哥剪辑”，在获得平台授权之后，他通过视频解说的方式对短剧进行推广，观众点击其在视频中所挂短剧平台链接，或者输入相关推广关键词，他便取得推广收益。

图 10-73

图 10-74

授权获得方式

第一种方法如图 10-75 所示，在抖音内部搜索“短剧推广”，点击对应小程序后查看并获得短剧任务的推广授权。

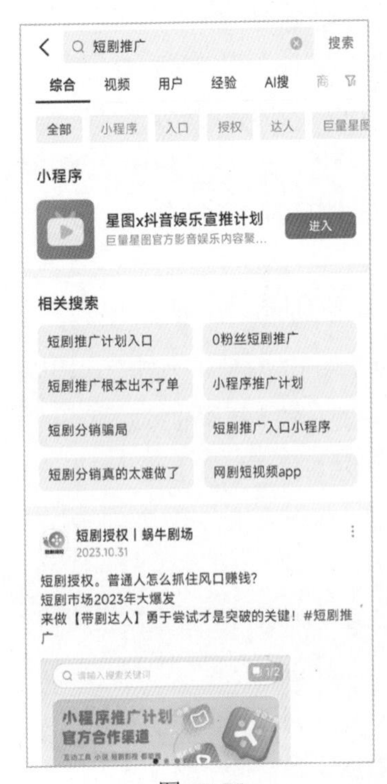

图 10-75

第二种方式如图 10-76 所示的外部链接，如 AI 配音软件“魔音工坊”官网中的“赚钱商单”，点击后根据指引获得授权，一样可以通过短剧推广的方式赚取收益。

图 10-76

除了抖音有短剧推广的入口外，微信公众号也有短剧推广功能，具体方法如下。

（1）进入微信公众号后台，在“内容与互动”界面单击“新的创作”中的“写新图文”按钮，相关界面如图 10-77 所示。

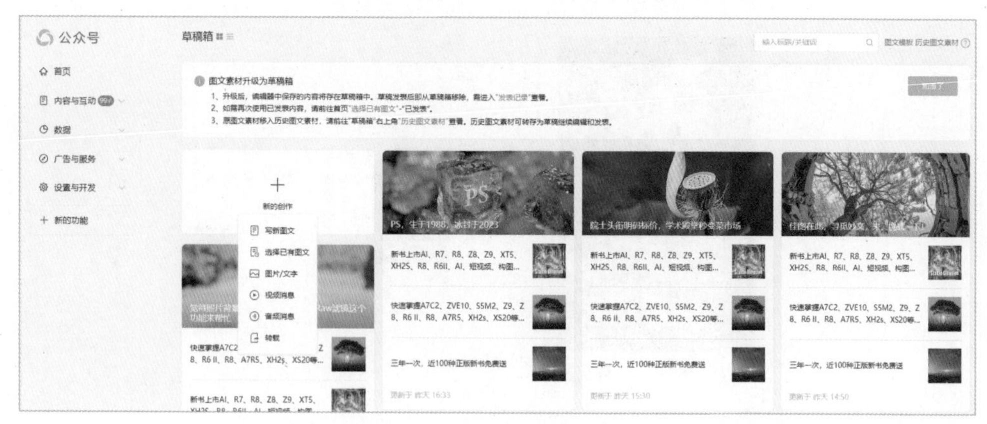

图 10-77

（2）进入文章编辑页面后，单击右上角的“收入变现”的“短剧”按钮，界面如图 10-78 所示。

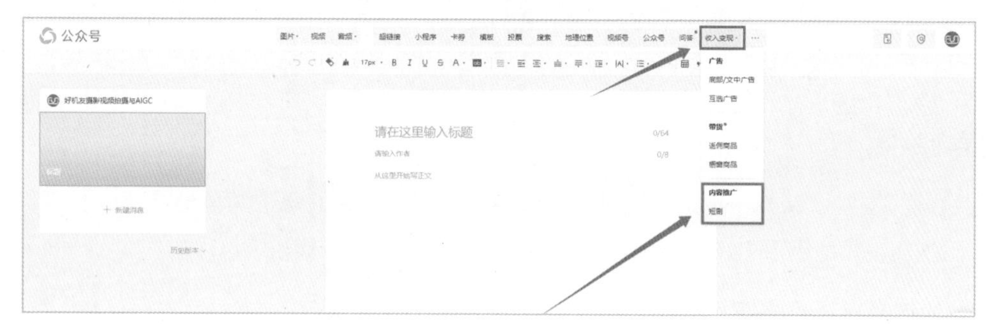

图 10-78

（3）进入短剧推广页面，可以选择相应的短剧进行推广，如图 10-79 和图 10-80 所示。

图 10-79

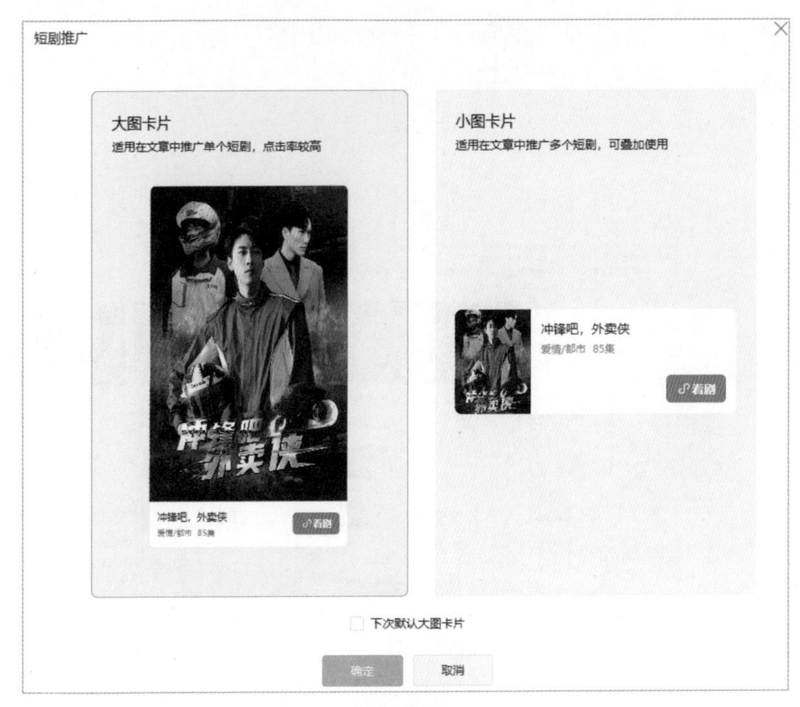

图 10-80

操作步骤

在短剧的推广中，第一步是创造引人入胜的解说文案，接着选取短剧的高潮部分视频进行制作，以增加视频的吸引力，从而确保视频的流量。具体操作步骤如下。

1 使用轻抖进行文案提取编写

首先需要将短剧文案进行提取进行解说改写，这里我们使用轻抖工具完成此步骤。

（1）打开 https://www.qingdou.vip/ 网址，注册并登录进入“轻抖”的主页界面，如图 10-81 所示。

图 10-81

（2）选择左侧批量工具中的“语音转文字”选项，单击按钮上传短剧视频素材，如图 10-82 所示。

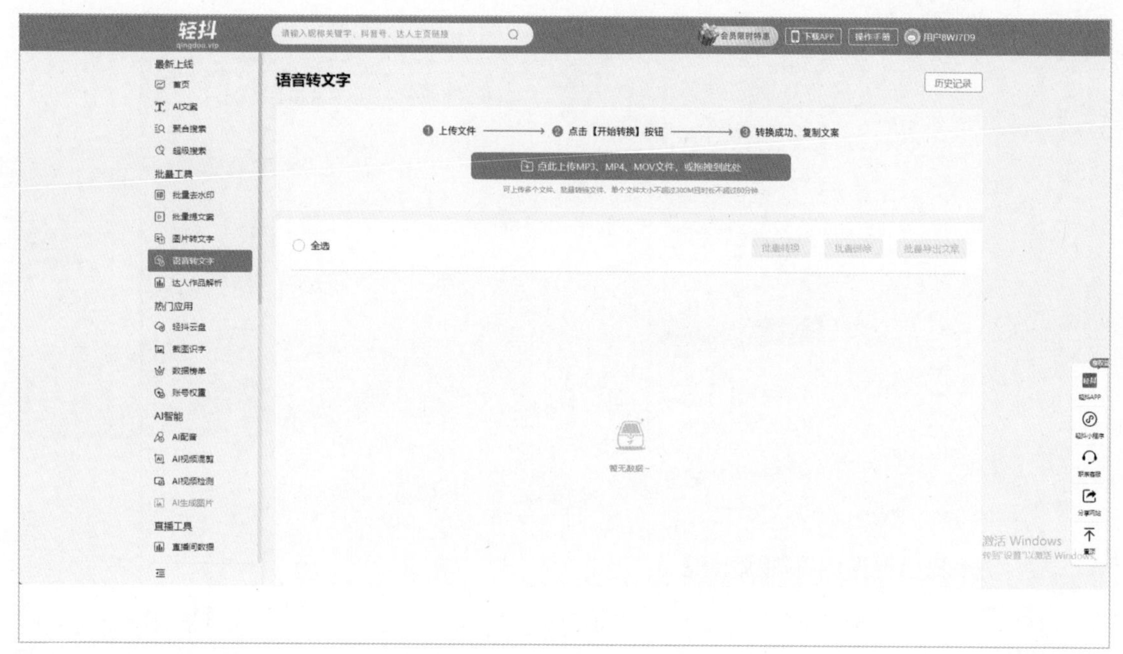

图 10-82

（3）上传完成之后，单击下方的“开始转换”按钮即可提取视频文案，如图 10-83 所示。注：非会员用户有 10 次免费额度，单次转换消耗 1 点。

图 10-83

（4）文案生成之后，使用“二次创作”模板，将文本内容进行修改润色，如图 10-84 所示。

图 10-84

② 使用腾讯智影进行视频解说

腾讯智影是一款提供 AI 在线智能视频创作的工具，提供了诸多功能，这里笔者使用其“视频解说”功能进行视频编辑。

（1）打开 https://zenvideo.qq.com/ 网址，注册并登录进入“腾讯智影”的主页，进入如图 10-85 所示页面。

图 10-85

（2）单击“智能小工具”中的“视频解说”按钮，进入视频解说草稿，在“我的素材”中将所需剪辑短剧导入，如图 10-86 所示。

图 10-86

（3）在右侧“解说脚本”下方的文本框内输入对应文案，如图 10-87 所示。

图 10-87

（4）在下方时间轴上通过“打入点”“打出点”两项功能截取文案对应片段，单击“添加至脚本”按钮进行文本匹配，如图 10-88 所示。

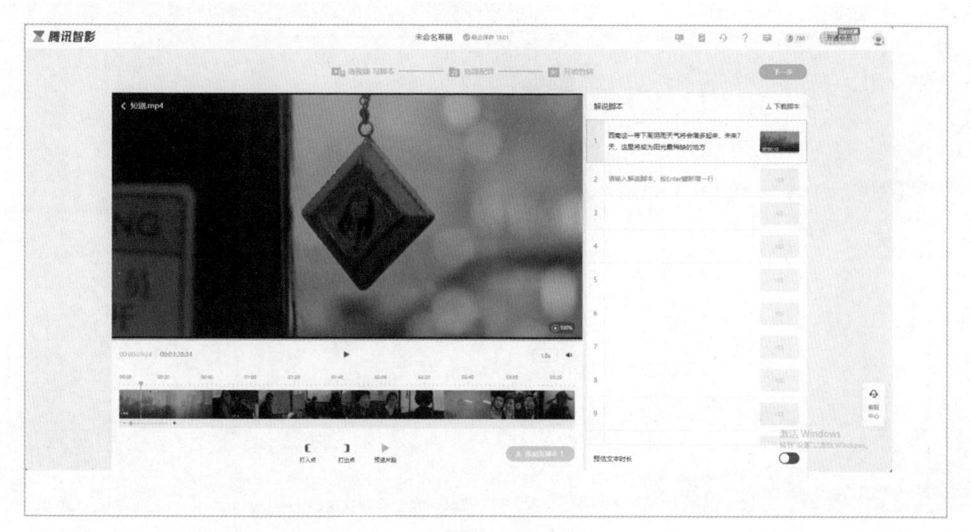

图 10-88

（5）按此操作依次在“解说脚本”下方的文本框内输入文案，然后在时间轴截取画面进行匹配，如图 10-89 所示。

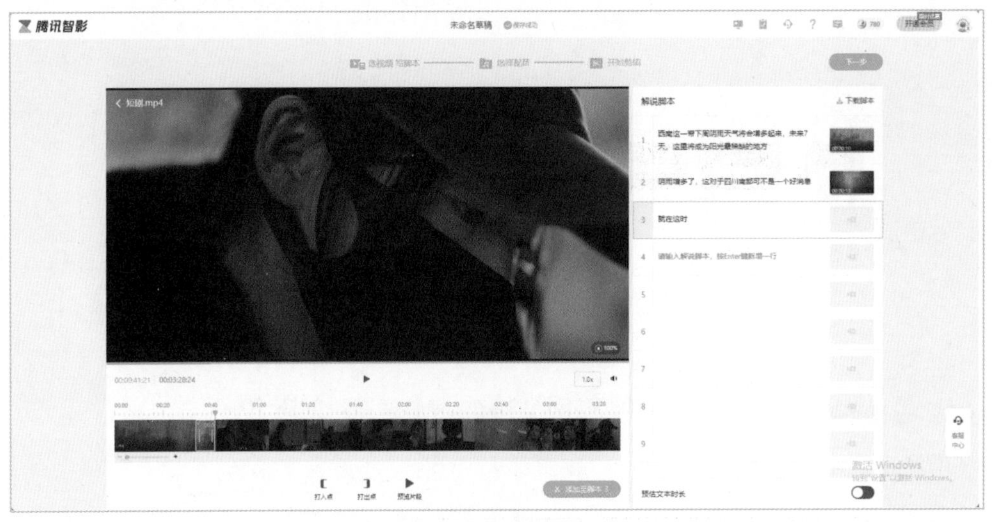

图 10-89

（6）视频截取完成后，单击“下一步”按钮进入配音选择界面，单击“AI 配音”按钮并在其中挑选合适的音色，如图 10-90 所示。

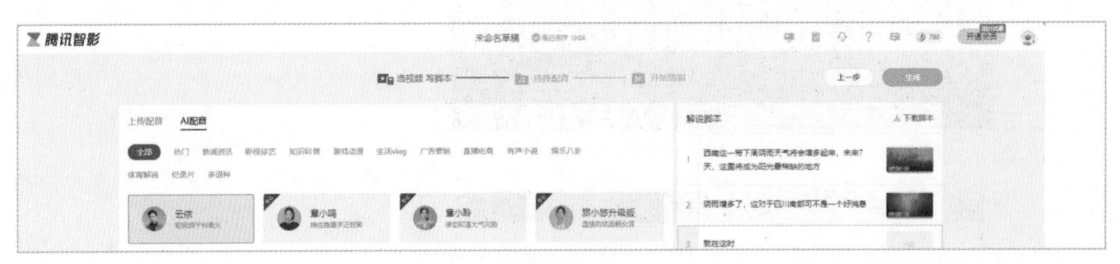

图 10-90

（7）配音选择完成后，再次单击“下一步”按钮，便进入最终编辑界面，编辑成功后，单击右上角“合成”按钮便可将视频进行保存，如图 10-91 所示。

图 10-91

用AI制作国风治愈系漫画风格短视频

项目分析及市场前景

治愈系文化受到网友的追捧，尤其是在快节奏、高压力的现代社会环境中，人们越来越注重寻找心灵的慰藉和放松的方式。治愈系漫画以其独特的美学风格和温馨的故事内容，能够有效触及人心，成为一种新型的情感疗愈媒介。

随着AI技术的应用，使得漫画创作不再受限于人力与时间成本，可以高效地生成高质量的视觉效果和故事情节，满足市场对内容快速更新的需求。

AI国风治愈漫画作为一种融合了传统文化元素与现代科技的新型艺术形式，正逐渐展现出其独特的魅力与广阔的市场潜力。这类漫画还将现代人的生活情感细腻地融入其中，创造出既古典又贴近日常的场景。想象一下，繁忙都市的一隅，一位上班族在拥挤的地铁上打开手机，映入眼帘的是一幅幅古色古香的画面：轻柔的水墨山川间，一只小狐狸悠然漫步，配以温暖人心的文字，瞬间让人忘却周遭的喧嚣，仿佛心灵得到了一次短暂而美好的旅行。这种治愈系内容，能迅速抓住人的情感，吸引更多的人观看。

实际案例应用

现在许多媒体账号通过制作AI国风治愈系漫画获得了大量用户的关注和喜爱。图10-92所示为微信公众号发布的关于国风治愈系漫画，每一篇的阅读量都几乎到达了10万+。

图10-92

公众号的漫画主角名叫“唐大妞”，每一篇漫画文章都配有深入人心的治愈文案，如图 10-93 所示。

图 10-93

这种融合了荒诞性与深刻内涵的文本风格，兼具趣味性与慰藉作用，高度契合现代年轻人追求的随性生活方式，因此成为热门文章也就不足为奇了。

操作步骤

综合运用 AI 工具来制作治愈系国风漫画有 3 个步骤，第一个步骤是用通义千问生成治愈系文案。第二个步骤是用奇域 AI 生成图画。第三个步骤用在线 PS 进行图片文字的排版。具体操作步骤如下。

1 用通义千问生成治愈系文案

（1）进入 https://tongyi.aliyun.com/ 网址，进入“通义千问”首页，在文本框内输入关于生成治愈系文案的文字指令。笔者输入的文字指令为“请生成 10 条无厘头又治愈系风格文案，内容要贴近现实生活，简短一些。”相关指令如图 10-94 所示。

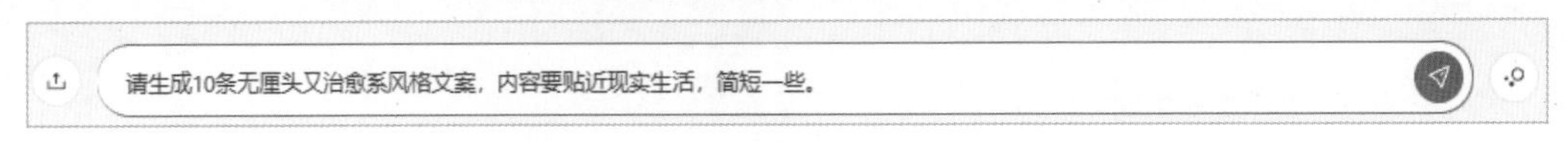

图 10-94

（2）单击右侧按钮，即可生成相关治愈系文案，如图 10-95 所示。

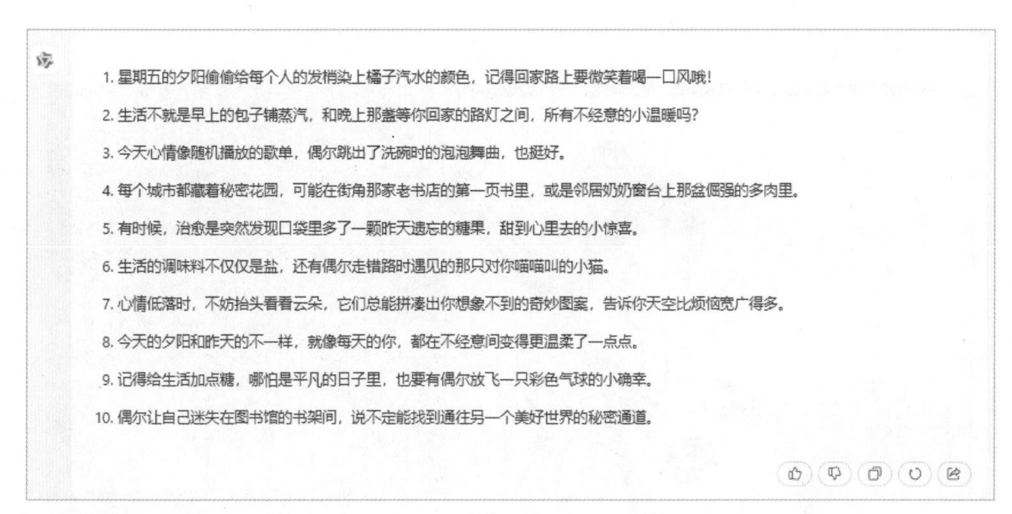

图 10-95

② 用奇域 AI 生成图画

（1）进入 https://www.qiyuai.net/ 网址，注册登录后进入“奇域 AI”首页，单击“创作”按钮，如图 10-96 所示。

图 10-96

（2）单击“创作宝典”按钮，单击“独家风格”中的“人物”按钮，如图 10-97 所示。

图 10-97

（3）单击“水墨人像”按钮，进入如图 10-98 所示界面。

图 10-98

（4）单击“插入风格”按钮，“水墨人像”风格便出现在咒语文本框内。在左边框输入画面的提示词，右边框填写禁止出现的元素（如果有需要），笔者在左边文本框输入的文字指令为“一个中国古代长波浪卷发美女，微胖，唐装，拿着手机自拍，背景空白，水墨人像”，如图 10-99 所示。

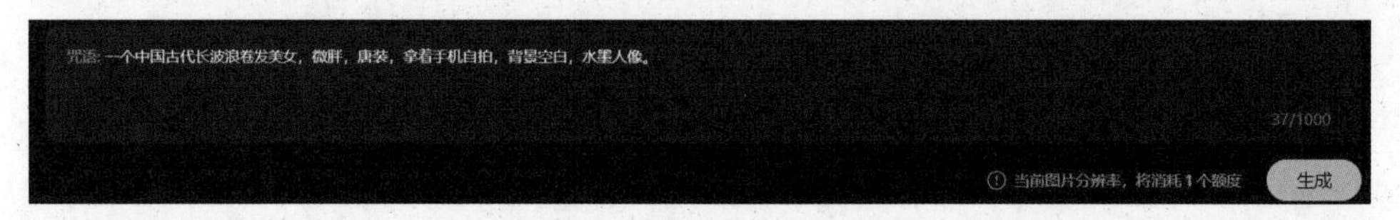

图 10-99

（5）单击文本框上方设置图片尺寸后单击“生成”按钮，即可生成水墨人像效果的图片，生成 的效果如图 10-100 所示。

图 10-100

3 用在线 PS 进行图片文字的排版

（1）进入 https://ps.gaoding.com/ 网址，进入“在线 PS”界面，如图 10-101 所示。

图 10-101

（2）上传奇域 AI 生成的图像，上图像传后界面如图 10-102 所示。

图 10-102

（3）单击左侧菜单栏中的T按钮，输入通义千问生成的文案，并选择喜欢的字体，笔者输入的文字如图 10-103 所示，图片制作完成后，单击左上角“文件”中 的“导出”按钮，即可保存图片。

稿定 在线PS
图片美化
在线拼图
一键证件照
设计模板
更多功能
今天心情像
随机播放的歌单，
偶尔
泡泡舞曲，
也挺好。
Background

图 10-103